职业院校教学用书（机电类专业）

# PLC 技术基础及应用

主　编　伦洪山　王晓明　周诚计
副主编　蒋　山　黄昌泽　甘晓霞　陈绳浩
参　编　覃承昂　卢杰全　冼　钢　陈海旋
　　　　黄善美　黄一曦　杨胜允

电子工业出版社
Publishing House of Electronics Industry
北京·BEIJING

## 内 容 简 介

本教材是为职业学校机电技术应用、机电设备安装与维修等相关专业培养技能型人才而编写的。本教材的主要内容包括：认识 PLC 仿真软件、学习 PLC 基本指令、学习 PLC 应用指令、学习 PLC 功能指令四个项目及若干个工作任务。

本教材可作为职业学校机电技术应用、机电设备安装与维修等相关专业的教材，也可供从事机电行业的工程技术人员参考使用。

未经许可，不得以任何方式复制或抄袭本书之部分或全部内容。
版权所有，侵权必究。

图书在版编目（CIP）数据

PLC 技术基础及应用 / 伦洪山，王晓明，周诚计主编. —北京：电子工业出版社，2022.9 (2025.8 重印)
ISBN 978-7-121-44178-3
Ⅰ. ①P… Ⅱ. ①伦… ②王… ③周… Ⅲ. ①PLC 技术–职业教育–教材 Ⅳ. ①TM571.61
中国版本图书馆 CIP 数据核字（2022）第 150969 号

责任编辑：蒲　玥
印　　刷：河北虎彩印刷有限公司
装　　订：河北虎彩印刷有限公司
出版发行：电子工业出版社
　　　　　北京市海淀区万寿路 173 信箱　　邮编：100036
开　　本：880×1230　1/16　印张：11.5　字数：357 千字　插页：32 个
版　　次：2022 年 9 月第 1 版
印　　次：2025 年 8 月第 5 次印刷
定　　价：39.80 元

凡所购买电子工业出版社图书有缺损问题，请向购买书店调换。若书店售缺，请与本社发行部联系，联系及邮购电话：（010）88254888，88258888。

质量投诉请发邮件至 zlts@phei.com.cn，盗版侵权举报请发邮件至 dbqq@phei.com.cn。

本书咨询联系方式：（010）88254485，puyue@phei.com.cn。

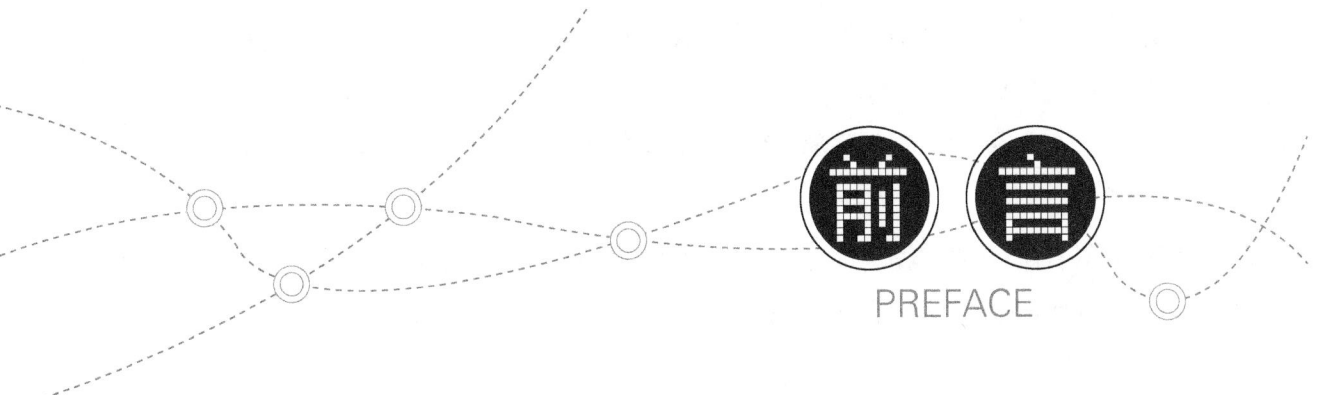

随着我国职业教育改革工作的深入,"PLC 控制技术"课程的教学内容和教学模式也发生了相应的变化。本教材以国家最新颁布的电工职业资格证和"1+X"职业技能等级标准为依据,由多年从事"PLC 控制技术"课程教学的教师编写而成,以提高学生的综合能力为目标。

本教材在编写内容上力求体现"以职业能力为核心,以职业活动为导向"的指导思想,科学设计任务,采用任务驱动教学的模式编排,实施任务引领,合理分配专业知识,注重职业能力培养,兼顾职业素养形成。本教材的编写突出了以下几个特点。

(1) 以工作任务为载体。以具体的工作任务为载体,按照任务驱动的教学模式来编写,通过"做中学,学中做"边学边做来实施任务,实现理论知识和技能训练的统一。

(2) 内容创新。遵循 PLC 课程特点和学生认知规律,注重知识的递进性和系统性,在基本理论知识支撑下,组织具有基础性、综合性、应用性的实操训练内容,着重培养学生的 PLC 应用能力,培养学生的学习方法和职业习惯。

(3) 形式创新。编写风格上突出学生的"学",把实训内容抽出来开发成配套的工作页,单独成册,方便学生学和教师批改。

(4) 图文并茂,通俗易懂。以图、表为主,文字叙述力求深入浅出、表达准确,有利于学生学习。

本教材可作为职业学校机电技术应用、机电设备安装与维修等相关专业的教材,也可供从事机电行业的工程技术人员参考。在编写本教材时,编者力求使用简洁精准的语言,全面阐释 PLC 控制技术的知识,结合技能比赛、"1+X"证书制度教学改革等,以体现职业教育创新改革系列教材的理论性、实践性和综合性。

本教材由伦洪山、王晓明、周诚计担任主编,蒋山、黄昌泽、甘晓霞、陈绳浩担任副主编,覃承昂、卢杰全、冼钢、陈海旋、黄善美、黄一曦、杨胜允参与部分任务的编写、校对和整理工作。另外，在编写过程中，编者参考了大量有关电气控制技术的文献资料，在此向这些资料的作者表示诚挚的谢意。

为了配合教学，本教材配有电子教案、电子课件等教学资源，请有此需要的教师登录华信教育资源网下载。

由于编者水平有限，加之编写时间仓促，书中难免存在不足之处，希望各位读者可以提出意见和建议，以便编者进一步完善教材。

编者

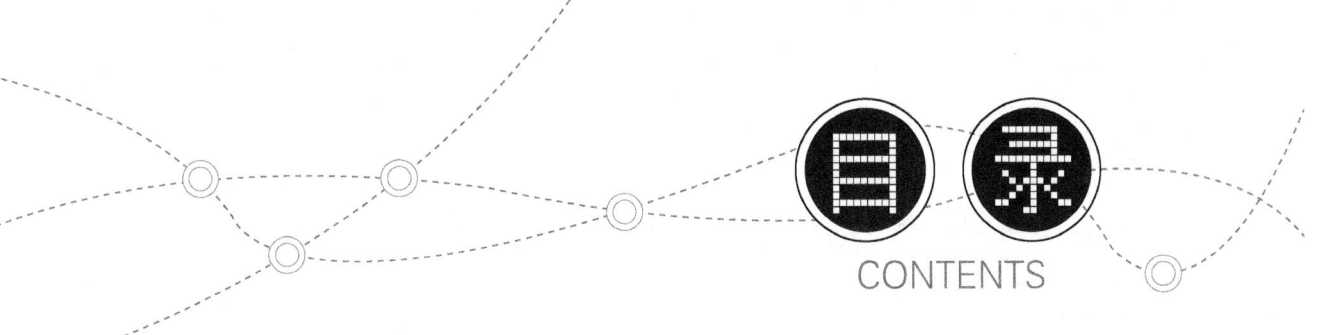

# 目录 CONTENTS

**项目一 认识 PLC 仿真软件** ...... 1

  任务一 可编程控制器设备安装 ...... 1
    一、PLC 基本信息 ...... 2
    二、PLC 的基本组成 ...... 5
    三、PLC 的工作方式 ...... 6
    四、PLC 的编程语言 ...... 7

  任务二 安装三菱 PLC 仿真软件 ...... 11
    一、PLC 的软件组成 ...... 11
    二、三菱 PLC 的常用软件 ...... 12

  任务三 创建与保存 FX-TRN-BEG-C 仿真软件工程文件 ...... 15
    一、进入仿真界面的操作步骤 ...... 16
    二、编程仿真界面 ...... 17
    三、仿真软件使用方法 ...... 18

  项目练习 ...... 24

**项目二 学习 PLC 基本指令** ...... 25

  任务一 设计与调试呼叫单元控制程序 ...... 25
    一、FX3U 系列 PLC 的常用软元件 ...... 26
    二、PLC 基本指令的学习（LD、LDI、OUT、END 指令） ...... 27

  任务二 设计与调试电动机连续运行控制程序 ...... 33
    一、电动机连续运行控制的电气原理 ...... 34
    二、PLC 基本指令的学习（OR、ORI、ANI、AND 指令） ...... 35

  任务三 设计与调试电动机正反转控制程序 ...... 42
    一、电动机正反转运行控制的电气原理 ...... 43
    二、PLC 的线圈置位 SET 指令与复位 RST 指令 ...... 44

  任务四 设计与调试电动机顺序启动同时停止控制程序 ...... 49
    一、电动机连续运行控制的电气原理 ...... 50
    二、PLC 多重输出电路指令 ...... 51

  任务五 设计与调试电动机同时启动逆序停止控制程序 ...... 57

  任务六 设计与调试输送带自动往返控制程序 ...... 65
    一、电动机自动往返控制线路分析 ...... 66

二、PLC 的基本指令学习 ................ 67

　项目练习 ............................................ 74

项目三　学习 PLC 应用指令 ...................... 77

　任务一　设计与调试交通信号灯控制
　　　　　程序 .................................... 77
　　一、定时器（T） .............................. 78
　　二、定时器的类型 ............................ 78
　　三、定时器的使用方法 .................... 79

　任务二　设计与调试车库自动门控制
　　　　　程序 .................................... 86
　　一、辅助继电器 ................................ 87
　　二、辅助继电器的分类 .................... 87

　任务三　设计与调试计数循环控制程序 ... 95
　　一、计数器 ........................................ 96
　　二、内部计数器 ................................ 97
　　三、高速计数器 ................................ 98

　任务四　设计与调试水果装箱步进控制
　　　　　程序 .................................. 107
　　一、步进控制的基本概念 .............. 108
　　二、单流程步进程序控制 .............. 113

　任务五　设计与调试不同尺寸的部件
　　　　　分拣步进控制程序 ............ 123

　　一、多流程程序的特点 .................. 124
　　二、多流程编程 .............................. 124
　　三、编程实例 .................................. 126

　任务六　设计与调试部件分配步进
　　　　　程序 .................................. 134
　　一、边沿脉冲指令 .......................... 135
　　二、边沿脉冲指令的分类 .............. 135

　项目练习 .......................................... 143

项目四　学习 PLC 功能指令 .................... 146

　任务一　认识功能指令 ...................... 146
　　一、三菱 PLC 功能指令的分类 ...... 147
　　二、功能指令的格式 ...................... 148
　　三、功能指令的规则 ...................... 148

　任务二　设计与调试彩灯控制程序 ........ 153

　任务三　设计与调试部件供给计数显示
　　　　　控制程序 .............................. 162

　任务四　设计与调试产品生产数量统计
　　　　　的控制程序 ........................ 168
　　一、程序流程指令 .......................... 169
　　二、加 1 指令及减 1 指令 .............. 170
　　三、加法指令、减法指令 .............. 171

　项目练习 .......................................... 176

## 项目一

# 认识 PLC 仿真软件

## 任务一 可编程控制器设备安装

### 学习目标

1. 了解 PLC 的产生、发展。
2. 熟悉 PLC 的分类及组成。
3. 掌握 PLC 的工作原理。
4. 会正确连接 PLC 与外部设备。

### 建议学时

**4** 学时：理论 **3** 学时，实训 **1** 学时

### 学习任务

本次学习任务是利用三菱 FX3U-48MR 可编程控制器开展的，根据给定的 I/O 分配端口及 PLC 控制电路原理图，进行十字路口交通灯信号控制模拟设备的接线安装。十字路口交通信号灯输入/输出（I/O）端口分配如表 1-1-1 所示，十字路口交通信号灯 PLC 控制电路原理图如图 1-1-1 所示。

表 1-1-1　十字路口交通信号灯输入/输出（I/O）端口分配表

| 输入部分 | | 输出部分 | |
| --- | --- | --- | --- |
| 输入原件 | PLC 编程元件 | 输出元件 | PLC 编程元件 |
| SB1 | X000 | 南北红灯 | Y000 |
| SB2 | X001 | 南北黄灯 | Y001 |
|  |  | 南北绿灯 | Y002 |
|  |  | 东西红灯 | Y003 |
|  |  | 东西黄灯 | Y004 |
|  |  | 东西绿灯 | Y005 |

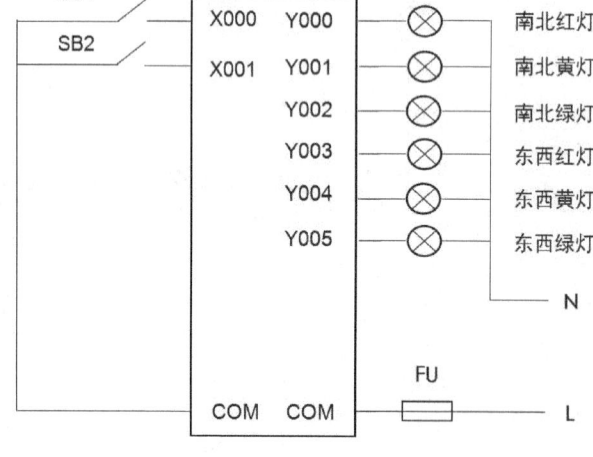

图 1-1-1　十字路口交通信号灯 PLC 控制电路原理图

### 知识准备

#### 一、PLC 基本信息

可编程控制器，简称 PLC，是用于工业控制的新型控制设备。

国际电工委员会（IEC）在 1987 年 2 月通过了对可编程控制器的定义："可编程控制器是一种数字运算操作的电子系统，是专门为在工业环境中的应用而设计的。它采用可编程的存储器，用于其内部存储程序，执行逻辑运算、顺序控制、定时、计数与算术操作等面向用户的指令，并通过数字或模拟式输入/输出控制各种类型的机械或生产过程。可编程控制器及其有关外部设备，都按易于与工业控制系统联成一个整体，易于扩充其功能的原则设计。"

1. PLC 的产生、发展

1968 年美国通用汽车公司提出开发取代继电器控制装置的要求。1969 年，美国数字设备公司研制出了可编程控制器——PDP-14，它在美国通用汽车公司的生产线上试用成功，它是世界上公认的第一台 PLC。1971 年，日本研制出可编程控制器——DCS-8。1973 年，德国研制出本国的第一台可编程控制器。1974年，中国研制出本国的第一台可编程控制器。

20世纪70年代中后期，可编程控制器进入实用化发展阶段，计算机技术已全面引入可编程控制器中，使其功能发生了飞跃。更高的运算速度、超小型体积、更可靠的工业抗干扰设计、模拟量运算、PID功能及极高的性价比奠定了它在现代工业中的地位。20世纪80年代初，可编程控制器在先进工业国家中已获得广泛应用。20世纪末期，PLC出现了大型机和超小型机，诞生了各种各样的特殊功能单元、人机界面单元、通信单元，使应用可编程控制器的工业控制设备的配套更加容易。到21世纪，由于计算机技术的快速发展，可编程控制器的运算速度更快、存储容量更大、智能化程度更高，可编程控制器产品规模向超小型和超大型发展，其拥有完美的人机界面、完备的通信设备，可适应各种工业控制场合，少数几个品牌垄断国际市场，逐步形成国际通用的编程语言，市场上一些主流的可编程控制器的实物如图1-1-2所示。随着计算机网络的发展，可编程控制器作为自动化控制网络和国际通用网络的重要组成部分，将在工业及工业以外的众多领域发挥越来越重要的作用。

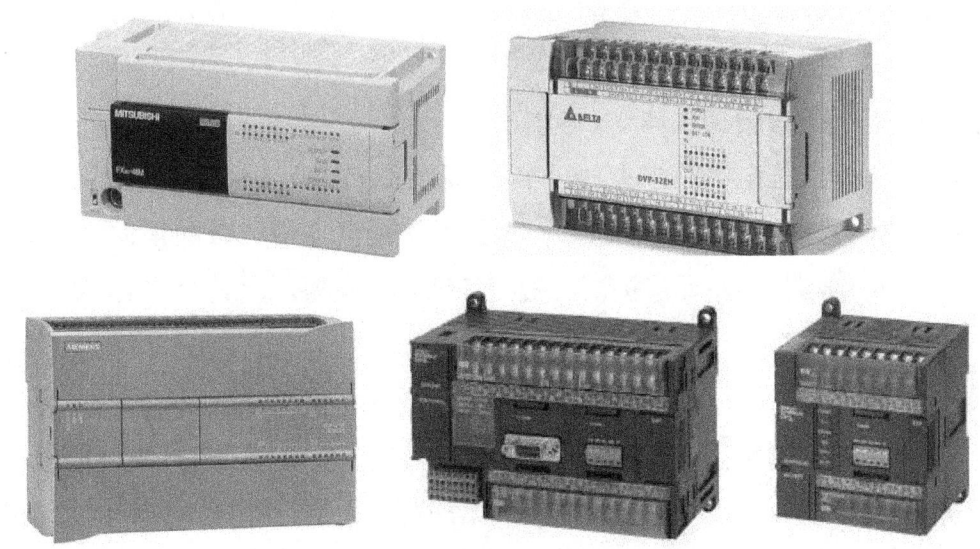

图 1-1-2  一些主流的可编程控制器的实物

2. PLC的分类

（1）按产地分类。

欧美的可编程控制器品牌主要有德国的西门子、美国的AB等，日本的可编程控制器品牌主要为欧姆龙、三菱等，韩国的可编程控制器品牌主要为LG等，我国国产的可编程控制器品牌主要为和利时、浙江中控等。

（2）按控制规模分类。

PLC通过输入接口实现对外部信号的检测，通过输出接口对外部设备实施控制。一般I/O点数越多则能够实现的控制任务越复杂，控制能力也越强大。PLC按控制规模可分为小型PLC、中型PLC、大型PLC三种。

① 小型 PLC。小型 PLC 的控制一般以开关量实现为主，其 I/O 点数一般在 256 点以下，程序存储量在 4KB 以下。其特点是体积小、结构紧凑、价格低廉，整个硬件融为一体，适合单台设备的控制及机电一体化设备的开发。典型产品有日本三菱公司的 FX 系列、欧姆龙公司的 C200H 系列、德国西门子公司的 S7-200 系列。

② 中型 PLC。中型 PLC 除能实现开关量和模拟量的控制要求，其数据处理和计算的能力、通信能力和模拟量的处理功能更强大，采用模块化结构，其 I/O 点数一般为 256～2 048 点，程序存储量在 8KB 以下。典型产品有美国 AB 公司的 SLC-500 系列、日本三菱公司的 A 系列、欧姆龙公司的 C500 系列、德国西门子公司的 S7-300 系列等。

③ 大型 PLC。一般 I/O 点数在 2 048 点以上，程序存储量在 16KB 的 PLC 称为大型 PLC。大型 PLC 的软、硬件功能极强，具有很强的自诊断功能。它的通信联网功能强，有各种通信联网的模块，可以构成三级通信网，实现工厂生产管理自动化。大型 PLC 适用于设备自动化控制、过程自动化控制及过程监控系统。典型产品有美国 AB 公司的 SLC5/05 系列、日本三菱公司的 Q 系列、欧姆龙公司的 C2000 系列、德国西门子公司 S7-400 系列等。

（3）按结构特点分。

PLC 按照结构特点可分为整体式、模块式。

① 整体式 PLC。把电源、中央处理器（CPU）、内存、I/O 系统都集成在一个小箱体内，一个主机箱体就是一台完整的 PLC。为了系统配置方便，有的整体式主机箱体还设有扩展端口，通过电缆与扩展单元连接，可配接特殊功能模块。此类 PLC 结构紧凑、体积小、成本低、安装方便。小型 PLC 多为整体式结构。整体式 PLC 如图 1-1-3 所示。

② 模块式 PLC。它由具有不同功能的模块组成，各模块功能是独立的。其主要模块有 CPU 模块、输入模块、输出模块、电源模块、通信模块、机架等，各模块外形尺寸是统一的，用户可根据需要灵活配置，将所需模块插入机架即可。大型、中型、小型 PLC 都是模块式结构。模块式 PLC 如图 1-1-4 所示。

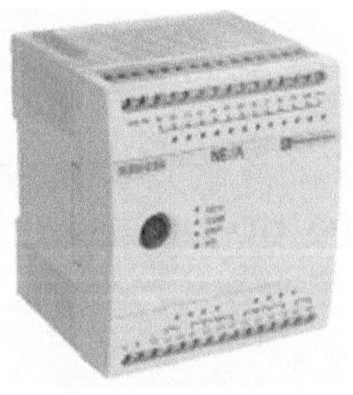
图 1-1-3　整体式 PLC

图 1-1-4　模块式 PLC

## 二、PLC 的基本组成

### 1. PLC 的硬件组成

PLC 主要由 CPU、存储器单元、外设接口（有的还有通信接口）、输入/输出单元、电源五大部分构成，图 1-1-5 所示为 PLC 硬件结构框图。

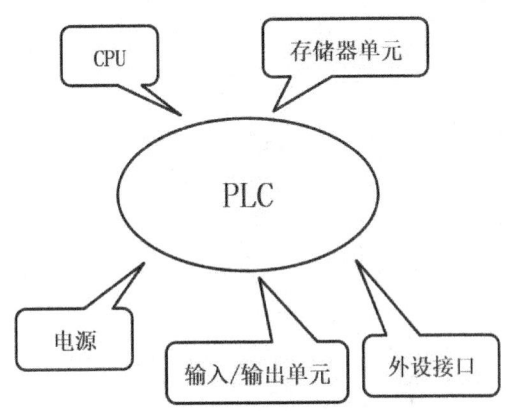

图 1-1-5　PLC 硬件结构框图

1）CPU

CPU 是 PLC 的控制中枢，相当于人的大脑。它通过输入模块将现场信息采入，并按照用户程序规定的逻辑进行处理，然后将结果输出去控制外部设备。

2）存储器单元

存储器单元分为系统程序存储器和用户程序存储器两种。存放系统程序的存储器称为系统程序存储器，存放应用软件的存储器称为用户程序存储器。

3）外设接口

为了实现"人—机"或"机—机"之间的对话，PLC 配置有很多外设接口。PLC 通过这些接口可以与监视器、打印机、其他 PLC 或计算机相连。

4）输入/输出单元（I/O 单元）

输入单元就是将各种开关、按钮和传感器等直接接到 PLC 输入端，是用来接收和采集模拟量和开关量输入信号的。输出单元就是将各种执行机构（如电磁阀、继电器、接触器、指示灯、调速装置等）直接接到 PLC 的输出端，用来连接被控制对象中的各种执行元件。图 1-1-6 所示为电动机长动控制的 PLC I/O 端子接线。

5）电源

PLC 的电源在整个系统中的作用十分重要，如果没有一个良好的、可靠的电源系统，PLC 是无法正常工作的。PLC 可接交流电，也可接直流电。一般交流电压波动在 ±10% 范围内，可以不采取其他措施而将 PLC 直接连接到交流电网上去。例如，小型整体式 PLC 一般使用 220V 单相交流电，它内部有一个开关稳压电源，一方面可为 CPU 、I/O 接口及扩展接口提供

5V 直流电，另一方面可为外部输入元件提供 24V 直流电。

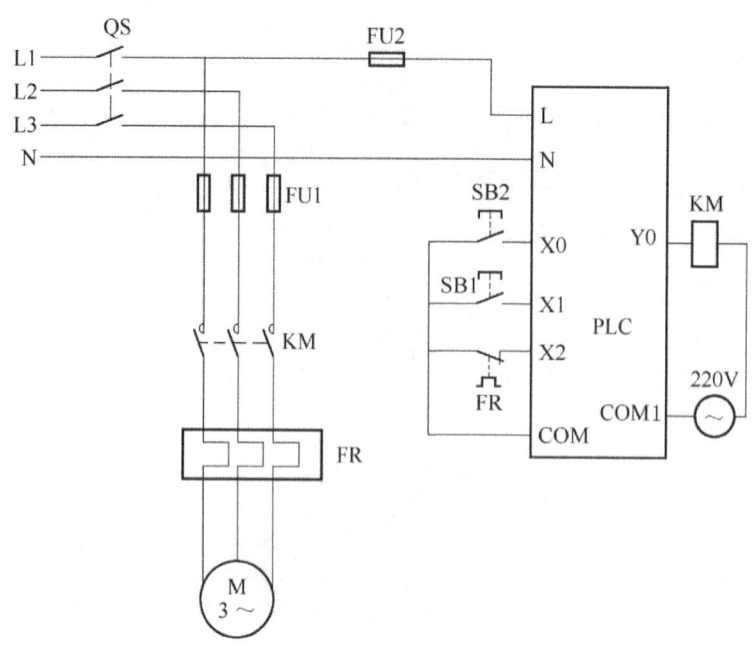

图 1-1-6　电动机长动控制的 PLC I/O 端子接线

### 2. PLC 的软件系统

PLC 在上述硬件环境下，还必须要有相应的执行软件配合工作。PLC 基本软件包括系统程序和用户程序。系统程序是指控制和完成 PLC 各种功能的程序，它由 PLC 生产厂家提供，并固化在系统程序存储器中，用以控制 PLC 本身的运作；用户程序是用户根据电气控制原理编写的 PLC 应用程序，用于实现现场的各种控制要求。

## 三、PLC 的工作方式

PLC 采用循环扫描的方式工作。当 PLC 正常运行时，它将根据用户编写的程序，按照指令序号不断循环扫描地工作下去。现以图 1-1-7 所示的电动机的自锁线路 PLC 控制原理图为例分析 PLC 工作过程。

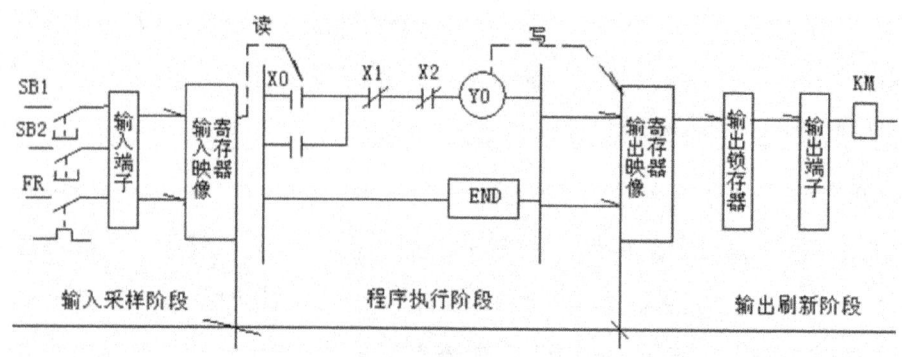

图 1-1-7　电动机的自锁线路 PLC 控制原理图

自锁线路 PLC 控制的工作过程如下。

（1）先检测与按钮 SB1、SB2 和 FR 相对应的输入继电器的状态，然后对输入继电器的状态进行逻辑运算（PLC 软件实现）后输出。

（2）PLC 是周期扫描、循环的工作方式，从输入到输出的整个执行时间称为扫描周期。PLC 工作周期分为三个阶段：输入采样阶段、程序执行阶段、输出刷新阶段。

① 输入采样阶段：程序执行前，把 PLC 的全部输入端子通断状态读入并输入映象寄存器。

② 程序执行阶段：输入映象寄存器的内容随着程序的执行读入程序，结果写入输出映象寄存器。

③ 输出刷新阶段：程序执行完一个周期，输出映象寄存器的内容会成批刷新输出锁存器，然后成批送至输出端子。

### 四、PLC 的编程语言

不同的 PLC 产品采用的编程语言有所不同，但大体分成五类，即梯形图（LAD）、指令表（STL）、顺序功能图（SFC）、功能块图（FBD）、结构文本（ST）。目前，使用比较多的是梯形图、指令表、顺序功能图。

1. 梯形图

梯形图沿袭了继电器控制电路的形式，梯形图是在常用的继电器与接触器逻辑控制基础上简化了符号演变而来的，具有形象、直观、实用等特点，电气技术人员容易接受，是运用最多的一种 PLC 编程语言。

在 PLC 梯形图中，左、右母线起类似于继电器与接触器控制电源线的作用，输出线圈类似于负载，输入触点类似于按钮。梯形图由若干阶级构成，自上而下排列，每个阶级起于左母线，经过触点与线圈，止于右母线。梯形图如图 1-1-8 所示。

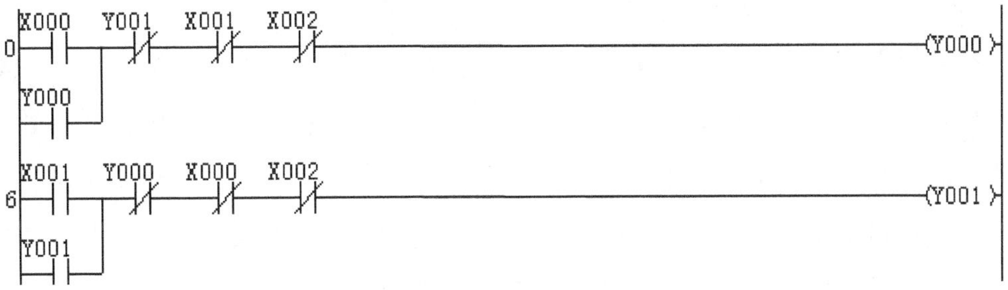

图 1-1-8　梯形图

## 2. 指令表

指令表是一种类似于计算机中汇编语言的助记符指令编程语言，它是 PLC 最基础的编程语言。指令表编程就是用一系列操作指令组成的语句表将控制流程描述出来，并通过简易手持编程器等输入 PLC 中。指令表如图 1-1-9 所示。

## 3. 顺序功能图

顺序功能图的作用是利用状态流程框图来表达一个顺序控制过程，是一种较新的、图形化的编程方法。它将顺序流程动作的过程分成步和转换条件，根据转换条件对控制系统的功能流程顺序进行分配，一步一步按照顺序动作。简单顺序功能图如图 1-1-10 所示。

| 步序 | 指令 | 操作数 |
|---|---|---|
| 0 | LD | X020 |
| 1 | OR | Y000 |
| 2 | ANI | X023 |
| 3 | OUT | Y000 |
| 4 | LD | X021 |
| 5 | OR | Y002 |
| 6 | AND | Y000 |
| 7 | OUT | Y002 |
| 8 | LD | X022 |
| 9 | OR | Y004 |
| 10 | AND | Y002 |
| 11 | OUT | Y004 |
| 12 | END | |

图 1-1-9 指令表

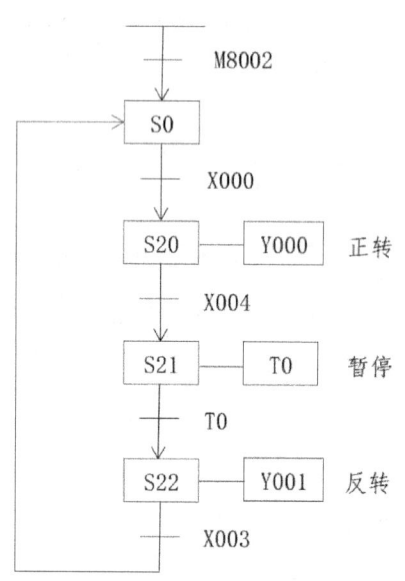

图 1-1-10 简单顺序功能图

## 任务实施

**步骤 1：识读可编程控制器。**

（1）说出可编程控制器面板各部分的作用。

日本三菱公司 FX3U-48MR 型号的 PLC 面板组成如图 1-1-11 所示。POWER（电源）指示灯亮时说明供电电源正常，熄灭则表明 PLC 设备电源断开；RUN（运行）指示灯亮时，表明 PLC 处于运行状态，熄灭表示 PLC 处于停止状态；BATT（电源故障）指示灯亮时表示内部锂电池的工作电压不足，此时应更换电池；ERROR 指示灯用于系统检测到用户程序出错时发出闪烁的警示红色信号，表明处理器异常故障，正常情况下应熄灭。PLC 面板状态的显示含义如表 1-1-2 所示。

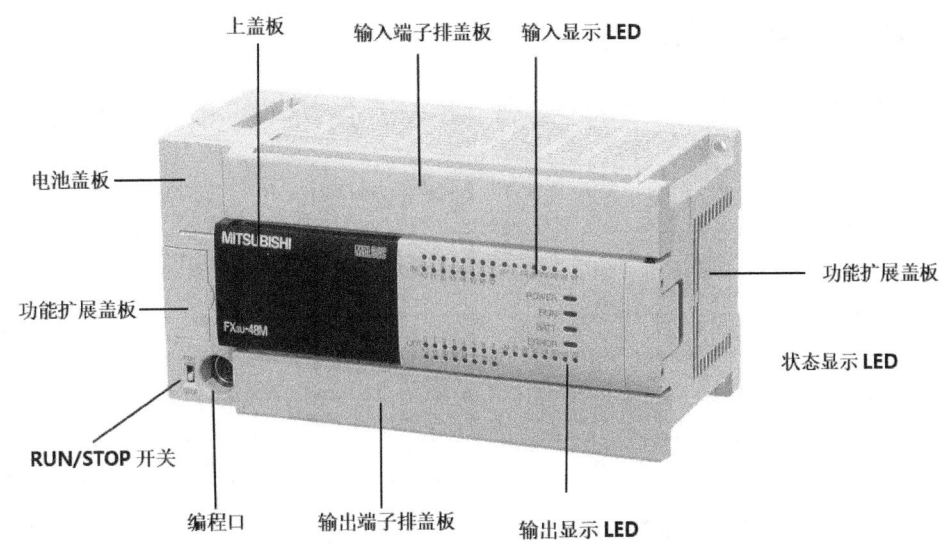

图 1-1-11 三菱公司 FX3U-48MR 型号的 PLC 面板组成

表 1-1-2 PLC 面板状态的显示含义

| LED 灯名称 | 内容 | 显示颜色 | LED 灯状态 | 内容 |
|---|---|---|---|---|
| POWER | 通电状态 | 绿色 | 灯亮 | 电源正常 |
|  |  |  | 闪烁 | 电压过低、接线不正确、PLC 内部异常 |
|  |  |  | 灯灭 | 电源断开、电源线断开、电压太低 |
| RUN | 运行状态 | 绿色 | 灯亮 | PLC 处于 RUN 模式 |
|  |  |  | 灯灭 | PLC 处于 STOP 模式 |
| BATT | 电池状态 | 红色 | 灯亮 | 电池电压下降、需要更换电池 |
|  |  |  | 灯灭 | 电池电压正常 |
| ERROR | 出错状态 | 红色 | 灯亮 | 看门狗定时器出错、PLC 硬件损坏 |
|  |  |  | 闪烁 | 程序出现语法、参数、回路错误 |
|  |  |  | 灯灭 | PLC 正常运行 |

（2）说出 PLC 外部端子的功能与连接方法。FX3U 系列 PLC 输入输出端子分布及分组示意图如图 1-1-12 所示。

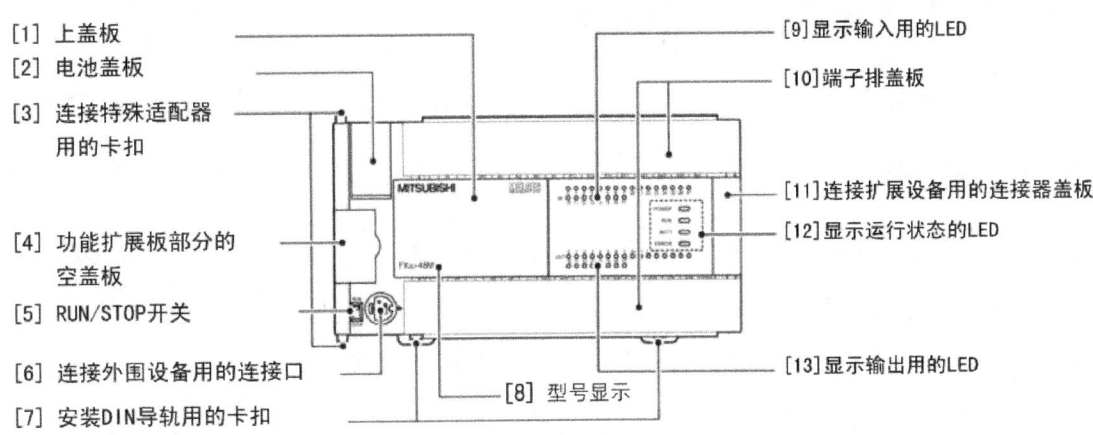

图 1-1-12 FX3U 系列 PLC 输入输出端子分布及分组示意图

**步骤 2：准备元器件和耗材。**

根据任务书的要求准备工具、仪表和器材，相关清单如表 1-1-3 所示，并进行质量检验。

表 1-1-3  工具、仪表和器材清单

| 序号 | 名称 | 数量 |
| --- | --- | --- |
| 1 | FX3U 系列 PLC | 1 台 |
| 2 | 常用电工工具 | 1 套 |
| 3 | 万用表 | 1 台 |
| 4 | 连接导线 | 若干 |
| 5 | 按钮 | 2 个 |
| 6 | 指示灯 | 6 个 |

**步骤 3：电路安装。**

根据配线原则及工艺要求，对照 PLC 控制电路连接图及指示灯安装图布线，在进行 I/O 端子分配时，应将相同电源的负载连接到具有共用端的同一组的输出端上，不同电源分配于不同组，满足同一台 PLC 在现代控制任务中不同负载、不同电压等级同时存在的控制要求。十字路口交通灯 PLC 控制线实物如图 1-1-13 所示。十字路口交通灯 PLC 控制线连线示意图如图 1-1-14 所示。

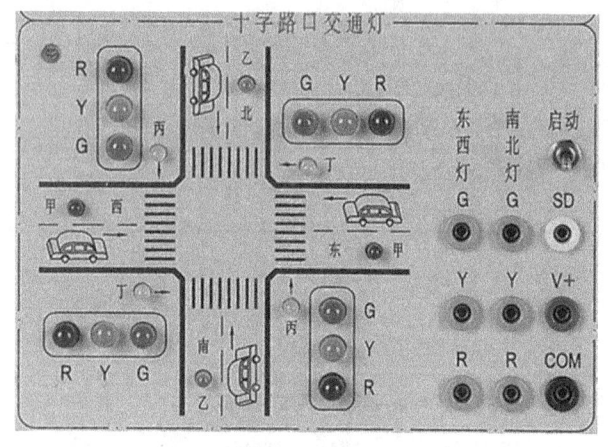

图 1-1-13  十字路口交通灯 PLC 控制线实物　　图 1-1-14  十字路口交通灯 PLC 控制线连线示意图

**步骤 4：电路检测。**

安装完毕的 PLC 控制电路，在通电前必须经过认真检查。检查有目测和仪表检测。

（1）目测。电路连接结束后，首先根据连线示意图检查各设备之间是否有错接或漏接的现象，然后再检查所使用的连接导线是否满足电路连接工艺要求。

（2）仪表检测。用万用表的 R×1 挡检测电路是否存在短路现象，特别是电源两端一定要进行检测，因为一旦电源两端被短接，接通电源时就会引起电源或其他设备的损坏。

# 任务二 安装三菱PLC仿真软件

### 学习目标

1. 了解PLC的软件系统组成。
2. 认识常用的三种PLC编程软件。
3. 会安装三菱PLC仿真软件（FX-TRN-BEG-C）。

### 建议学时

**4**学时：理论**2**学时，实训**2**学时

### 学习任务

本次任务是将三菱PLC仿真软件（FX-TRN-BEG-C）安装在计算机中。

### 知识准备

#### 一、PLC的软件组成

PLC的软件可分为两大部分：系统程序和用户程序。系统程序由PLC制造厂商固化在机内，用以控制PLC本身的动作。用户程序由PLC的使用者编写并输入，用于控制外部对象的运行。

1. 系统程序

系统程序又可分为系统管理程序、用户指令解释程序及标准程序模块和系统调用。

1）系统管理程序

系统管理程序是系统程序中最重要的部分，用以控制PLC的运作。其作用包括三个方面。一是运行管理，即对控制PLC何时输入、何时输出、何时计算、何时自检、何时通信等

做时间上的分配管理。

二是存储空间管理，即生成用户环境。由它规定各种参数、程序的存放地址，将用户使用的数据参数、存储地址转化为实际的数据格式及物理地址，将有限的资源变为用户可以直接使用的元件。

三是系统自检程序，它包括各种系统出错检测、用户程序语法检验、句法检验、警戒时钟运行等。

PLC正是在系统管理程序的控制下，按部就班地工作的。

2）用户指令解释程序

众所周知，任何计算机最终都是执行机器语言指令的。但用机器语言编程却是非常复杂的事情。PLC可用梯形图编程。把使用者直观易懂的梯形图变成机器懂得的机器语言，这就是解释程序的任务。解释程序要将梯形图逐条解释，翻译成相应的机器语言指令，然后由CPU执行这些指令。

3）标准程序模块和系统调用

这部分软件由许多独立的程序块组成。各程序块完成不同的功能，有些完成输入、输出处理，有些完成特殊运算等。PLC的各种具体工作都是由这部分程序来完成的。这部分程序的多少决定了PLC性能的强弱。

整个系统程序是一个整体，其质量的好坏很大程度上会影响PLC的性能。很多情况下，通过改进系统程序就可在不增加任何设备的条件下，大大改善PLC的性能。因此PLC的生产厂商对PLC的系统程序都非常重视，其功能也越来越强大。

2. 用户程序

用户程序是PLC的使用者针对具体控制对象编制的程序。在小型PLC中，用户程序有三种形式：指令表（STL）、梯形图（LAD）和顺序功能图（SFC）。

## 二、三菱PLC的常用软件

三菱PLC的常用软件有以下几种。

### 1. 三菱PLC编程软件FXGP-WIN-C

三菱FX系列PLC程序设计软件（不含FX3U）支持梯形图、指令表、SFC语言程序设计，可进行程序的线上更改、监控及调试，具有异地读写PLC程序功能。

### 2. 三菱PLC编程软件GX Developer

该软件适用于Q、QnU、QS、QnA、AnS、AnA、FX等三菱PLC系列产品，兼容梯形图、指令表、SFC、ST 及 FBD、Label 语言编程设计，设置互联网主要参数，可开展程序的网上变更、网络监控及网络调节，具备外地读写能力。GX Developer 软件图标如图 1-2-1 所示。

### 3. 三菱 PLC 编程软件 GX Works2

GX Works2 三菱 PLC 编程软件适用于 Q 系列产品、L 系列产品、FX 系列产品，是三菱公司现阶段最新的编程软件，软件具有模拟仿真作用，适配 GX Developer，是 GX Developer 8.86 的升级版，适用于全部系列产品的三菱 PLC 编程，可保持 PLC 统计数据与 hmi、运动控制器的信息共享。GX Works2 软件图标如图 1-2-2 所示。

图 1-2-1　GX Developer 软件图标

图 1-2-2　GX Works2 软件图标

### 4. 三菱 PLC 编程仿真软件 GX Simulator6c

该软件是三菱 PLC 的仿真调试软件，支持三菱所有型号的 PLC（FX、AnU、QnA 和 Q 系列），模拟外部 I/O 信号，设定软件状态与数值。

### 5. 三菱 PLC 学习仿真软件 FX-TRN-BEG-C

FX 系列 PLC 可用 FX-TRN-BEG-C 学习仿真软件进行仿真编程和仿真运行。该软件既能够编制梯形图程序，也能够将梯形图程序转换成指令表程序，模拟写出到 PLC 主机，并模拟仿真 PLC 控制现场机械设备运行。

使用 FX-TRN-BEG-C 学习仿真软件时要将显示器像素调整为 1 024×768，如果显示器像素较低，则无法运行该软件。

## 任务实施

**步骤 1：进入三菱 PLC 学习仿真软件（FX-TRN-BEG-C）安装向导界面。**

首先将三菱 PLC 学习仿真软件（FX-TRN-BEG-C）安装盘插入计算机，并解压到相应文件夹中，单击其中的 Setup.exe 应用程序，进入安装向导界面，如图 1-2-3 所示。

**步骤 2：选择安装路径。**

单击"下一步（N）"按钮进入软件安装位置选择界面，如图 1-2-4 所示。如果需要修改安装路径，单击"浏览（R）"按钮可以改变安装路径。一般建议将软件安装在 D 盘中。

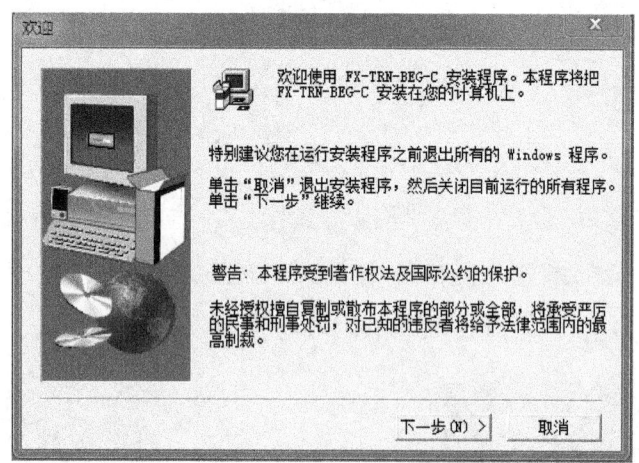

图 1-2-3　安装向导界面

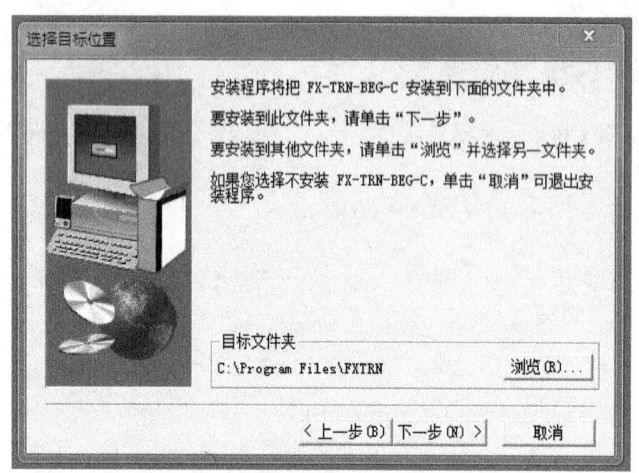

图 1-2-4　软件安装位置选择界面

**步骤 3：进入安装界面。**

单击"下一步（N）"按钮进入软件安装界面，开始安装软件，同时会出现安装进度条。软件安装界面如图 1-2-5 所示。

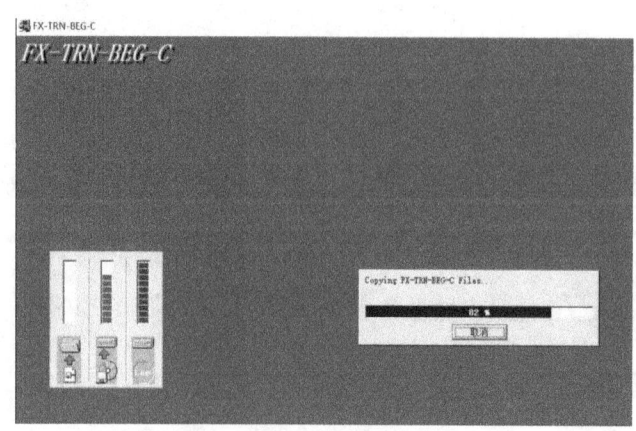

图 1-2-5　软件安装界面

**步骤4：安装完毕。**

进度条达到100%后，进入安装完毕界面，如图1-2-6所示。单击"完成"按钮，三菱PLC学习软件（FX-TRN-BEG-C）即安装结束。

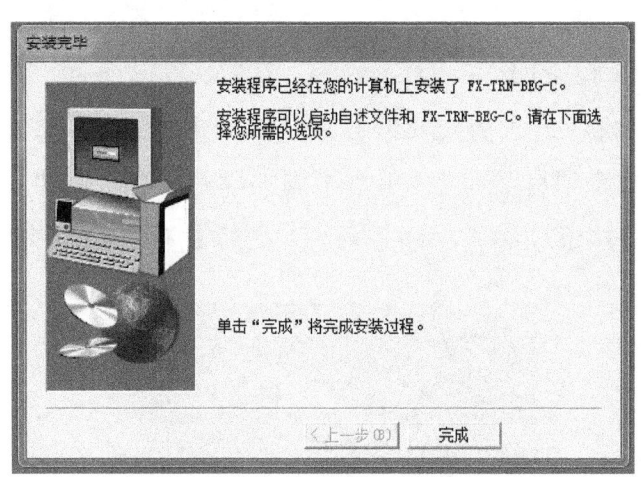

图1-2-6　安装完毕界面

## 任务三　创建与保存FX-TRN-BEG-C仿真软件工程文件

### 学习目标

1. 熟悉FX-TRN-BEG-C仿真软件几个常用界面的作用。
2. 熟悉FX-TRN-BEG-C仿真软件一些功能按钮的作用。
3. 掌握FX-TRN-BEG-C仿真软件的使用方法。
4. 学会在FX-TRN-BEG-C仿真软件中创建与保存工程文件。

### 建议学时

**2**学时：理论**1**学时，实训**1**学时

### 学习任务

本次任务的目标是学会使用FX-TRN-BEG-C仿真软件，能新建与保存一个以"姓名+学号"命名的工程文件。

## 知识准备

### 一、进入仿真界面的操作步骤

双击已安装在计算机上的 FX-TRN-BEG-C 仿真软件的图标（如图 1-3-1 所示）。启动 FX-TRN-BEG-C 仿真软件，进入仿真软件首页，如图 1-3-2 所示。软件中有 A、B、C、D、E、F 六个学习项目，每个项目下有 3~7 个不同的学习任务。其中，A 项目中的 A-1、A-2 任务是学习 PLC 的基础知识。从 A-3 任务开始，之后的任务都是进行编程和仿真练习。

图 1-3-1　FX-TRN-BEG-C 仿真软件图标

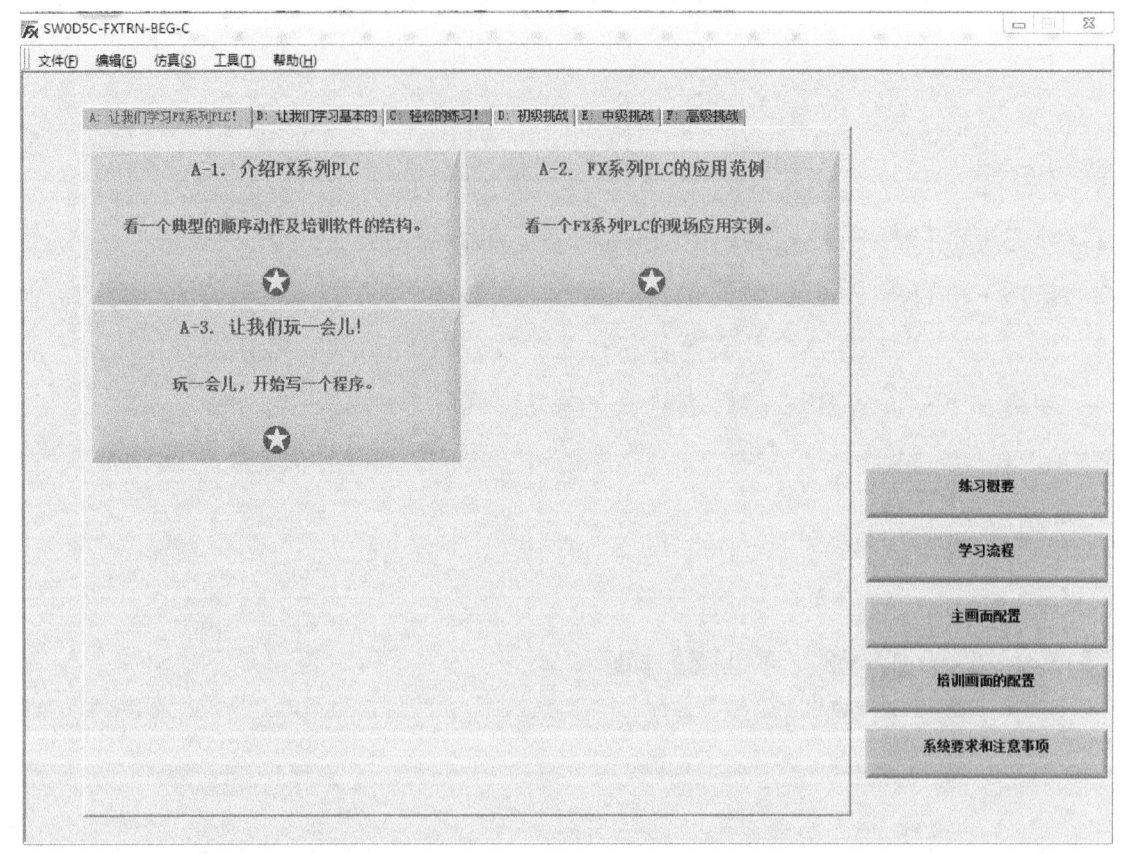

图 1-3-2　FX-TRN-BEG-C 仿真软件首页

任意单击某个学习项目中的某个学习任务，可以进入编程仿真界面，如图 1-3-3 所示。

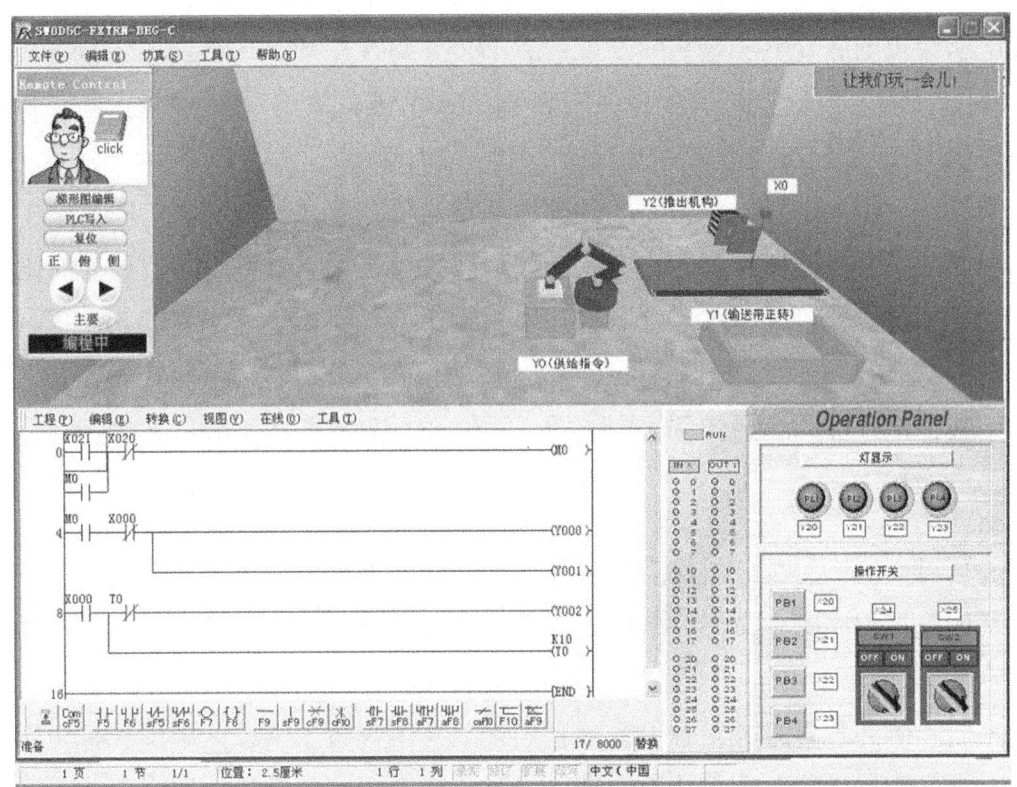

图 1-3-3　编程仿真界面

## 二、编程仿真界面

编程仿真界面的上半部分为仿真界面，下半部分为编程和显示操作界面。

### 1. 仿真界面

编程仿真界面的上半部分，左起依次为远程控制画面、培训辅导画面和现场工艺仿真画面。单击远程控制画面的教师图像，可关闭或打开培训辅导画面。

仿真界面"编辑"菜单下的 I/O 清单选项可以显示该练习项目的现场工艺过程和工艺条件的 I/O 配置说明。对每个练习项目的 I/O 配置说明要仔细阅读，正确运用。

远程控制画面的功能按钮，自上而下依次为：

① "梯形图编辑"——将仿真状态转为编程状态，可以开始编程；

② "PLC 写入"——将转换完成的用户程序写入模拟的 PLC 主机，PLC 写入后，方可进行仿真操作，此时不可编程；

③ "复位"——将仿真运行的程序停止并复位到初始状态；

④ "正""俯""侧"——选择现场工艺仿真画面的视图方向；

⑤ "<"">"——选择基础知识的上一画面和下一画面；

⑥ "主要"——返回程序首页；

⑦ "编程/运行"显示窗——显示编程界面当前状态。

仿真现场给出的 X 的位置，实际是该位置的传感器连接到 PLC 的某个输入接口 X；给出的 Y 的位置，实际是该位置的执行部件被 PLC 的某个输出接口 Y 所驱动。本文亦以 X 或 Y 的位置替代说明传感器或执行部件的位置。

仿真现场的机器人、机械臂和分拣器等为点动运行，可自动复位。

仿真现场的光电传感器，遮光时，其常开触点接通，常闭触点分断，通光时则相反。

在某个培训练习项目下，我们可根据该项目给定的现场工艺条件和工艺过程，编制 PLC 梯形图，写入模拟的 PLC 主机，仿真驱动现场机械设备运行；也可不考虑给定的现场工艺过程，仅利用其工艺条件，编制任意的梯形图，用灯光、响铃等显示运行结果。

2. 编程界面

编程仿真界面的下半部分左侧为编程界面，编程界面上方为操作菜单，其中"工程"菜单相当于其他应用程序的"文件"菜单。只有在编程状态下，才能使用"工程"菜单进行打开、保存等操作。

编程界面两侧的垂直线是左右母线，它们之间为编程区。编程区中的光标可用鼠标左键单击移动，也可用键盘的四个方向键移动。光标所在位置，是进行放置、删除元件等操作的位置。

仿真运行时，梯形图上不论是触点还是线圈，均使用蓝色表示该元件接通。

受软件反应灵敏度所限，为保证动作可靠，各元件的驱动时间应不小于 0.5s。

3. 显示操作界面

编程仿真界面的下半部分右侧依次为 I/O 状态显示画面、模拟灯光显示画面和模拟开关操作画面。

（1）I/O 状态显示画面，用灯光显示一个 48 个 I/O 点的 PLC 主机的某个输入或输出继电器是否接通吸合。

（2）模拟灯光显示画面，其模拟电灯已经连接到标示的 PLC 输出点。

（3）模拟开关操作画面，其模拟开关已经连接到标示的 PLC 输入点，PB 为自复位式点动常开按钮，SW 为自锁式转换开关，面板上的 OFF 和 ON 指其常开触点分断或接通。

### 三、仿真软件使用方法

1. 编制程序和仿真调试

点按"梯形图编辑"按钮进入编程状态，该软件只能利用梯形图编程，并通过点按界面左下角的"转换程序"按钮或 F4 键，将梯形图转换成指令表，以便写入模拟的 PLC 主机。但是该软件不能用指令表编程，也不能显示指令表。编程界面下方显示可用鼠标左键单击的元件符号，具体如图 1-3-4 所示。

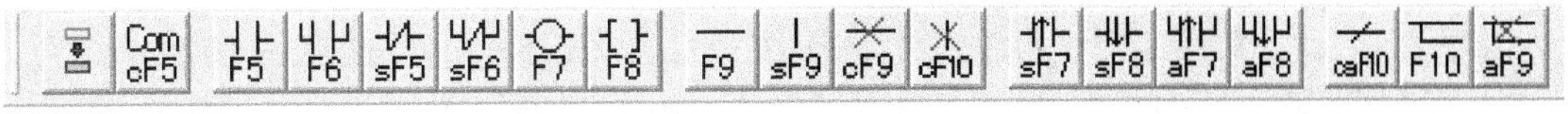

图 1-3-4 元件符号

常用元件符号的意义说明如下。

：将梯形图程序转换成指令表程序（F4 键为其热键）。

：放置常开触点。

：并联常开触点。

：放置常闭触点。

：并联常闭触点。

：放置线圈。

：放置指令。

：放置水平线段。

：放置垂直线段于光标的左下角。

：删除水平线段。

：删除光标左下角的垂直线段。

：放置上升沿有效的常开触点。

：放置下降沿有效的常开触点。

元件符号下方的 F5～F9 等字母数字分别对应键盘上方的编程热键，其中大写字母前的 s 表示 Shift+；c 表示 Ctrl+；a 表示 Alt+。

2. 元件放置方法

梯形图编程采用鼠标法、热键法、对话法和指令法均可调用、放置元件。

（1）鼠标法：移动光标到预定位置，单击编程界面下方的触点、线圈、指令等符号，弹出元件标号对话框，输入元件标号、参数或指令，即可在光标所在位置放置元件或指令。

（2）热键法：点按编程热键，也会弹出元件标号对话框，其他同上。

（3）对话法：在预定放置元件的位置双击，弹出元件对话框，单击元件下拉箭头，显示元件列表，元件符号和元件标号对话框如图 1-3-5 所示，选择元件、输入元件标号，即可放置元件和指令。

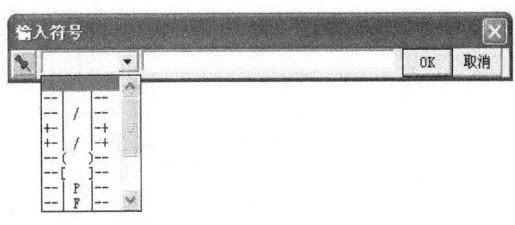

图 1-3-5 元件符号和元件标号对话框

（4）指令法：如果对编程指令助记符及其含义比较熟悉，利用键盘直接输入指令和参数，可快速放置元件和指令。例如，输入"LD　X1"，将在左母线加载一个 X1 常开触点；输入"ANDF　X2"，将串联一个下降沿有效的 X2 常开触点；输入"OUT　T1　K100"，将一个 10s 计时器的线圈连接到右母线。

3. 编程其他操作

（1）删除元件：按键盘 Delete 键，删除光标处元件；按 Backspace 键，删除光标前面的元件；垂直线段的放置和删除，请使用鼠标法。

（2）修改元件：双击某元件，弹出元件对话框，可对该元件进行修改编辑。

（3）右键菜单：右击鼠标，弹出右键菜单如图 1-3-6 所示，可对光标处进行撤消[①]、剪切、复制、粘贴、行插入、行删除等操作。

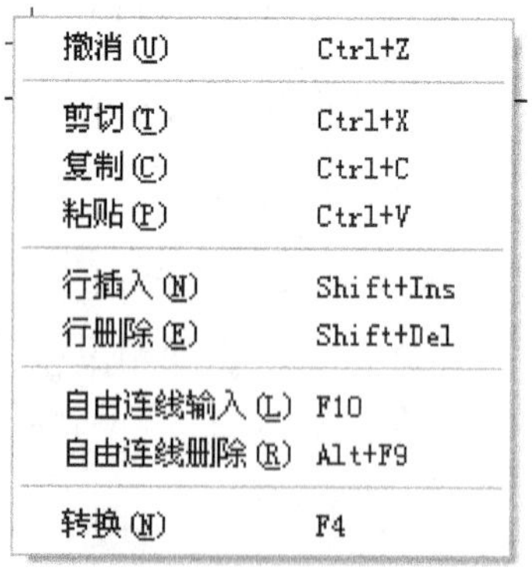

图 1-3-6　右键菜单

4. 程序转换、保存与写入等操作

单击"转换程序"按钮，进行程序转换。此时如果编程区某部分显示为黄色，表示这部分编程有误，请查找问题并予以解决。

单击"工程/保存"按钮，选择存盘路径和文件名，进行存盘操作。

单击"工程/打开工程"按钮，选择路径和文件名，调入原有程序。

单击"PLC 写入"按钮，将程序写入模拟的 PLC 主机，即可进行仿真试运行，并根据运行结果调试程序。

## 任务实施

### 步骤 1：启动 FX-TRN-BEG-C 仿真软件。

在安装有 FX-TRN-BEG-C 仿真软件的计算机上，双击"FX-TRN-BEG-C"仿真软件图标，启动 FX-TRN-BEG-C 仿真软件，进入仿真软件首页。

### 步骤 2：单击练习项目。

在仿真软件首页，单击练习项目的"B：让我们学习基本的"，如图 1-3-7 所示。

（1）在"B：让我们学习基本的"界面单击"B-4.输入状态读取"，如图 1-3-8 所示。

（2）进入"B-4.输入状态读取"仿真编程界面，如图 1-3-9 所示。

---

① 图片中的"撤消"正确写作"撤销"。

项目一 认识 PLC 仿真软件

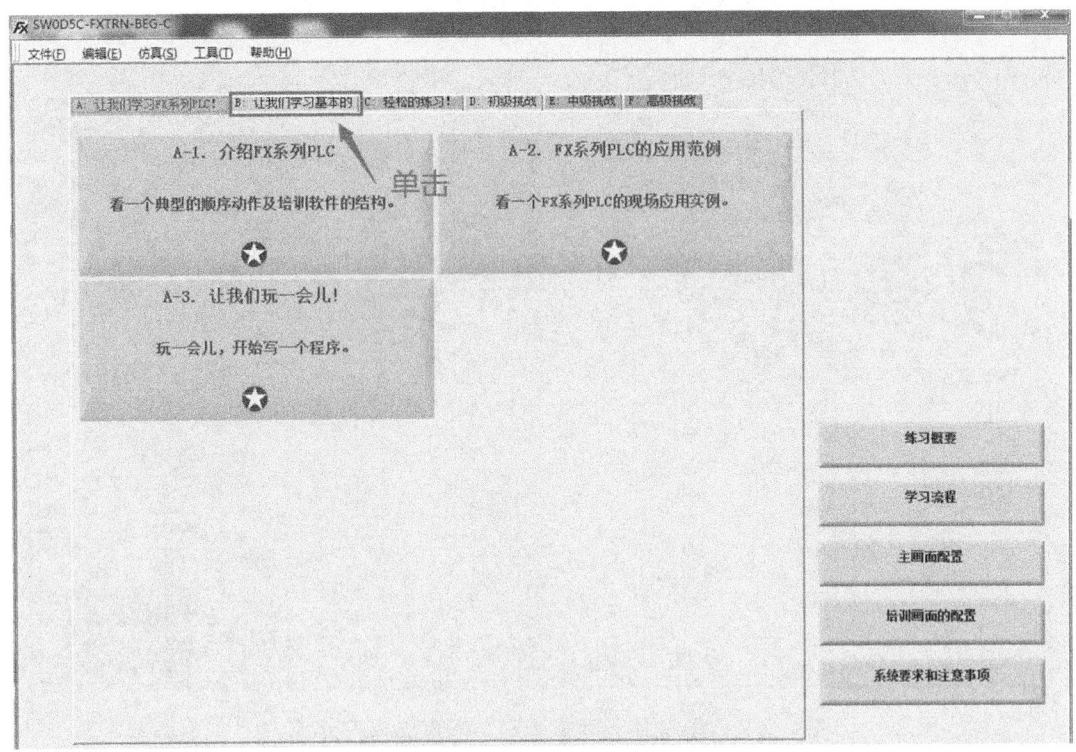

图 1-3-7 单击"B：让我们学习基本的"

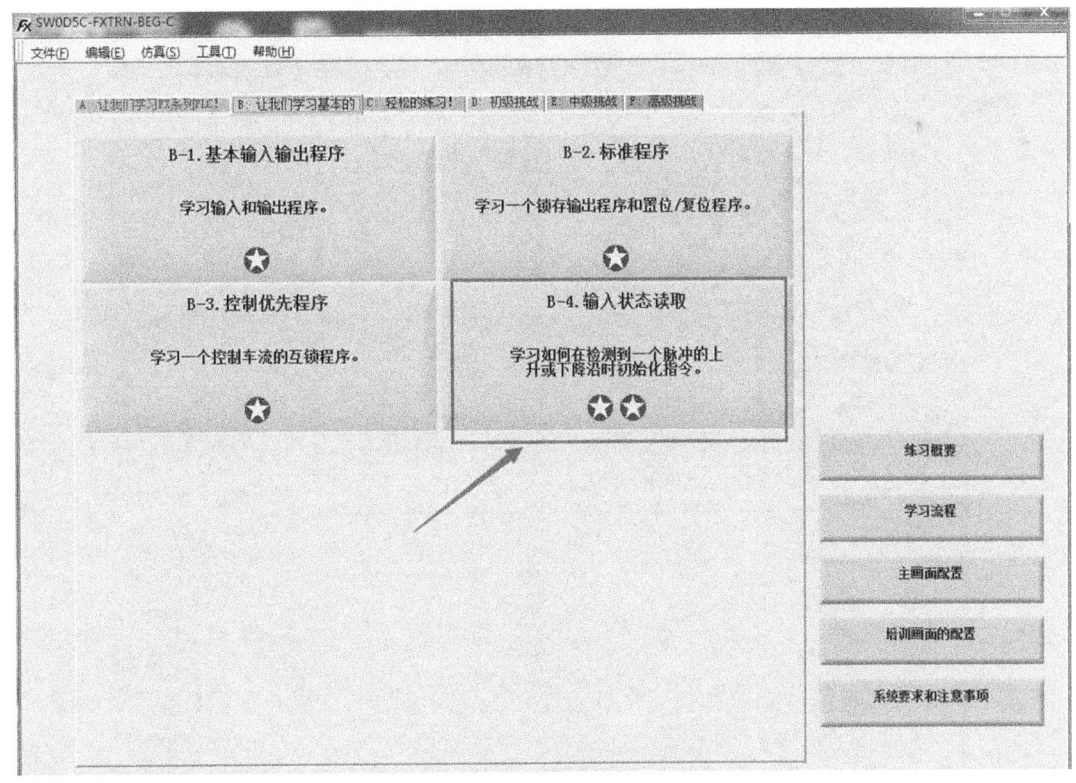

图 1-3-8 单击"B-4.输入状态读取"

021

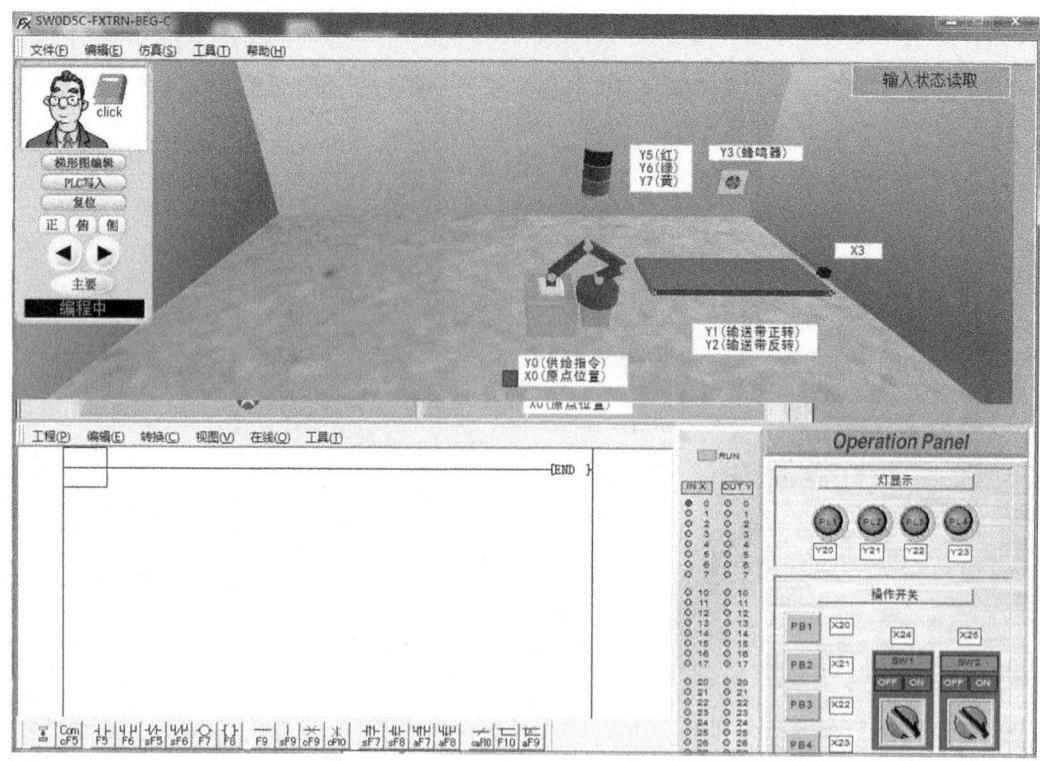

图 1-3-9 "B-4.输入状态读取"仿真编程界面（1）

（3）在"B-4.输入状态读取"仿真编程界面中单击"梯形图编辑"按钮，进入编程状态，如图 1-3-10 所示。

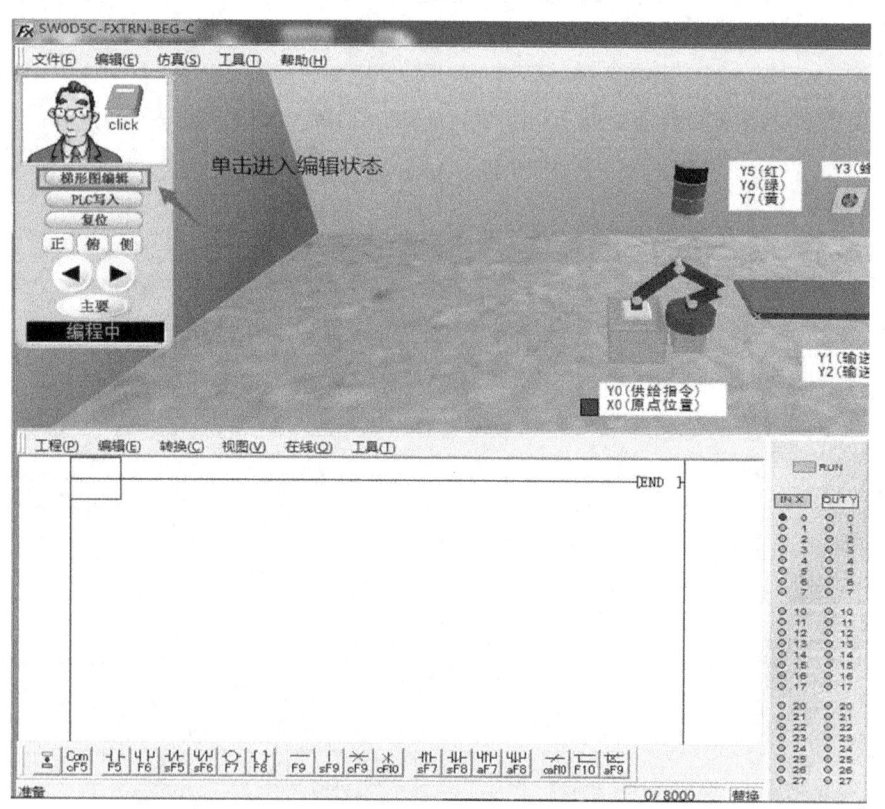

图 1-3-10 "B-4.输入状态读取"仿真编程界面（2）

（4）将新建好的工程文件以"姓名+学号"的名称，另存在计算机的 D 盘中，如图 1-3-11、图 1-3-12 和图 1-3-13 所示。

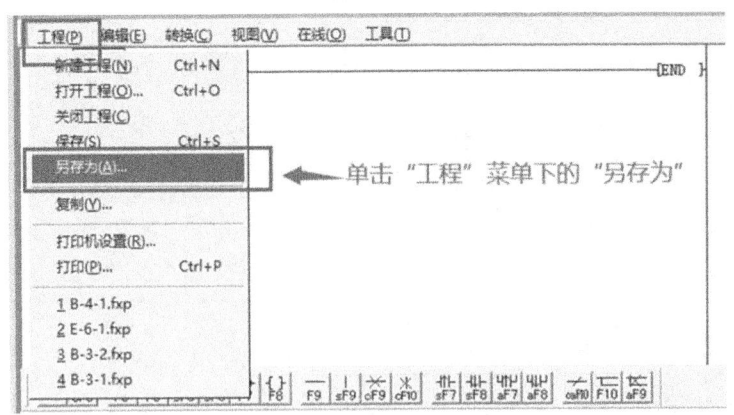

图 1-3-11　新工程另存为界面

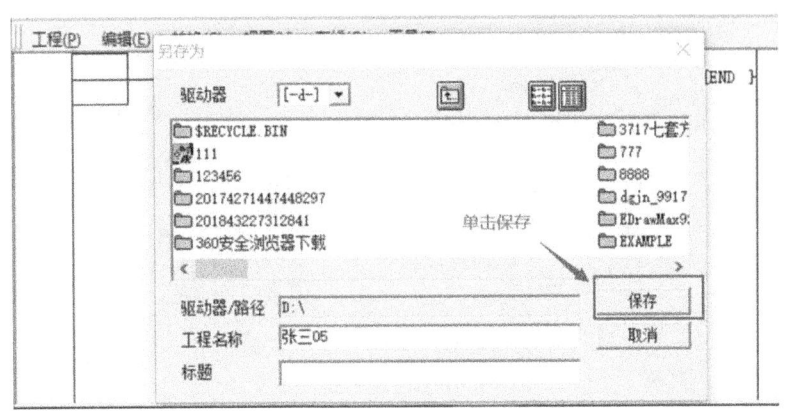

图 1-3-12　新工程保存界面

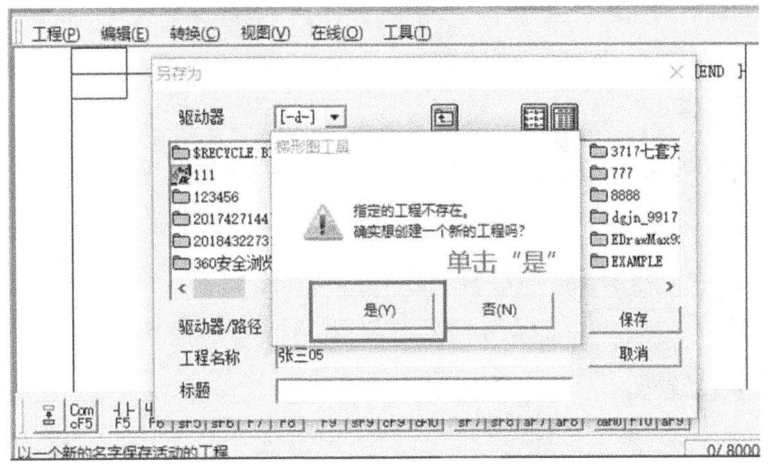

图 1-3-13　新工程创建界面

**步骤 3：打开已保存的程序。**

（1）启动 FX-TRN-BEG-C 仿真软件。

（2）进入"B-4.输入状态读取"仿真编程界面。

（3）在"B-4.输入状态读取"仿真编程界面单击"梯形图编辑"按钮，进入编程状态。

（4）在"工程"菜单下单击"打开工程"，找到D盘中以"姓名+学号"命名的工程，选中打开。

# 项目练习

### 一、判断题

1. 优化设计应遵循"上重下轻，左重右轻"的原则。（　　）

2. 输入继电器编号X采用十进制。（　　）

3. 输出继电器Y在梯形图中可出现触点和线圈，触点可使用无数次。（　　）

### 二、选择题

1. PLC的核心是（　　）。
   A. 存储器　　　　B. 总线　　　　C. CPU　　　　D. I/O接口

2. 国内外PLC生产厂家都把（　　）作为第一用户编程语言。
   A. 梯形图　　　　B. 指令表　　　　C. 逻辑功能图　　　　D. C语言

### 三、填空题

1. 系统程序一般存放在_____。

2. PLC的编程语言有_____、_____、功能块图、指令表和结构文本。

3. PLC软件系统有_____程序和_____程序两种。

4. PLC按结构可分为_____式和_____式。

5. PLC采用逐行循环扫描串行工作方式，每个扫描周期包含_____、_____和_____三个阶段。

6. 可编程控制器内部有许多等效继电器，但只有输入继电器和输出继电器是可以与外围设备进行连接的，其中_____继电器的驱动线圈有外部接线端子，_____继电器的动合触头有外部的接线端子。

7. PLC的输出接口电路一般有_____输出方式、_____输出方式和_____输出方式三种。

### 四、简答题

1. 可编程控制器由哪些部分组成？

2. 你认为PLC控制与继电器控制的最大区别是什么呢？

# 项目二

# 学习 PLC 基本指令

## 任务一 设计与调试呼叫单元控制程序

### 学习目标

1. 认识三菱 FX 系列 PLC 输入/输出继电器。
2. 理解 LD、LDI、OUT、END 指令的用法。
3. 掌握梯形图的编程方法。
4. 会用 LD、LDI、OUT、END 指令设计呼叫单元 PLC 控制程序和运行调试。

### 建议学时

❷学时：理论❶学时，实训❶学时

### 学习任务

本次学习任务是利用三菱 PLC 仿真软件（FX-TRN-BEG-C）开展的，在仿真软件"D：初级挑战"项目的"D-1.呼叫单元"界面完成一间餐厅内呼叫单元控制程序的设计和调试。当餐厅内有客人按下餐桌上的呼叫服务按钮 1（X0）或按钮 2（X1）时，对应餐桌上方墙上的呼叫显示灯指示灯①（Y0）或指示灯②（Y1）点亮，服务员即可对应服务。呼叫单元仿真界面如图 2-1-1 所示。

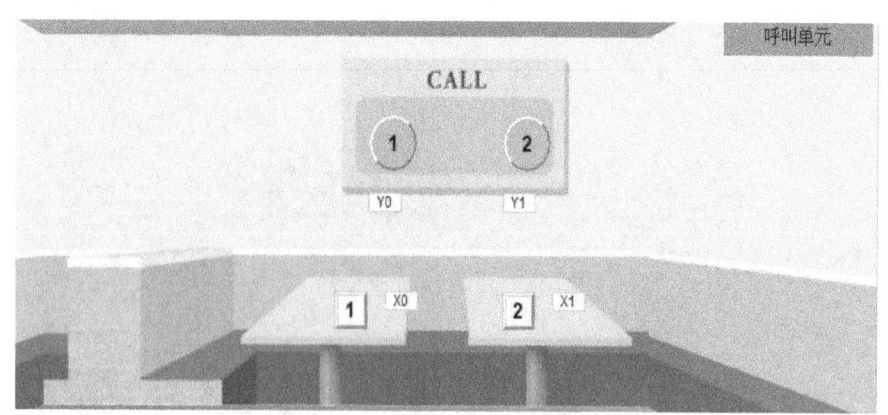

图 2-1-1 呼叫单元仿真界面

## 知识准备

### 一、FX3U 系列 PLC 的常用软元件

PLC 的编程语言中使用了不同功能的元件，是在软件中使用的编程单元，每一个编程单元与 PLC 的一个存储单元相对应。为了把它们与真实的硬元件区分开，人们通常把这些元件称为软元件，它们是等效概念抽象模拟的元件，并非实际的物理元件。

FX 系列 PLC 软元件的编号由字母和数字组成，常用的软元件有输入继电器（X）、输出继电器（Y）、定时器（T）、计数器（C）、辅助继电器（M）、状态继电器（S）、数据寄存器（D）、变址寄存器（V/Z）等。其中输入继电器和输出继电器用八进制数字编号，其他都采用十进制数字编号。

1. 输入继电器（X）

FX3U 基本单元均采用直流（DC）开关量输入方式，其每个输入端口对应于内部一个存储器单元，称为输入继电器。输入继电器位于 PLC 存储器的输入映像寄存器区域，其外部有一对物理的输入端子与之对应。输入继电器是反映外部输入信号状态的窗口，输入继电器的状态是对外部开关动作信号的映像，外部开关的"接通""断开"在 PLC 梯形图中则是对应输入继电器的"常开触点"的闭合、断开（或其常闭触点呈相反的状态）。不同于 PLC 的其他"软元件"，输入继电器只能由外部信号驱动，不能在用户程序中采用内部条件驱动。

FX3U 系列 PLC 的输入继电器采用八进制编号（0~7），如 X000~X007 和 X010~X017，最多可达 248 点。

2. 输出继电器（Y）

其是 PLC 内部专门用来将运算结果经输出端子输出送去控制外部负载的虚拟继电器，其编号与输入端子编号一致。

FX3U 系列 PLC 的输出继电器也采用八进制编号（0～7），如 Y000～Y007 和 Y010～Y017，最多可达 248 点。输入、输出继电器的总和不得超过 256 点。

PLC 的输出端子外接负载（继电器线圈、电磁阀、灯、电喇叭等），输出继电器将内部程序运行结果的状态写入并传递给输出端子，由输出端子再去驱动外部负载运行。

输出继电器既可以是线圈，也可以是动合或动断触头。

## 二、PLC 基本指令的学习（LD、LDI、OUT、END 指令）

1. 指令表

PLC 的指令是一种与微机汇编语言中的指令极其相似的助记符表达式，由指令组成的程序称为指令表程序。

2. 逻辑取指令、线圈驱动指令和程序结束指令

逻辑取指令、线圈驱动指令和程序结束指令的符号、名称、功能、梯形图，如表 2-1-1 所示。

表 2-1-1 逻辑取指令、线圈驱动指令和程序结束指令的符号、名称、功能、梯形图

| 符号 | 名称 | 功　能 | 梯形图示例 | 指令表 | 操作元件 | 程序步 |
|---|---|---|---|---|---|---|
| LD | 取 | 动合触头与左母线连接，逻辑运算起始 | ─┤X000├─ | LD X000 | X、Y、M、S、T、C | 1 |
| LDI | 取反 | 动断触头与左母线连接，逻辑运算起始 | ─┤X001├─ | LDI X001 | X、Y、M、S、T、C | 1 |
| OUT | 输出 | 驱动线圈的输出指令 | ─(Y000)─ | OUT Y000 | Y、M、S、T、C | Y、M：1；S、特 M：2；T：3；C：3～5 |
| END | 结束 | 程序结束，返回起始地址 | ─[END]─ | END | | 1 |

3. 指令说明

（1）LD、LDI 指令用于将触点接到母线上，在分支起点处也可使用。

（2）OUT 指令是 Y、M、S、T、C 继电器线圈的驱动指令，输入继电器不能使用，因为输入继电器的状态是由输入信号决定的。在对定时器、计数器使用 OUT 指令后，一定要设定常数 K（十进制）或 H（十六进制）。

例：OUT 指令应用程序应用举例，如图 2-1-2 所示。

程序解释：①当 X000 接通时，Y000 接通；

②当 X001 断开时，Y001 接通。

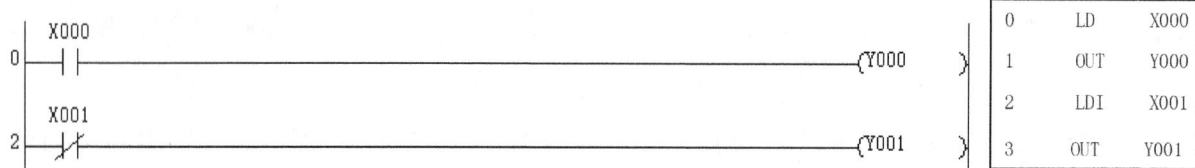

图 2-1-2　OUT 指令应用程序

OUT 指令还可作多次并联使用。定时器的计时线圈或计数器的计数线圈使用 OUT 指令后，必须设定值（常数 K 或指定数据寄存器的地址号）。OUT 指令使用程序示例如图 2-1-3 所示。

图 2-1-3　OUT 指令使用程序示例

### 🚌 任务实施

#### 步骤 1：任务分析。

此次任务是控制一个餐馆中的呼叫单元。通过 PLC 的程序实现以下控制。

（1）当按下餐桌上的按钮 1（X0）时，餐桌对应的墙上指示灯 1（Y0）点亮。如果按钮 1（X0）被松开，指示灯 1（Y0）则熄灭。

（2）当按下餐桌上的按钮 2（X1）时，餐桌对应的墙上指示灯 2（Y1）点亮。如果按钮 2（X1）被松开，指示灯 2（Y1）则熄灭。

#### 步骤 2：列出 I/O 端口分配表。

餐馆中的呼叫单元控制 I/O 端口分配表如表 2-1-2 所示。

表 2-1-2　餐馆中的呼叫单元控制 I/O 端口分配表

| 输入部分 || 输出部分 ||
| --- | --- | --- | --- |
| 输入元件 | PLC 编程元件 | 输出元件 | PLC 编程元件 |
| 按钮 1 | X000 | 指示灯 1 | Y000 |
| 按钮 2 | X001 | 指示灯 2 | Y001 |

**步骤 3：绘制 PLC 的外部接线图。**

根据控制要求绘制餐馆中的呼叫单元控制 PLC 外部接线图如图 2-1-4 所示。

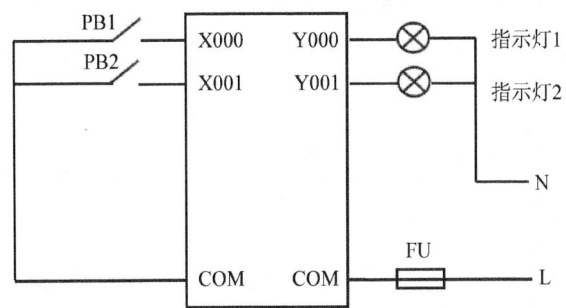

图 2-1-4　餐馆中的呼叫单元控制 PLC 外部接线图

**步骤 4：设计餐馆呼叫单元控制梯形图及指令表。**

设计餐馆呼叫单元控制梯形图及指令表如图 2-1-5 所示。

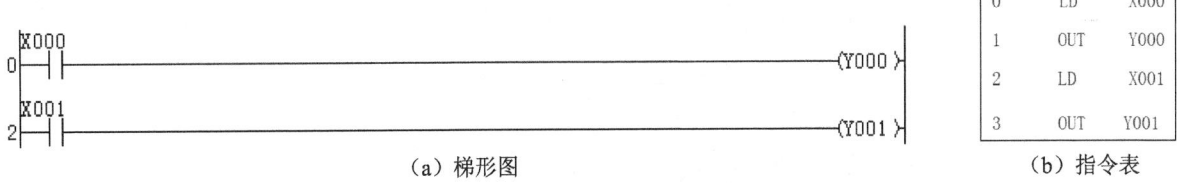

图 2-1-5　餐厅呼叫单元控制梯形图及指令表

**步骤 5：上机实操。**

（1）启动 FX-TRN-BEG-C 仿真软件，进入仿真软件首页。

（2）在仿真软件首页，单击练习项目"D：初级挑战"，如图 2-1-6 所示。

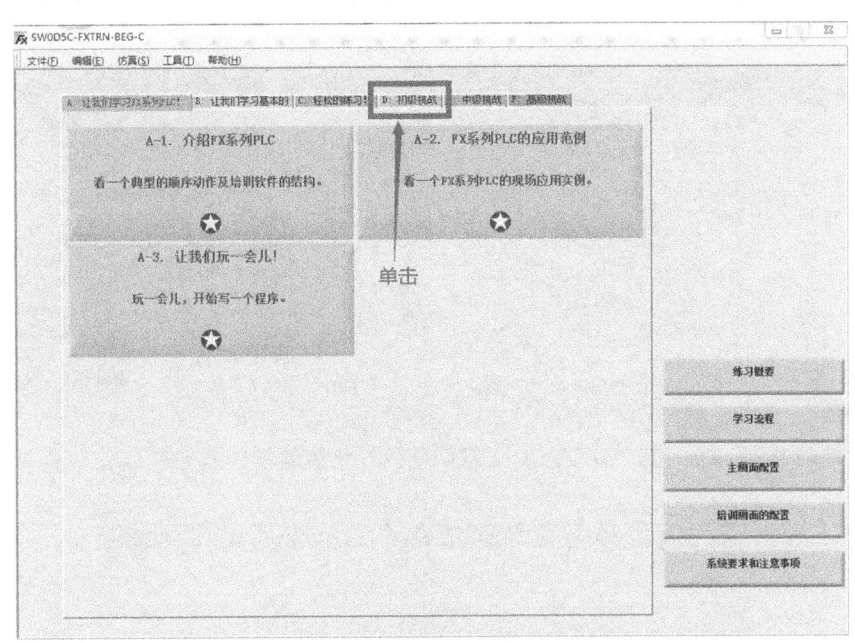

图 2-1-6　单击练习项目"D：初级挑战"

（3）在"D：初级挑战"界面中单击"D-1.呼叫单元"，如图2-1-7所示。

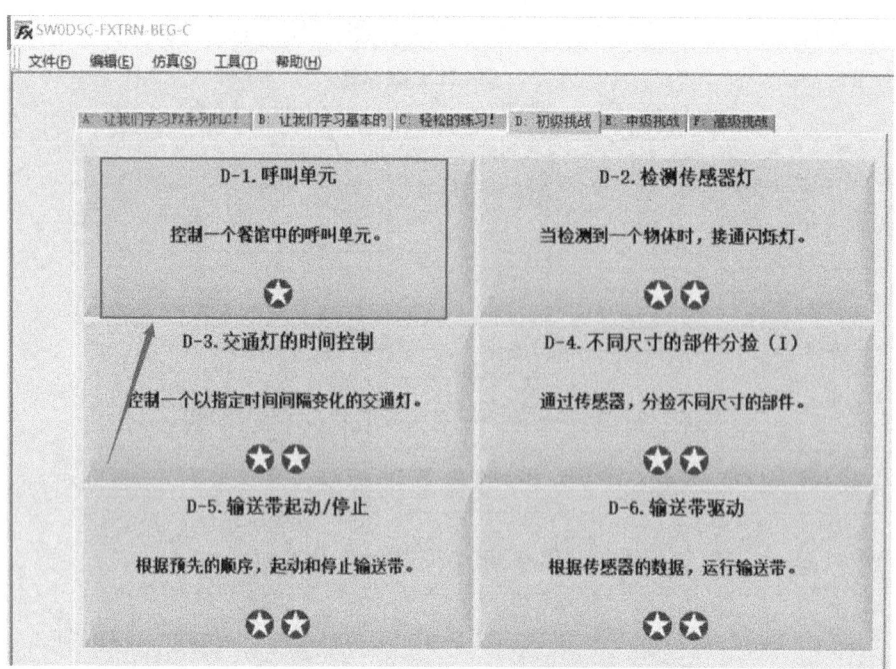

图2-1-7 单击"D-1.呼叫单元"

（4）进入"D-1.呼叫单元"仿真编程界面，如图2-1-8所示。

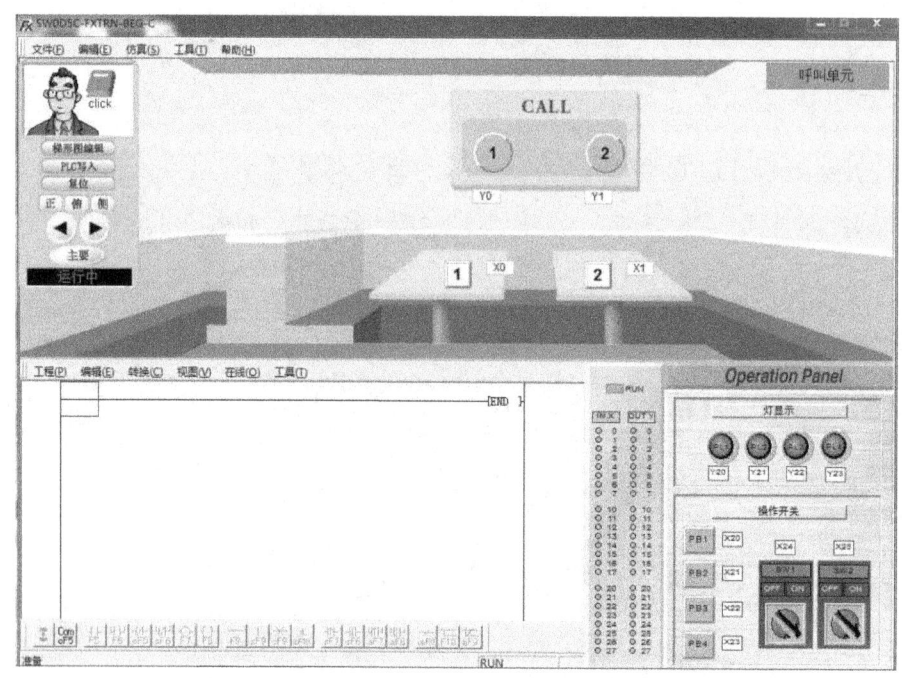

图2-1-8 "D-1.呼叫单元"仿真编程界面

（5）在"D-1.呼叫单元"仿真编程界面中单击"梯形图编辑"按钮，进入编程状态，如图2-1-9所示。

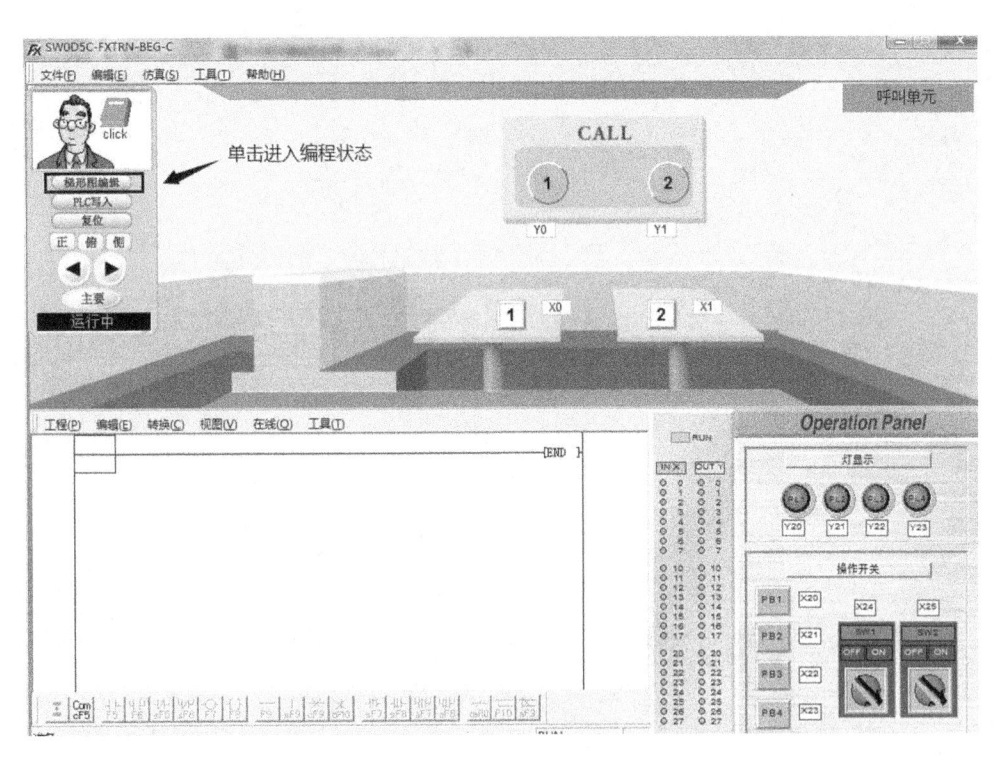

图 2-1-9　单击"梯形图编辑"按钮

（6）在"编程区域"输入"呼叫单元"梯形图程序，单击菜单栏中的"转换（C）　F4"，对输入的梯形图进行转换，如图 2-1-10 所示。

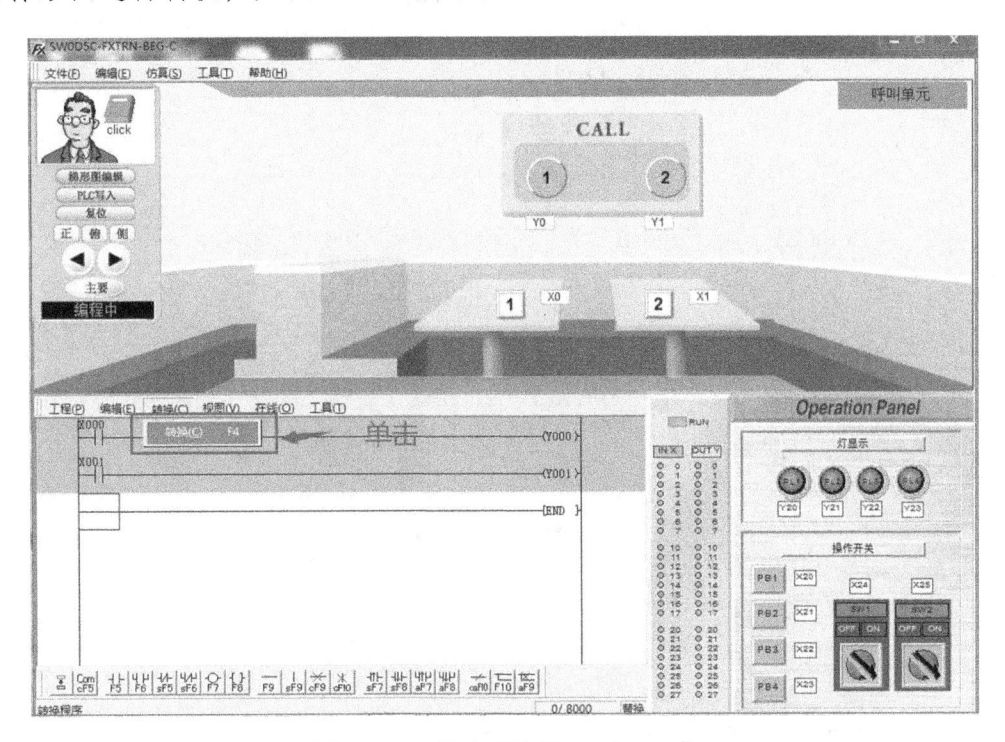

图 2-1-10　单击"转换（C）　F4"

（7）把完成转换的程序写入仿真 PLC，单击"PLC 写入"按钮，如图 2-1-11 所示；程序写入中，如图 2-1-12 所示；程序写入完成，如图 2-1-13 所示。

031

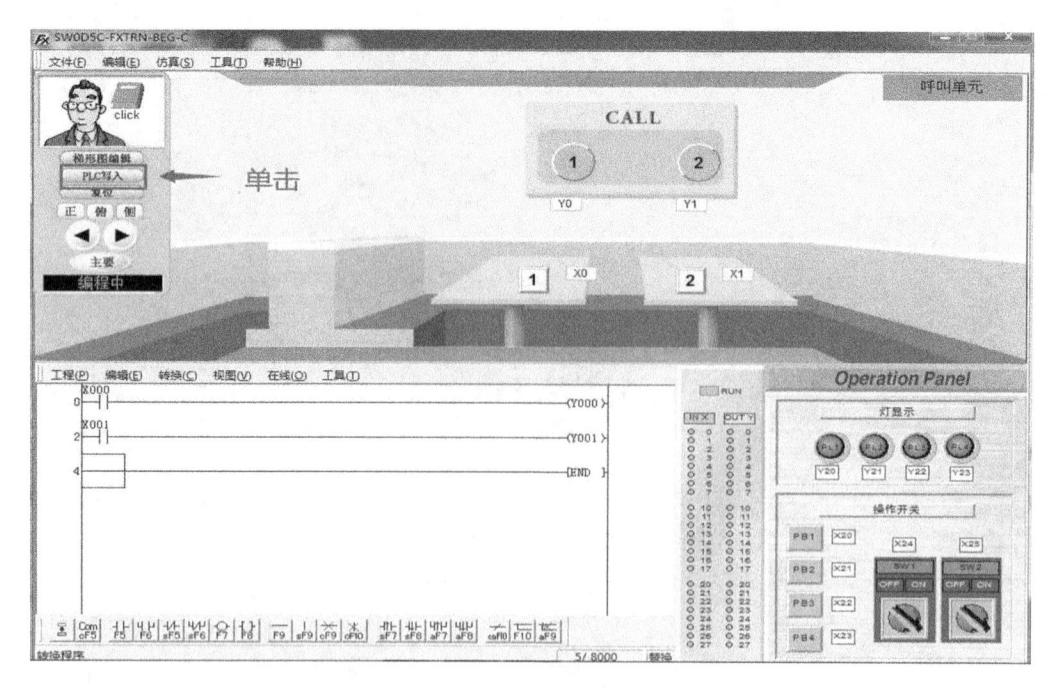

图2-1-11 单击"PLC写入"按钮

图2-1-12 程序写入中

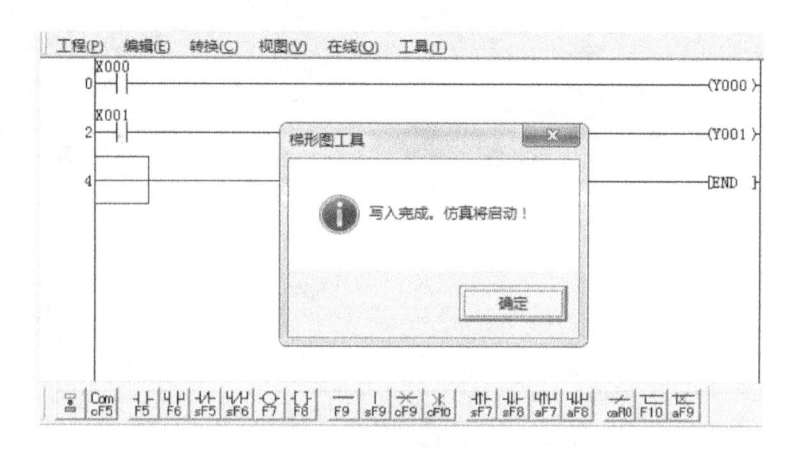

图2-1-13 程序写入完成

(8) PLC程序仿真运行界面,如图2-1-14所示。

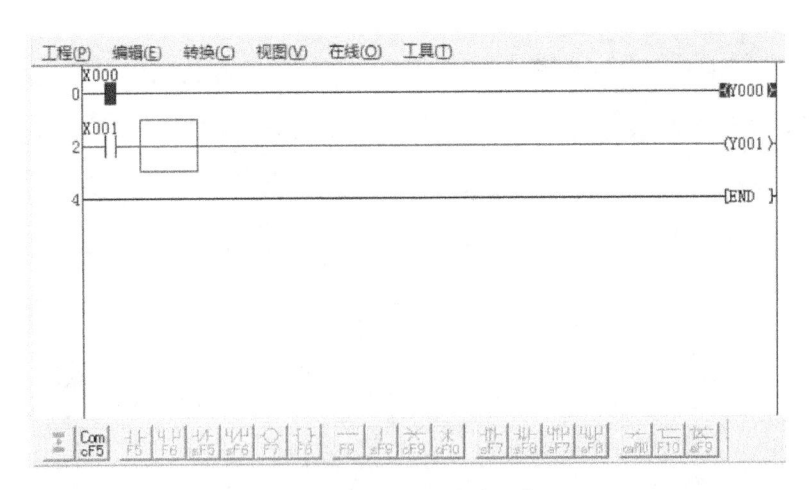

图 2-1-14　PLC程序仿真运行界面

**步骤6：运行、调试程序。**

（1）按下餐桌上的按钮1（X000），对应墙上的指示灯1（Y000）点亮，松开按钮1（X000）指示灯1（Y000）熄灭。

（2）按下餐桌上的按钮2（X001），对应墙上的指示灯2（Y001）点亮，松开按钮2（X001）指示灯2（Y001）熄灭。

## 任务二　设计与调试电动机连续运行控制程序

### 学习目标

1.巩固电动机连续运行控制电路的工作原理。
2.掌握OR、ORI、ANI、AND指令的使用方法。
3.会用OR、ORI、ANI、AND指令设计电动机连续运行控制程序和运行调试。

### 建议学时

2 学时：理论 1 学时，实训 1 学时

### 学习任务

本次学习任务是利用三菱PLC仿真软件（FX-TRN-BEG-C）开展的，在仿真软件"B：

让我们学习基础的"项目的"B-4.输入状态读取"界面完成电动机连续运行控制程序的设计和调试。工作现场有一段输送带由电动机拖动运行，要求电动机拖动的输送带能够进行连续运行控制。当按下按钮 PB1（X20），电动机拖动的输送带（Y1）连续正转；按下按钮 PB2（X21），电动机拖动的输送带（Y1）停止转动，任务现场仿真界面如图 2-2-1 所示。

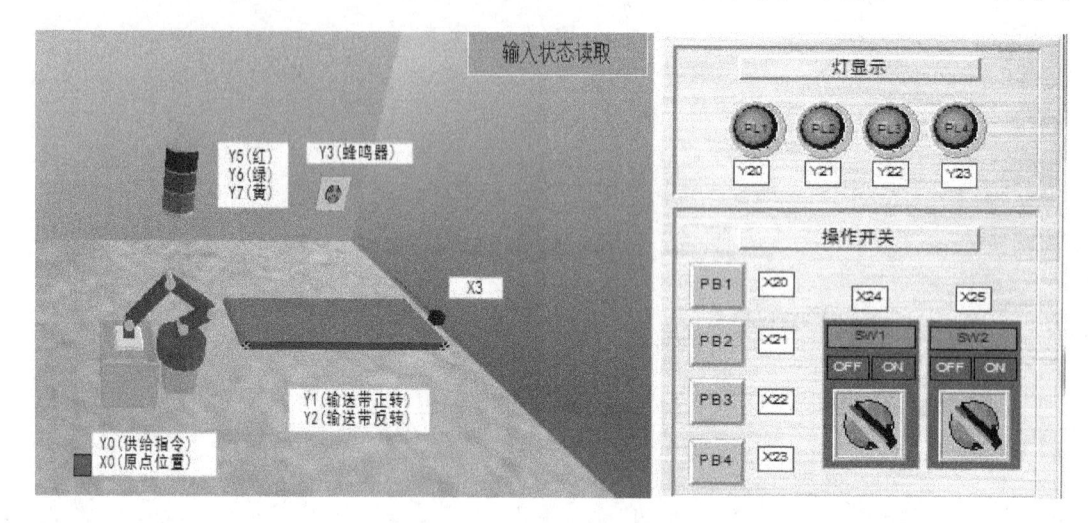

图 2-2-1  任务现场仿真界面

## 知识准备

### 一、电动机连续运行控制的电气原理

1. 电路的原理图

电动机连续运行控制电路的原理图如图 2-2-2 所示。

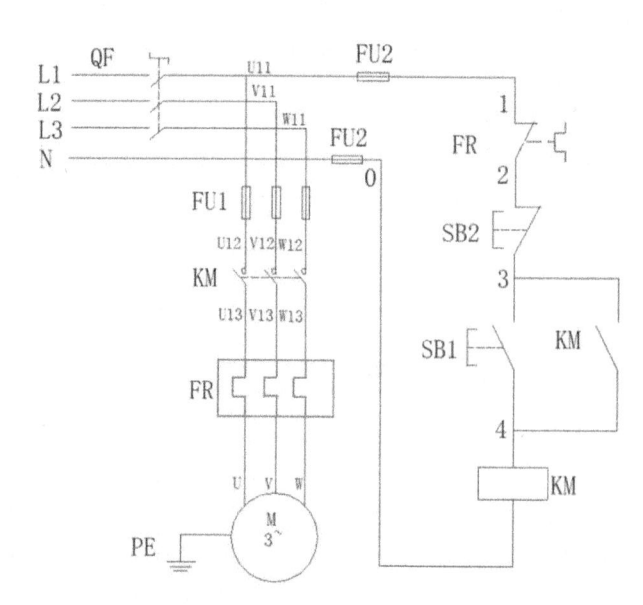

图 2-2-2  电动机连续运行控制电路的原理图

## 2. 电路的工作原理分析

（1）工作过程。

按下启动按钮 SB1，此时接触器 KM 线圈通电，KM 主触点吸合，电动机通电运行。

KM 辅助常开触点吸合，保证 KM 线圈能在按钮 SB1 复位时有电流通过，即实现自锁，保证电动机连续运行。

停止时按下按钮 SB2，或电路过载热继电器 FR 常闭触点断开，控制线路断电。

（2）控制要点。

自锁控制线路：松开按钮而仍能自行保持线圈得电吸合的控制线路。

自锁（或自保持）触头：与 SB1 并联的这一对动合辅助触头 KM。

热继电器（FR）：防止电动机过载。

## 二、PLC 基本指令的学习（OR、ORI、ANI、AND 指令）

### 1. PLC 触头串联和并联指令

1）指令符号（AND、ANI、OR、ORI）

串联、并联指令的符号、名称、功能如表 2-2-1 所示。

表 2-2-1 串联、并联指令的符号、名称、功能

| 符号 | 名称 | 功 能 | 梯形图示例 | 指令表 | 操作元件 | 程序步 |
|---|---|---|---|---|---|---|
| AND | 与 | 单个动合触头与左边触头串联 | X000 X001─(Y000) | LD X000<br>AND X001<br>OUT Y000 | X、Y、M、S、T、C | 1 |
| ANI | 与非 | 单个动断触头与左边触头串联 | X000 X001─(Y000) | LD X000<br>ANI X001<br>OUT Y000 | X、Y、M、S、T、C | 1 |
| OR | 或 | 单个动合触头与上一触头并联 | X000<br>X001─(Y000) | LD X000<br>OR X001<br>OUT Y000 | X、Y、M、S、T、C | 1 |
| ORI | 或非 | 单个动断触头与上一触头并联 | X000<br>X001─(Y000) | LD X000<br>ORI X001<br>OUT Y000 | X、Y、M、S、T、C | 1 |

2）指令用法

（1）串联和并联指令是指单个触头与其他的触头或触头组成电路的连接关系。

（2）串联电路中，每个软元件的触头都必须处于闭合状态，这样与之连接的线圈才能吸合，即为"ON"状态。

（3）并联电路中，只要有一个软元件的触头处于闭合状态，与之连接的线圈就吸合，即

为"ON"状态。

（4）串联触头的个数一般是没有限制的，但是因为图形编程器的功能有限制，所以串联触头一行建议不超过 10 个触头，并联触头一行建议不超过 24 个触头。

例 1：ANI、AND 指令的应用实例，如图 2-2-3 所示。

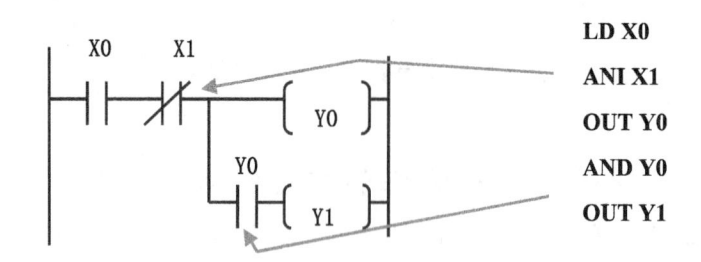

```
LD X0
ANI X1
OUT Y0
AND Y0
OUT Y1
```

图 2-2-3　ANI、AND 指令的应用实例

例 2：OR、ORI 指令应用实例，如图 2-2-4 所示。

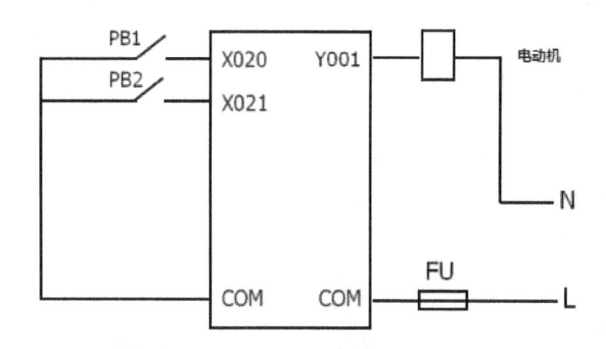

图 2-2-4　OR、ORI 指令应用实例

## 🚌 任务实施

### 步骤 1：任务分析。

此次任务是控制电动机的连续运行。通过 PLC 的程序实现以下控制。

（1）按下按钮 PB1（X20），使输送带正转（Y1）。

（2）按下按钮 PB2（X21），输送带停止。

### 步骤 2：列出输入输出（I/O）分配表。

电动机连续运行控制 I/O 端口分配如表 2-2-2 所示。

表 2-2-2　电动机连续运行控制 I/O 端口分配表

| 输入部分 | | 输出部分 | |
| --- | --- | --- | --- |
| 输入元件 | PLC 编程元件 | 输出元件 | PLC 编程元件 |
| 启动按钮 | X020 | 输送带正转 | Y001 |
| 停机按钮 | X021 | | |

**步骤 3：绘制 PLC 的外部接线图。**

根据控制要求绘制电动机连续运行 PLC 的控制电路原理图，并按原理图进行接线。电动机连续运行 PLC 控制电路如图 2-2-5 所示。

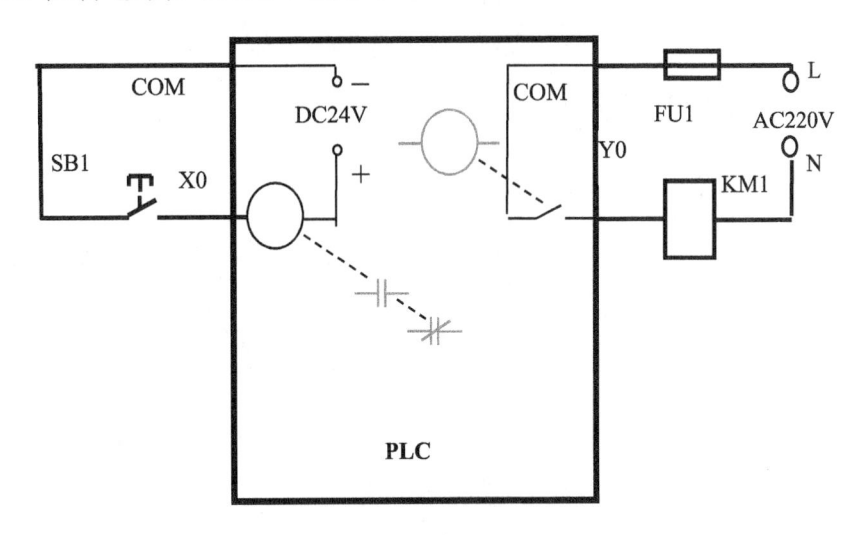

图 2-2-5　电动机连续运行 PLC 的控制电路原理图

**步骤 4：编写 PLC 梯形图程序。**

（1）单击远程控制中的"梯形图编辑"按钮。

（2）在编程区输入一个程序。

（3）按下 F4 键或单击"转换"菜单键进行程序转换。

（4）依次选中"在线""写入 PLC"，将梯形图区域中的程序写入 PLC。电动机连续运行控制程序设计梯形图和指令表如图 2-2-6 所示。

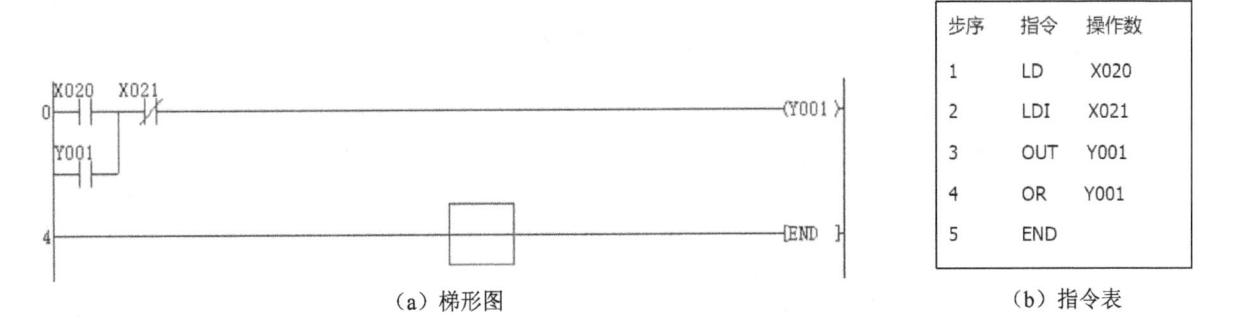

| 步序 | 指令 | 操作数 |
|---|---|---|
| 1 | LD | X020 |
| 2 | LDI | X021 |
| 3 | OUT | Y001 |
| 4 | OR | Y001 |
| 5 | END | |

（a）梯形图　　　　　　　　　　　　　　（b）指令表

图 2-2-6　电动机连续运行控制程序设计梯形图和指令表

**步骤 5：上机实操。**

（1）启动 FX-TRN-BEG-C 仿真软件，进入仿真软件首页。

（2）在仿真软件首页，单击练习项目"B：让我们学习基本的"，如图 2-2-7 所示。

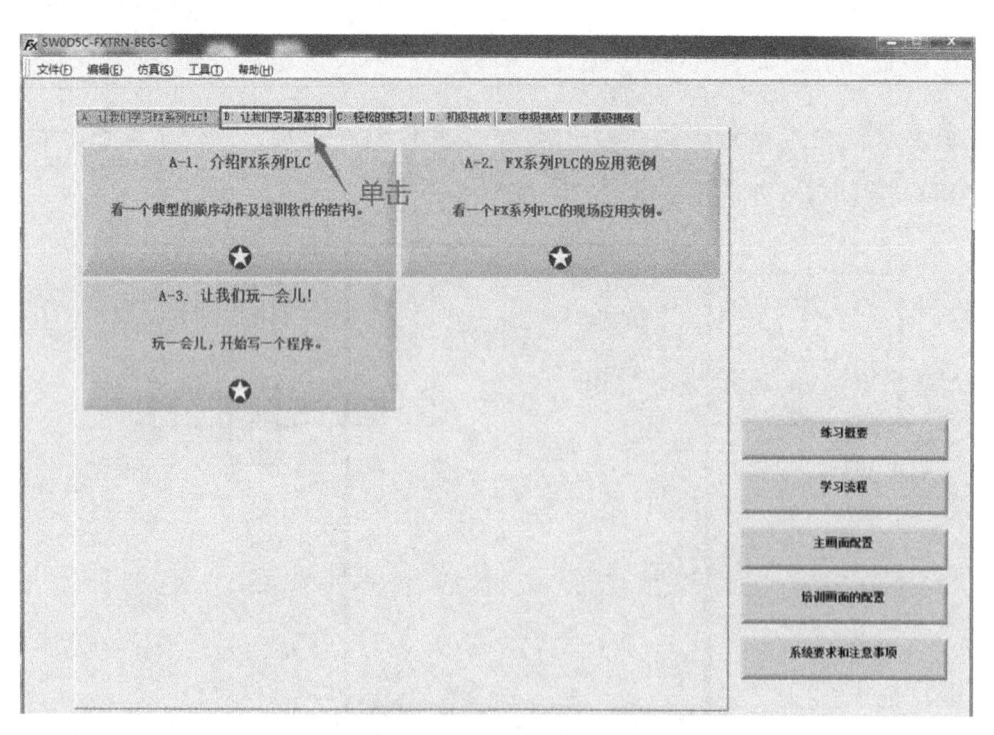

**图 2-2-7　单击练习项目 "B：让我们学习基本的"**

（3）在"B：让我们学习基本的"界面单击"B-4.输入状态读取"，如图 2-2-8 所示。

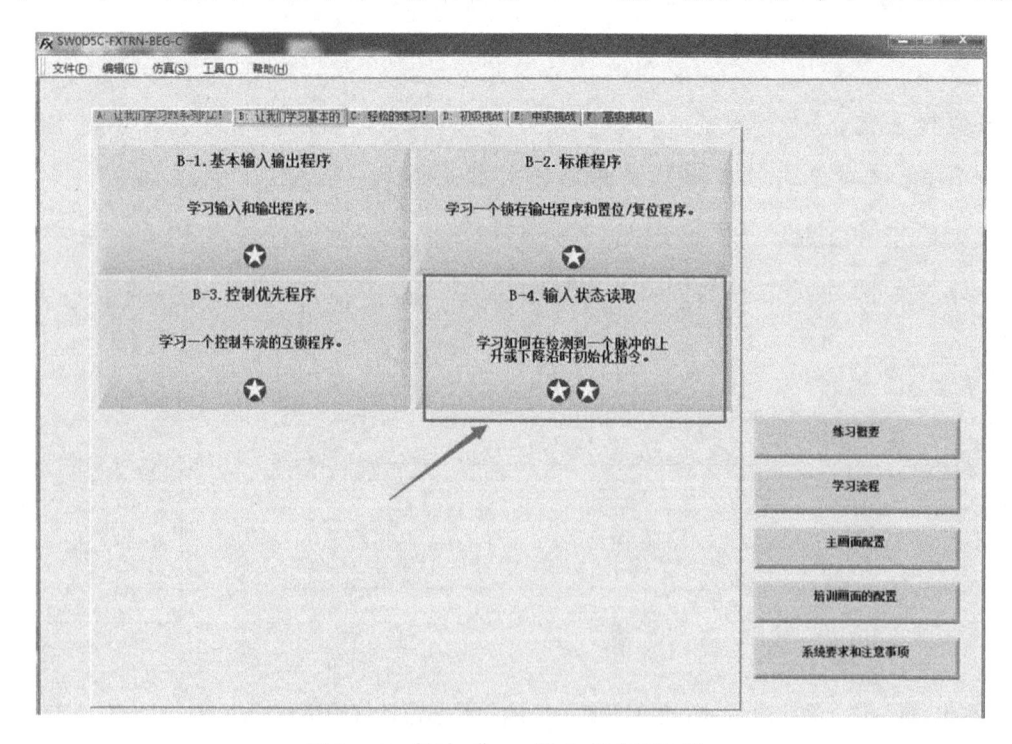

**图 2-2-8　单击 "B-4.输入状态读取"**

（4）进入"B-4.输入状态读取"仿真编程界面，如图 2-2-9 所示。

（5）在"B-4.输入状态读取"仿真编程界面中单击"梯形图编辑"按钮，进入编程状态，如图 2-2-10 所示。

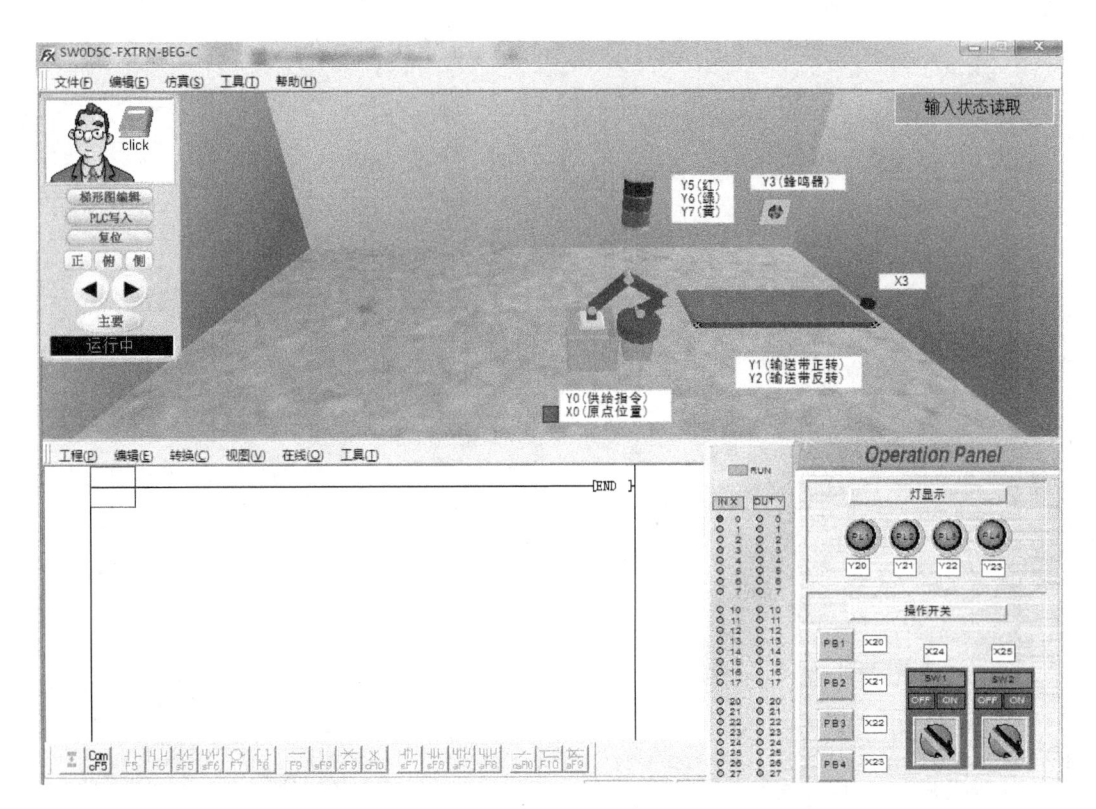

图 2-2-9 "B-4.输入状态读取"仿真编程界面

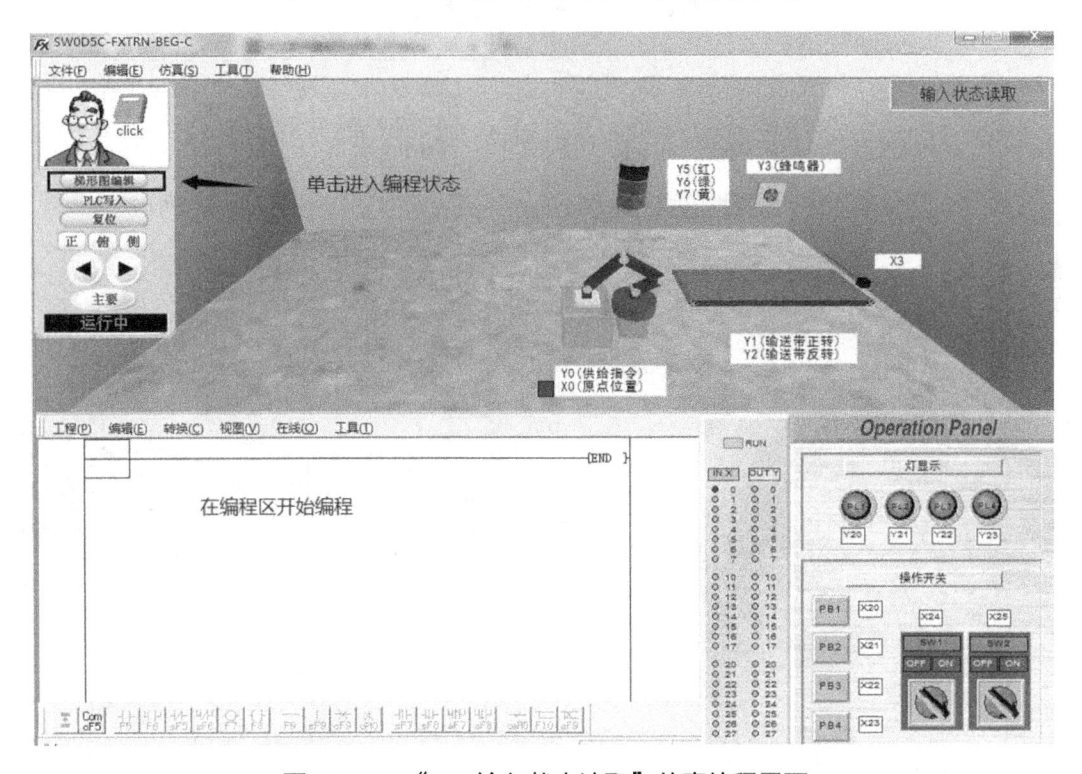

图 2-2-10 "B-4.输入状态读取"仿真编程界面

在"编程区域"输入"电动机连续运行控制"梯形图程序，单击菜单栏中的"转换（C）F4"，对输入的梯形图进行转换，如图 2-2-11 所示。

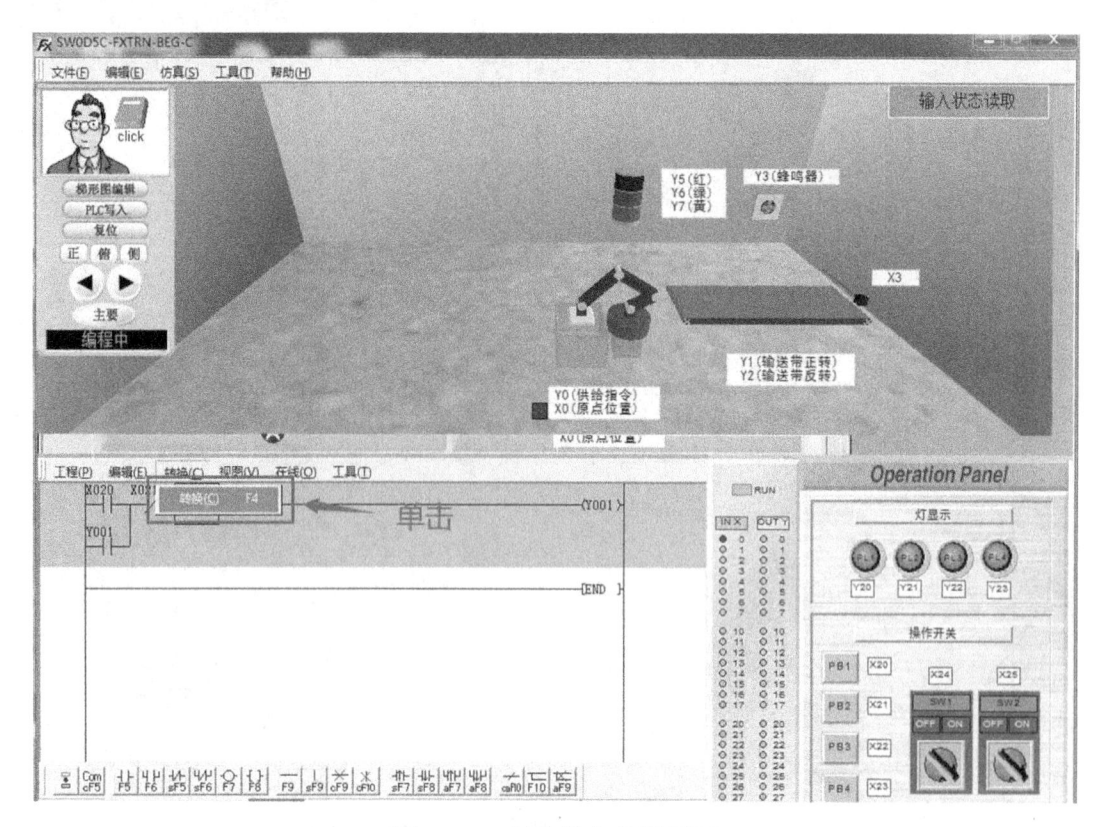

图 2-2-11 转换输入的梯形图

（7）把完成转换的程序写入仿真 PLC，单击"PLC 写入"按钮，如图 2-2-12 所示；程序写入中，如图 2-2-13 所示；程序写入完成，如图 2-2-14 所示。

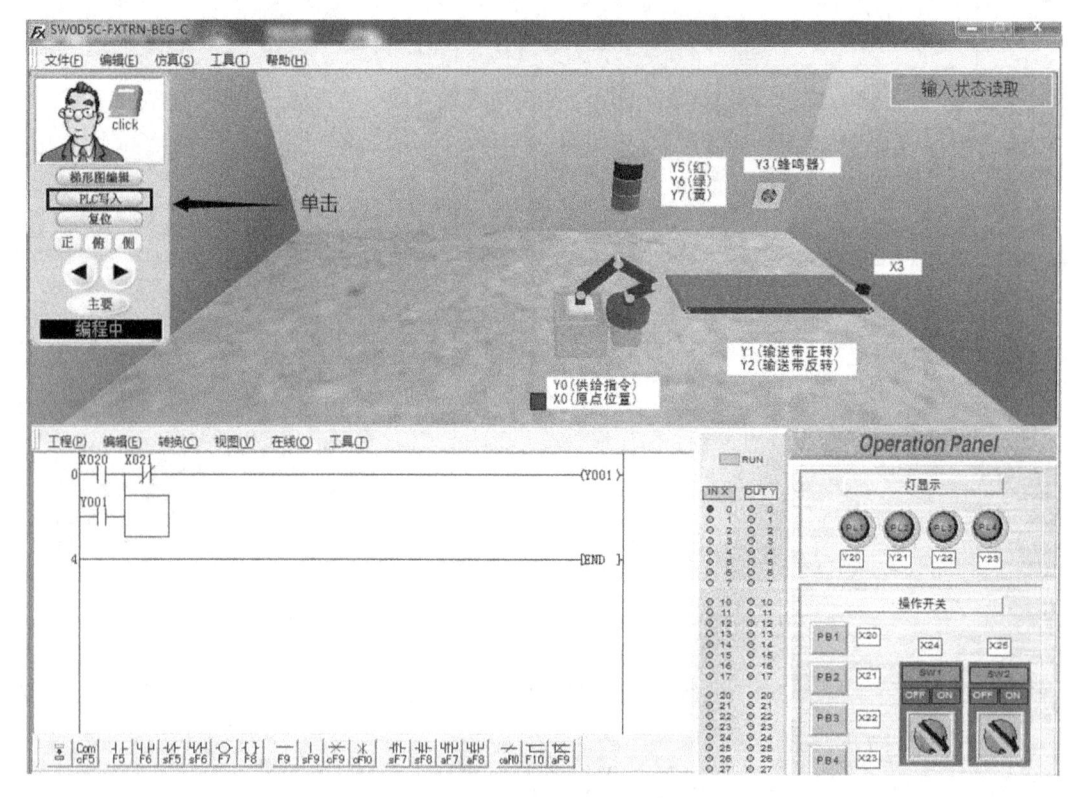

图 2-2-12 单击"PLC 写入"按钮

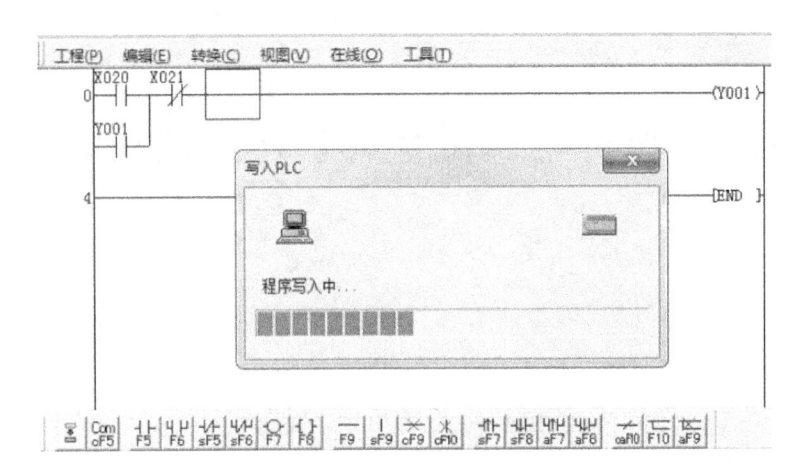

图 2-2-13　程序写入中

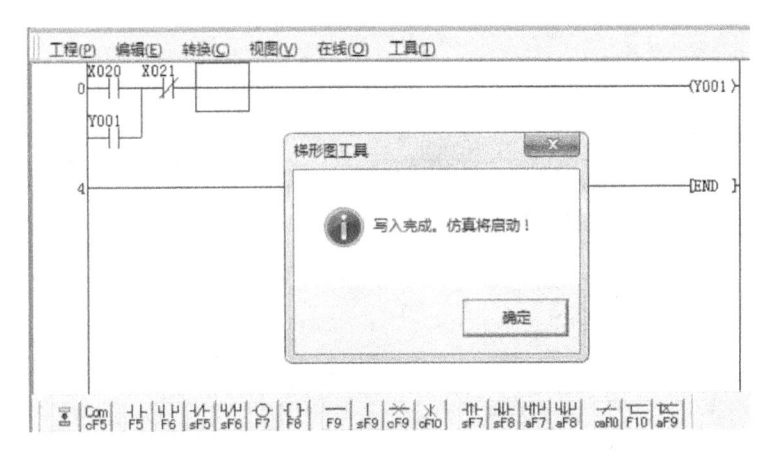

图 2-2-14　程序写入完成

（8）PLC 程序仿真运行界面如图 2-2-15 所示。

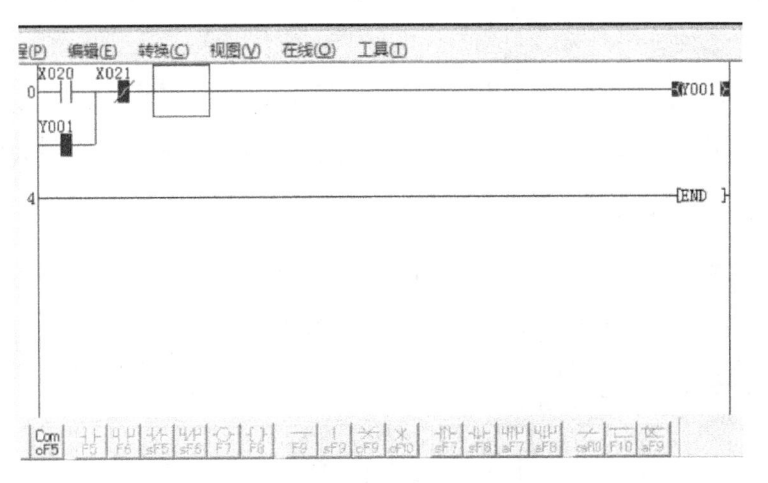

图 2-2-15　PLC 程序仿真运行界面

**步骤 6：运行、调试程序。**

（1）按下按钮 PB1（X020），使电动机拖动的输送带连续正转（Y001）；

（2）按下按钮 PB2（X021），输送带停止转动。

# 任务三　设计与调试电动机正反转控制程序

## 学习目标

1. 掌握 PLC 多任务控制和设备控制中联锁措施的实现方法。
2. 掌握置位 SET、复位 RST 指令格式及用法。
3. 会用 SET、RST 指令设计电动机正反转运行控制程序和运行调试。

## 建议学时

❷学时：理论❶学时，实训❶学时

## 学习任务

本次学习任务是利用三菱 PLC 仿真软件（FX-TRN-BEG-C）开展的，在仿真软件"B：让我们学习基础的"项目的"B-4.输入状态读取"界面完成电动机正反转运行控制程序的设计和调试。现场由一台电动机带动输送带实现正转、反转运行的控制，按下正转启动按钮 PB2（X21），输送带连续正转（Y1）；按下停机按钮 PB1（X20），输送带停止；按下反转启动按钮 PB3（X22），输送带连续反转（Y2）。在输送带已经转动的情况下，无法启动相反转向。电动机正反转运行控制仿真界面如图 2-3-1 所示。

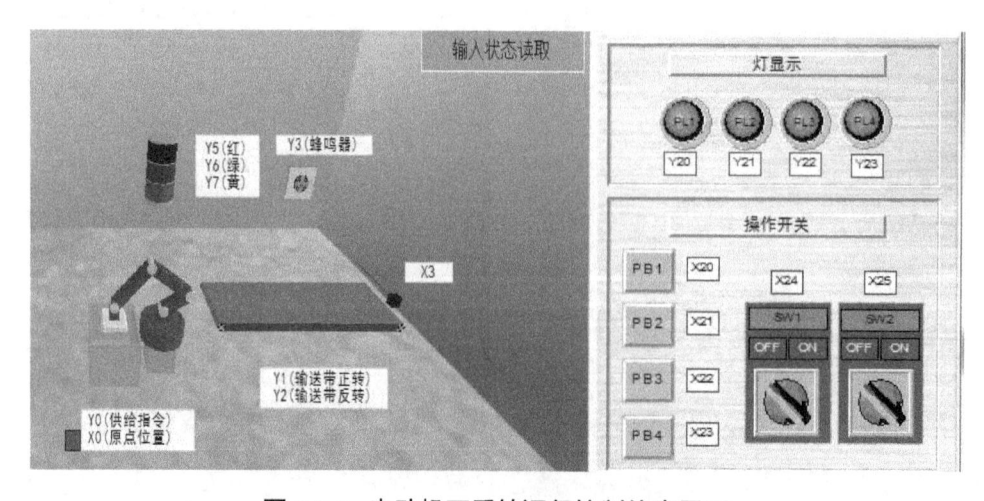

图 2-3-1　电动机正反转运行控制仿真界面

## 知识准备

### 一、电动机正反转运行控制的电气原理

1. 电路的原理图

电动机正反转运行控制电路的原理图如图 2-3-2 所示。

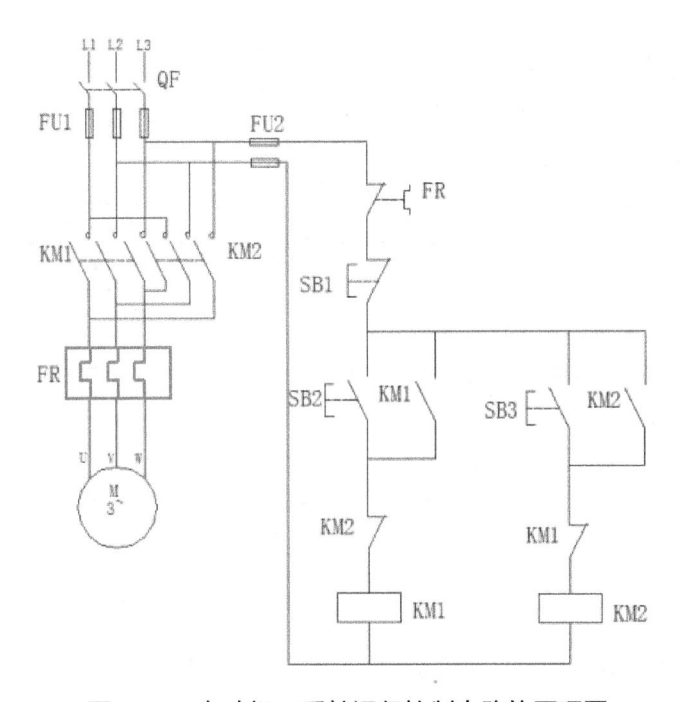

图 2-3-2 电动机正反转运行控制电路的原理图

2. 电路的工作原理分析

按下正转按钮 SB2，电流就会通过 SB1、KM1 常闭到达 KM1 线圈。此时 KM1 线圈得电，KM1 主触头接通，电动机正转。同时，KM1 常开把 SB2 两端接通自锁，KM1 常闭断开实现联锁，防止误按反转按钮 SB3 而发生短路。

按一下停止按钮 SB1，KM1 线圈断电，KM1 主触头断开，电动机停止运行。同时，KM1 常开断开失去自锁。

按下反转按钮 SB3，电流就会通过 SB2、KM2 常闭到达 KM2 线圈。此时 KM2 线圈得电，KM2 主触头接通，电动机反转。同时，KM2 常开把 SB3 两端接通自锁，KM2 常闭断开实现联锁，防止误按正转按钮 SB2 而发生短路。

按一下停止按钮 SB1，KM2 线圈断电，KM2 主触头断开，电动机停止运行。同时，KM2 常开断开失去自锁。

## 二、PLC的线圈置位SET指令与复位RST指令

1. 指令符号（SET、RST）

置位、复位指令的符号、名称、功能、电路表示如表2-3-1所示。

表2-3-1 置位、复位指令的符号、名称、功能、电路表示

| 符号 | 名称 | 功 能 | 电路表示 | 操作元件 | 程序步 |
|---|---|---|---|---|---|
| SET | 置位 | 令元件自保持ON | X000 —[SET Y000] | Y、M、S | Y、M：1 S、特M：2 |
| RST | 复位 | 令元件自保持OFF或清除寄存器的内容 | X001 —[RST Y000] | Y、M、S、C、D、V、Z、积T | Y、M：1 S、特M、C、积T：2 D、V、Z：3 |

2. 指令说明

（1）SET：置位指令，使操作保持ON的指令，当线圈触点是加了SET的线圈得电后，触发的触点断开，该线圈也将一直得电。

（2）RST：复位指令，使操作保持OFF的指令，该指令的功能为当线圈被SET置位后一直得电，可以用该指令进行复位。

（3）用SET指令使软元件得电后，必须要用RST指令才能使其失电。

（4）在表2-3-1的电路表示中，若同时按下X000和X001，则RST指令优先。

（5）SET和RST指令的使用没有顺序限制，SET和RST之间可以插入别的程序。

### 任务实施

**步骤1：任务分析。**

此次任务是控制电动机拖动的输送带的正反转运行。通过PLC的程序应可以实现以下控制功能。

（1）按下正转启动按钮PB2（X21），输送带正转（Y1）。

（2）按下停机按钮PB1（X20），输送带停止。

（3）按下反转启动按钮PB3（X22），输送带反转（Y2）。

（4）在输送带转动情况下，无法启动相反转向。

**步骤2：列出I/O分配表。**

电动机正反转的I/O分配端口如表2-3-2所示。

表 2-3-2  电动机正反转 I/O 分配端口

| 输入部分 ||  输出部分 ||
| 输入元件 | PLC 编程元件 | 输出元件 | PLC 编程元件 |
| --- | --- | --- | --- |
| 正转启动按钮 | X021 | 输送带正转 | Y001 |
| 反转启动按钮 | X022 | 输送带反转 | Y002 |
| 停机按钮 | X020 |  |  |

**步骤 3：绘制 PLC 的外部接线图。**

根据控制要求绘制电动机正反转运行 PLC 控制电路原理图，并按原理图进行接线，如图 2-3-3 所示。

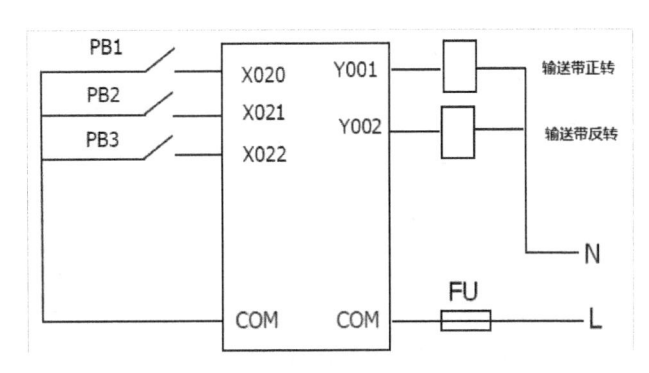

图 2-3-3  电动机正反转运行 PLC 控制电路原理图

**步骤 4：编写 PLC 梯形图程序。**

（1）单击远程控制中的"梯形图编辑"按钮。

（2）在编程区输入一个程序。

（3）按下 F4 键或单击"转换"菜单键进行转换程序。

（4）依次选中"在线""写入 PLC"，将梯形图区域中的程序写入 PLC。

（5）利用 SET、RST 指令编写梯形图程序，电动机正反转控制梯形图及指令表（SET RST 指令）如图 2-3-4 所示。

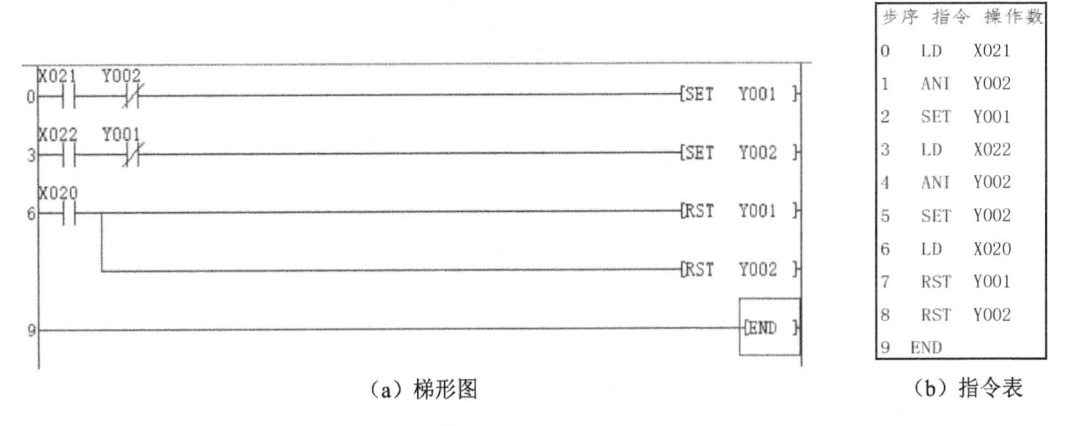

（a）梯形图    （b）指令表

图 2-3-4  电动机正反转控制梯形图及指令表（SET RST 指令）

**步骤 5：上机实操。**

（1）启动 FX-TRN-BEG-C 仿真软件，进入仿真软件首页。

（2）在仿真软件首页，单击练习项目"B：让我们学习基本的"，如图 2-3-5 所示。

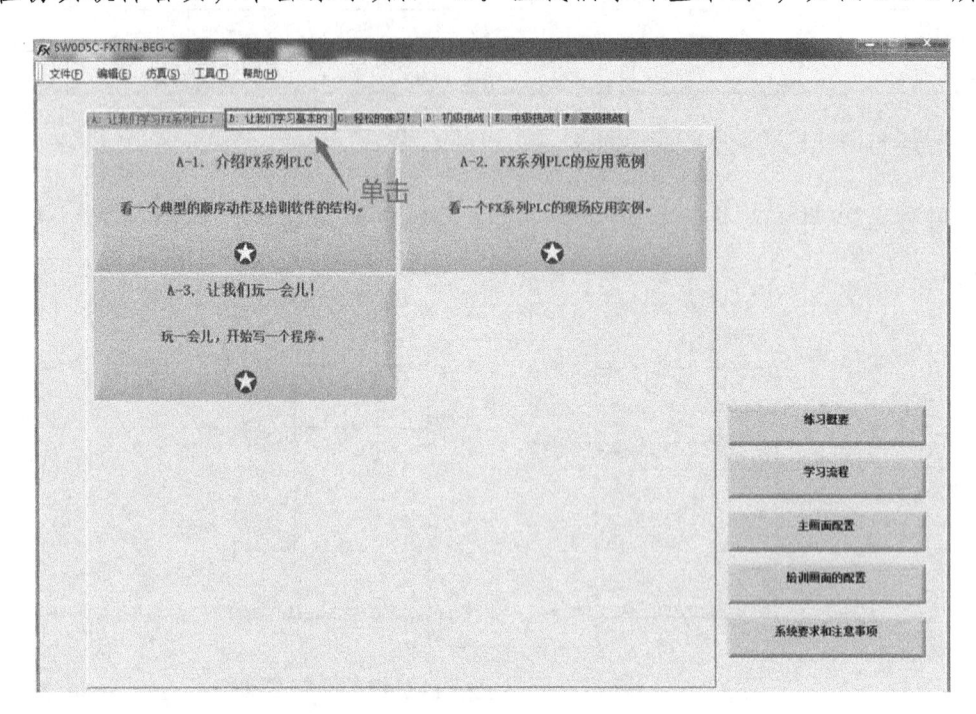

图 2-3-5 "B:让我们学习基本的"界面

（3）在"B：让我们学习基本的"界面中单击"B-4.输入状态读取"，如图 2-3-6 所示。

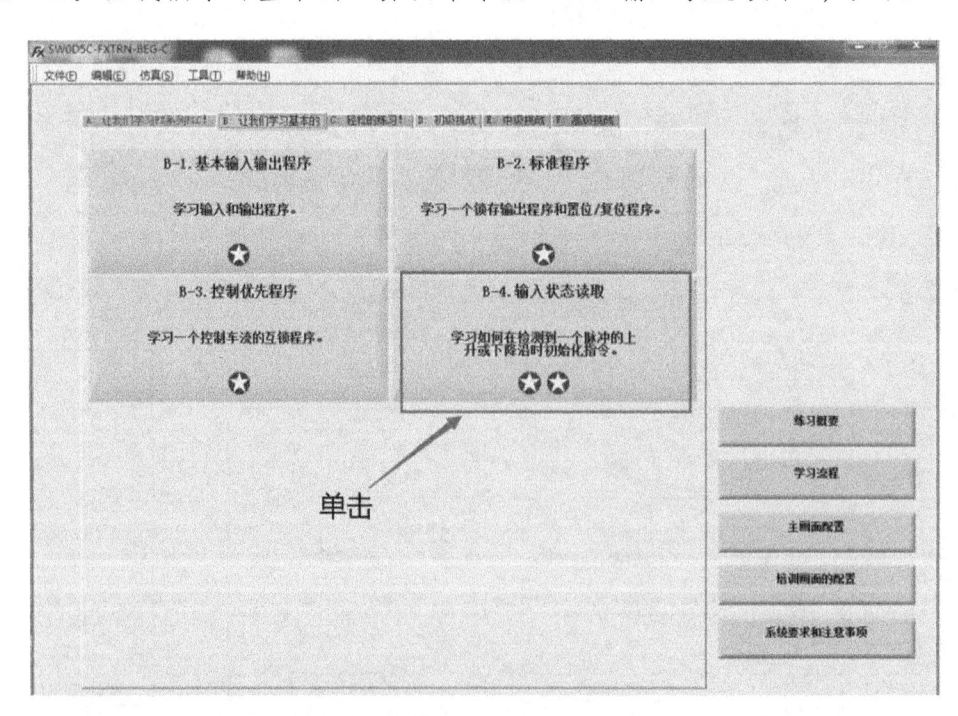

图 2-3-6 在"B：让我们学习基本的"界面中单击"B-4.输入状态读取"

（4）进入"B-4.输入状态读取"仿真编程界面，如图 2-3-7 所示。

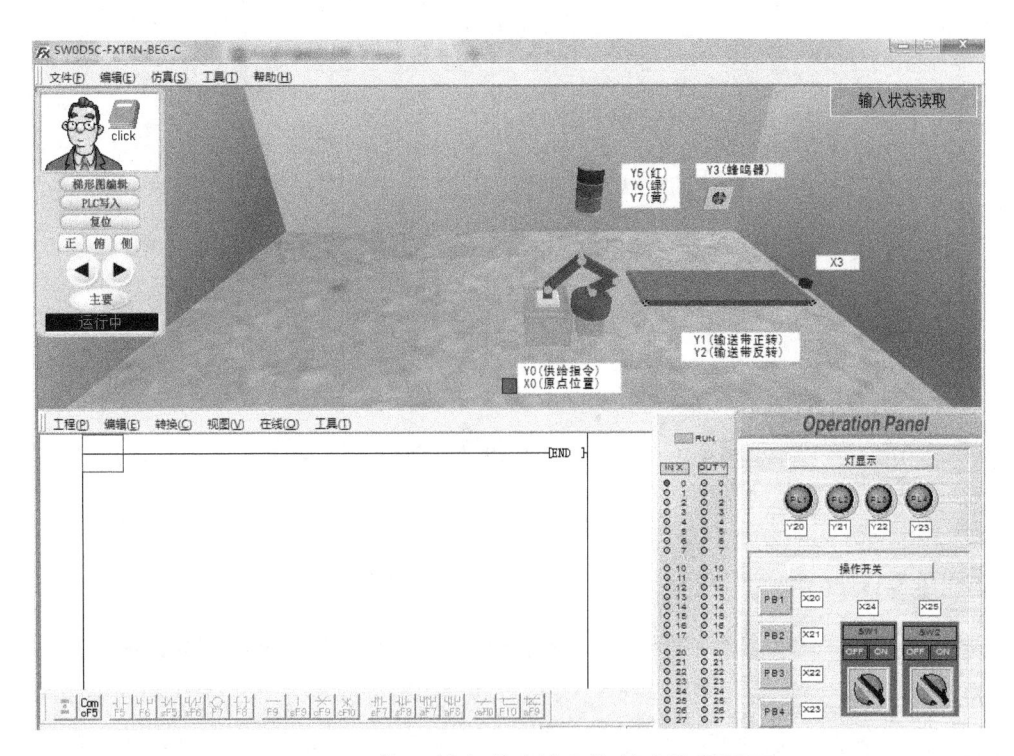

图 2-3-7 "B-4.输入状态读取"仿真编程界面

(5)在"B-4.输入状态读取"仿真编程界面中单击"梯形图编辑"按钮,进入编程状态,如图 2-3-8 所示。

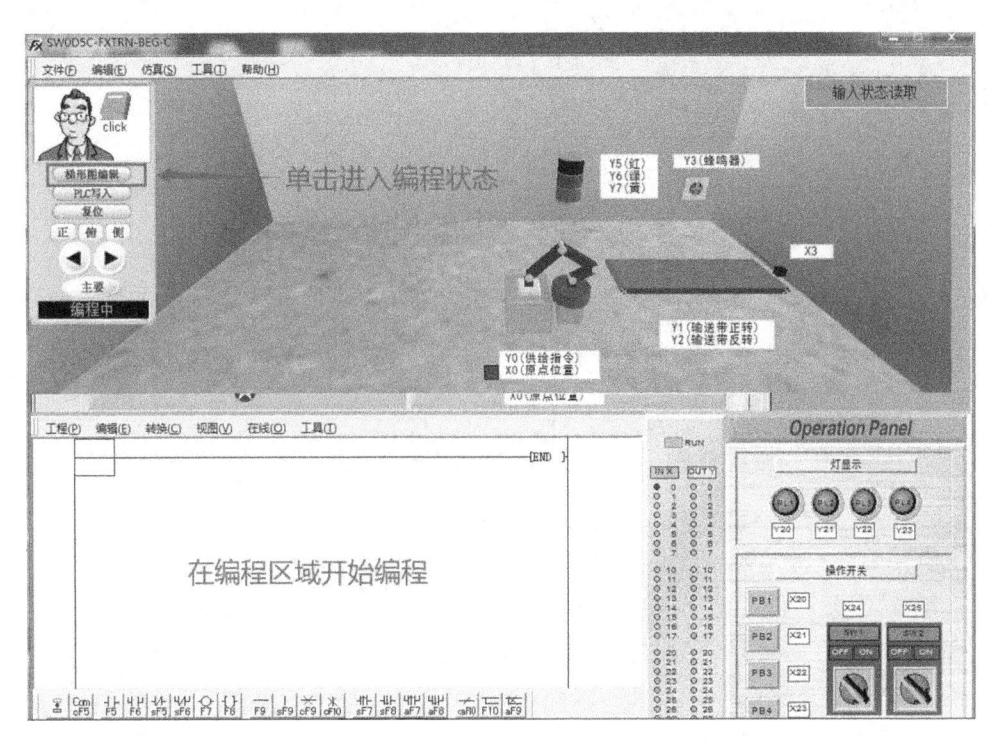

图 2-3-8 "B-4.输入状态读取"仿真编程界面

(6)在"编程区域"输入"电动机连续运行控制"梯形图,单击菜单栏中的"转换(C) F4",对输入的梯形图进行转换,如图 2-3-9 所示。

047

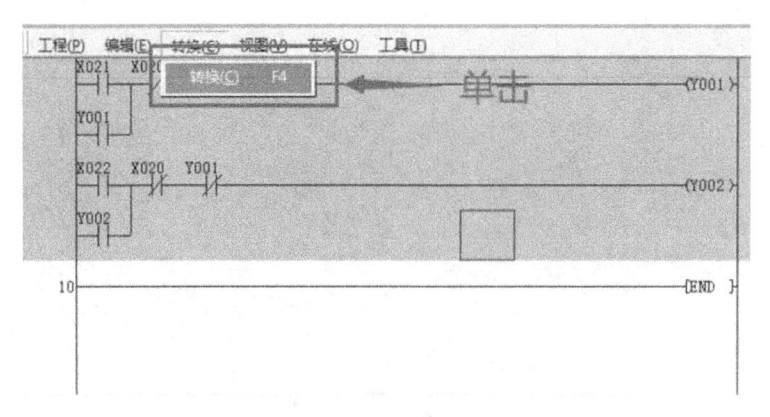

图 2-3-9 转换"电动机连续运行"梯形图

（7）把完成转换的程序写入仿真 PLC，单击"PLC 写入"按钮，如图 2-3-10 所示；程序写入中，如图 2-3-11 所示；程序写入完成，如图 2-3-12 所示。

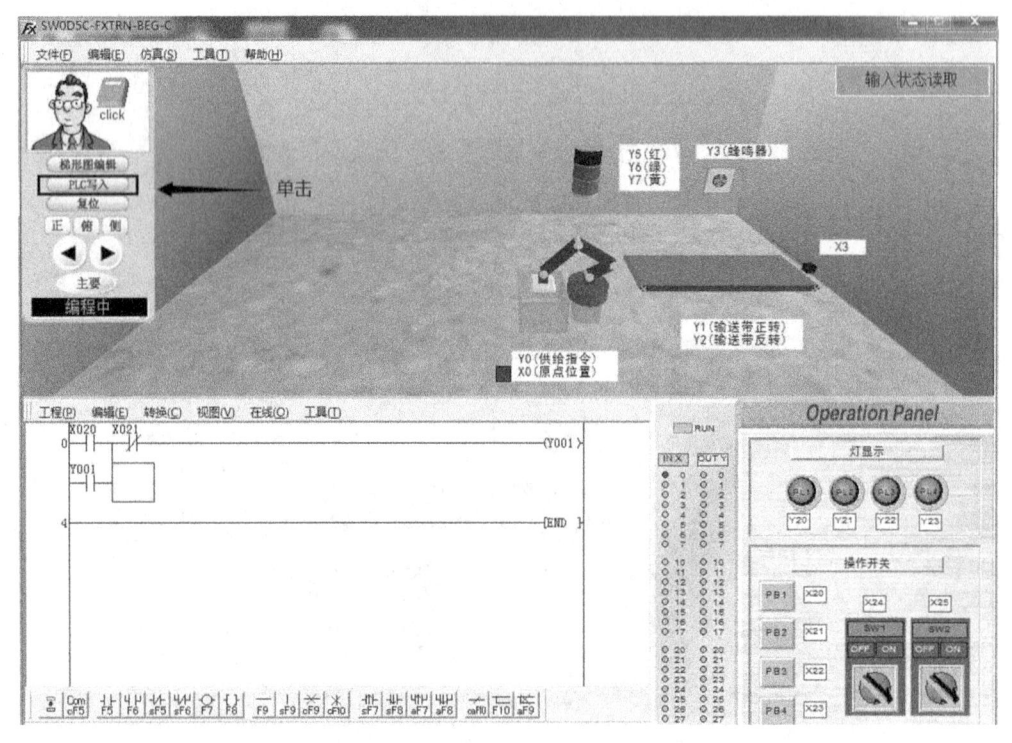

图 2-3-10 单击"PLC 写入"按钮

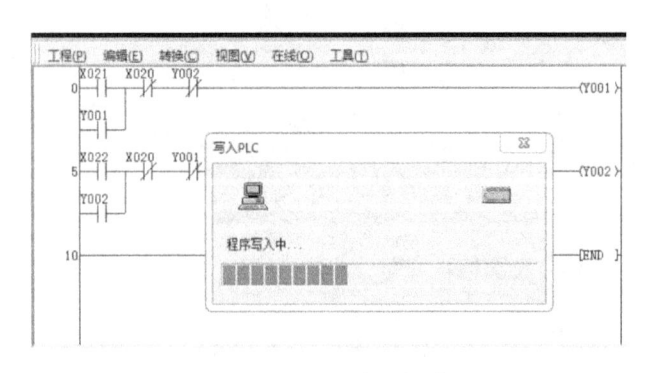

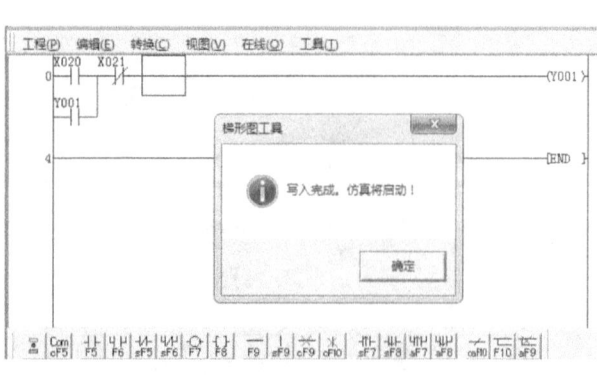

图 2-3-11 程序写入中　　　　　　　　　　图 2-3-12 程序写入完成

（8）PLC 程序仿真运行界面如图 2-3-13 所示。

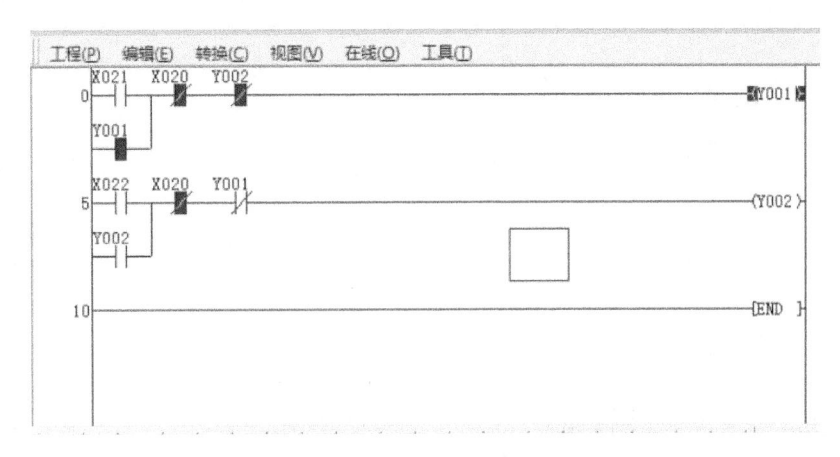

图 2-3-13　PLC 程序仿真运行界面

**步骤 6：运行、调试程序。**

工作要点分析：梯形图中，当 Y001 吸合以后，与 Y002 线圈串联的 Y001 常闭触点会分断，此时 Y002 就没有可能吸合；当 Y002 吸合以后，与 Y001 线圈串联的 Y002 常闭触点会分断，此时 Y001 就没有可能吸合。

（1）正转启动过程。点动 PB2→X021 吸合→X020 闭合→Y001 吸合→Y001 输出触点闭合→KM1 吸合→电动机正转→Y001 闭合自锁→Y001 分断→联锁 Y002 线圈。

（2）正转停机过程。点动 PB1→X020 分断→Y001 释放→各器件复位→电动机停止。

（3）反转启动过程。点动 PB3→X022 吸合→X020 闭合→Y002 吸合→Y002 输出触点闭合→KM2 吸合→电动机反转→Y002 闭合自锁→Y002 分断→联锁 Y001 线圈。

（4）反转停机过程。点动 PB1→X020 分断→Y002 释放→各器件复位→电动机停止。

# 任务四　设计与调试电动机顺序启动同时停止控制程序

## 学习目标

1. 巩固电动机顺序启动控制电路工作原理。
2. 掌握 PLC 多重输出电路指令（MPS、MRD、MPP）。
3. 会用 MPS、MRD、MPP 指令设计电动机顺序启动，同时停止控制程序和运行调试。

## 建议学时

**2** 学时：理论 **1** 学时，实训 **1** 学时

## 学习任务

本次学习任务是利用三菱 PLC 仿真软件（FX-TRN-BEG-C）开展的，在仿真软件"D：初级挑战"项目的"D-6.输送带驱动"界面完成电动机顺序启动，同时停止控制程序的设计和调试。现场控制系统中有三台电动机，分别拖动三级皮带输送机动作，其控制要求如下：按下启动按钮 X20，上段皮带机（Y0）的电动机启动；按下启动按钮 X21，中段皮带机（Y1）的电动机启动；再按下启动按钮 X22，下段皮带机（Y2）的电动机启动；按下停机按钮 X23，3 台电动机拖动的皮带机全部停止。B6 输送带驱动控制仿真界面如图 2-4-1 所示。

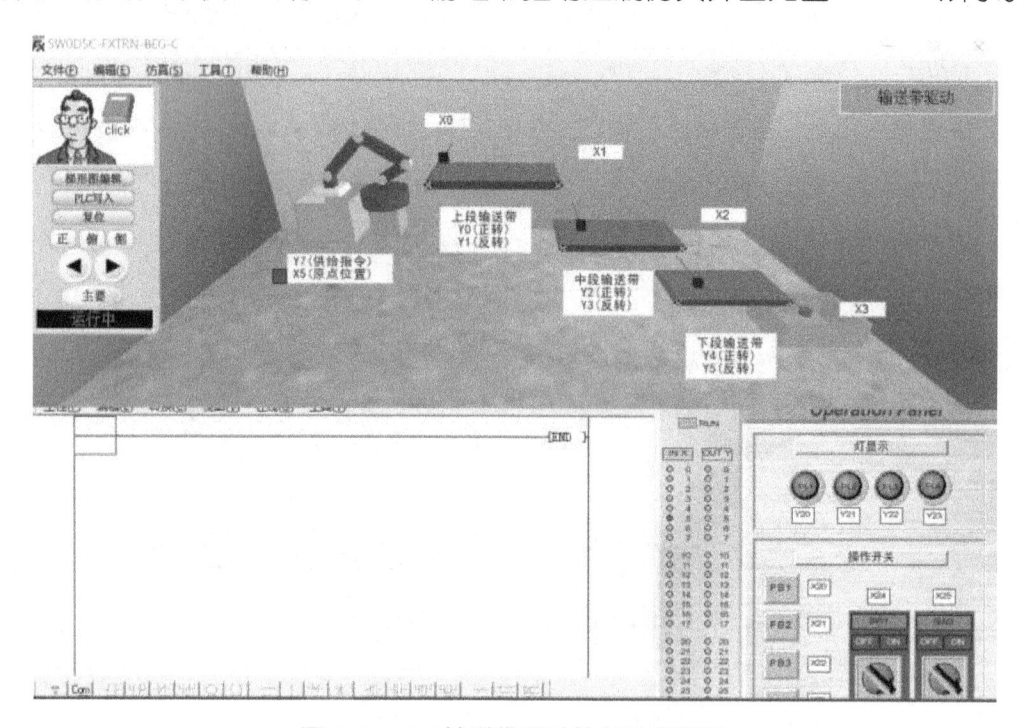

图 2-4-1 B6 输送带驱动控制仿真界面

## 知识准备

### 一、电动机连续运行控制的电气原理

三台电动机顺序启动同时停止控制电路的原理图如图 2-4-2 所示。

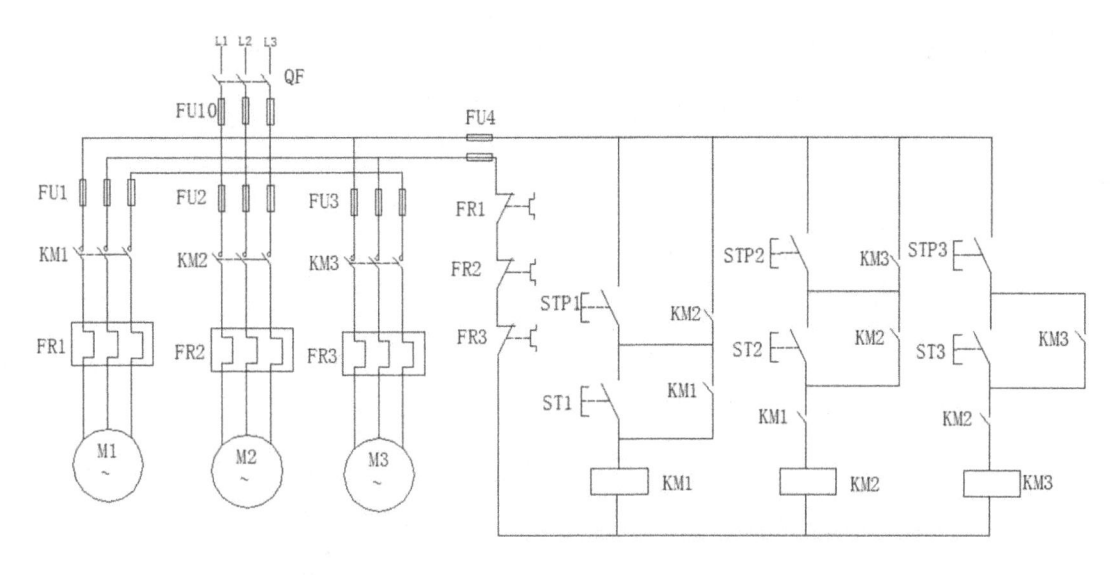

图 2-4-2　三台电动机顺序启动同时停止控制电路的原理图

## 二、PLC 多重输出电路指令

### 1. 指令符号（MPS、MPP、MRD）

多重输出电路指令 MPS、MPP、MRD 的符号、名称、功能如表 2-4-1 所示。

表 2-4-1　MPS、MPP、MRD 的符号、名称、功能

| 符号 | 名称 | 功能 | 梯形图示例 | 指令表 | 操作元件 | 程序步 |
|---|---|---|---|---|---|---|
| MPS | 进栈 | 保存程序运行的当前值 | | LD　X000 | 无 | 1 |
| MRD | 读栈 | 读取进栈时保存的状态值 | | MPS | 无 | 1 |
| MPP | 出栈 | 弹出栈内存储器的运算结果 | X000 X001<br>─┤├─┤/├─(Y000)<br>　　X002<br>　　─┤├──(Y001)<br>　　X003<br>　　─┤├──(Y002) | ANI　X001<br>OUT　Y000<br>MRD<br>AND　X002<br>OUT　Y001<br>MPP<br>AND　X003<br>OUT　Y002 | 无 | 1 |

### 2. 用法说明

（1）堆栈采用先进后出的数据存取方式。每使用一次 MPS 指令，当时的逻辑运算结果就压入堆栈的第一层。

（2）MPS 指令存储触点或电路块，第一个支路前使用 MPS 进栈指令。

（3）MRD 指令读取存储在堆栈最上层（即电路分支处）的运算结果，中间支路前使用 MRD 读栈指令。

（4）MPP 指令弹出堆栈存储器的运算结果，最后一个支路前使用 MPP 出栈指令。

（5）MPS 和 MPP 指令必须成对使用，但 MPS 和 MPP 的使用次数不得多于 11 次。

例：MPS、MPP、MRD 指令的应用实例如图 2-4-3 所示。

```
LD    X000
AND   X001
MPS
AND   X002
OUT   Y000
MPP
OUT   Y001
LDI   X003
MPS
LD    X004
OR    X005
ANB
OUT   Y004
MRD
AND   X006
OUT   Y005
MPP
ANI   X007
OUT   Y006
```

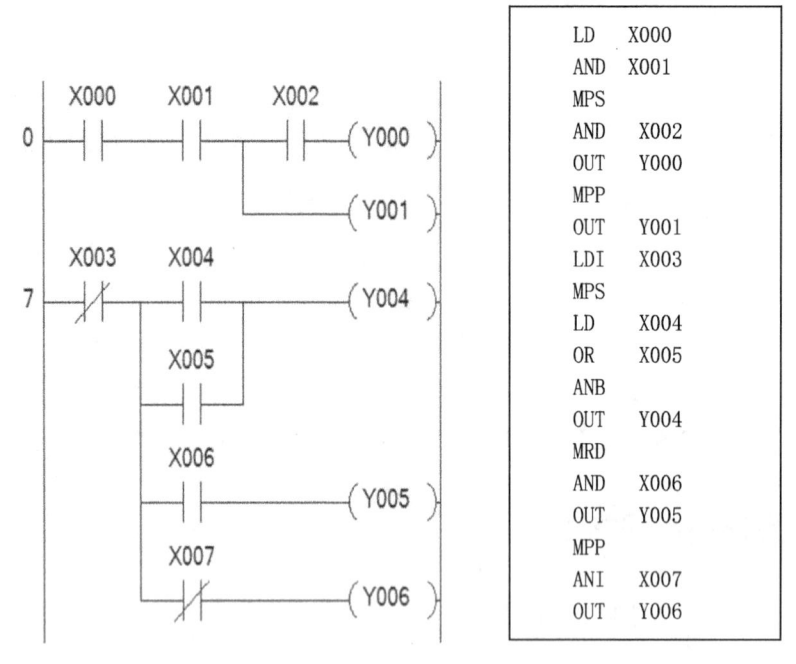

图 2-4-3  MPS、MPP、MRD 指令的应用实例

## 任务实施

### 步骤 1：任务分析。

此次任务是控制电动机顺序启动然后同时停止。通过 PLC 的程序实现以下控制。

（1）按下启动按钮 X20，上段皮带机（Y0）的电动机启动。

（2）按下启动按钮 X21，中段皮带机（Y1）的电动机启动。

（3）按下启动按钮 X22，下段皮带机（Y2）的电动机启动。

（4）按下停机按钮 X23，三台电动机全部停止。

### 步骤 2：列出 I/O 分配表。

输送带顺序启动同时停止 PLC 控制 I/O 分配端口如表 2-4-2 所示。

表 2-4-2  输送带顺序启动同时停止 PLC 控制 I/O 分配端口

| 输入部分 | | 输出部分 | |
| --- | --- | --- | --- |
| 输入元件 | PLC 编程元件 | 输出元件 | PLC 编程元件 |
| 上段输送带启动按钮 | X020 | 上段输送带正转 | Y000 |
| 中段输送带启动按钮 | X021 | 中段输送带正转 | Y002 |
| 下段输送带启动按钮 | X022 | 下段输送带正转 | Y004 |
| 停机按钮 | X023 | | |

**步骤 3：绘制 PLC 的外部接线图。**

根据控制要求绘制电动机顺序启动同时停止 PLC 控制电路原理图（见图 2-4-4），并按原理图进行接线。

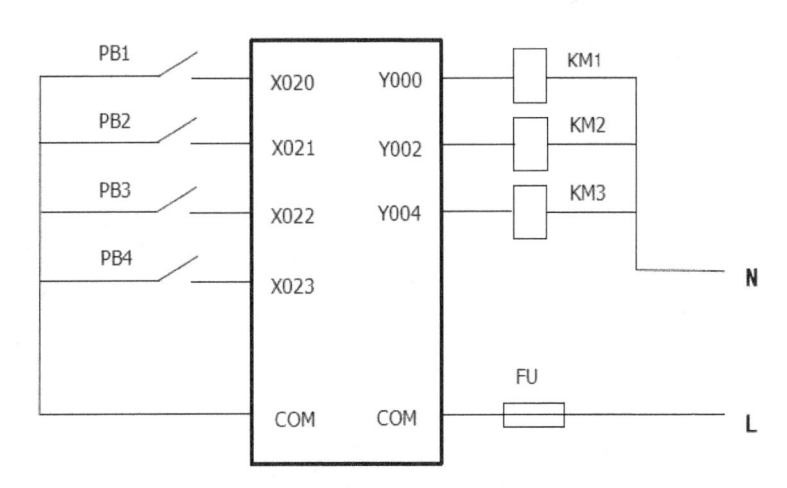

图 2-4-4 电动机顺序启动同时停止 PLC 控制电路原理图

**步骤 4：设计电动机顺序启动同时停止梯形图。**

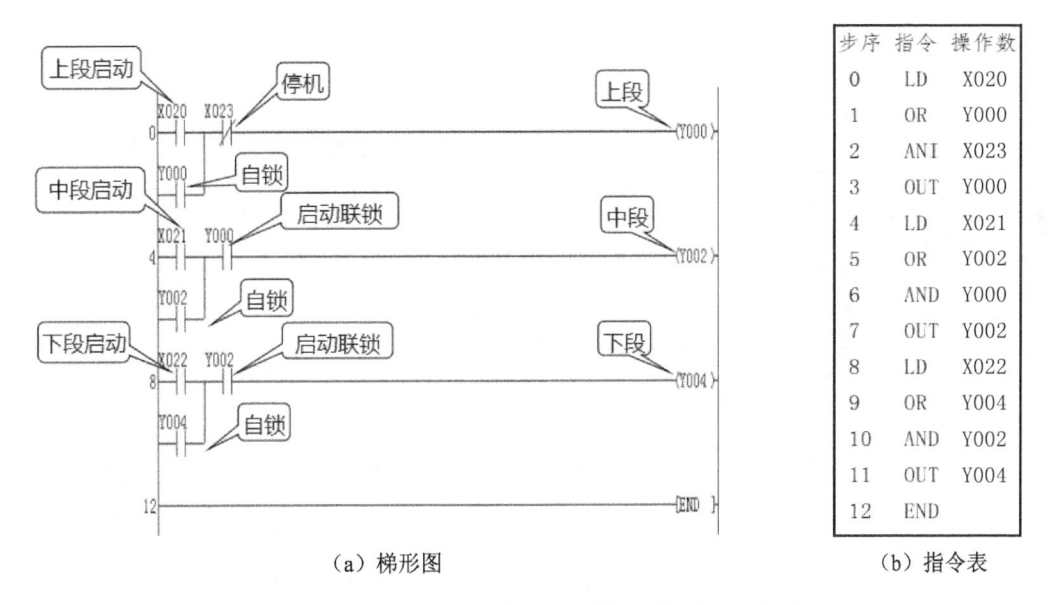

电动机顺序启动同时停止梯形图及指令表如图 2-4-5 所示。

| 步序 | 指令 | 操作数 |
|---|---|---|
| 0 | LD | X020 |
| 1 | OR | Y000 |
| 2 | ANI | X023 |
| 3 | OUT | Y000 |
| 4 | LD | X021 |
| 5 | OR | Y002 |
| 6 | AND | Y000 |
| 7 | OUT | Y002 |
| 8 | LD | X022 |
| 9 | OR | Y004 |
| 10 | AND | Y002 |
| 11 | OUT | Y004 |
| 12 | END | |

（a）梯形图　　　　　　　　　　　　　　（b）指令表

图 2-4-5 电动机顺序启动同时停止梯形图及指令表

**步骤 5：上机实操。**

（1）启动 FX-TRN-BEG-C 仿真软件，进入仿真软件首页。

（2）在仿真软件首页，单击练习项目"D：初级挑战"，如图 2-4-6 所示。

（3）在"D：初级挑战"界面中单击"D-6.输送带驱动"，如图 2-4-7 所示。

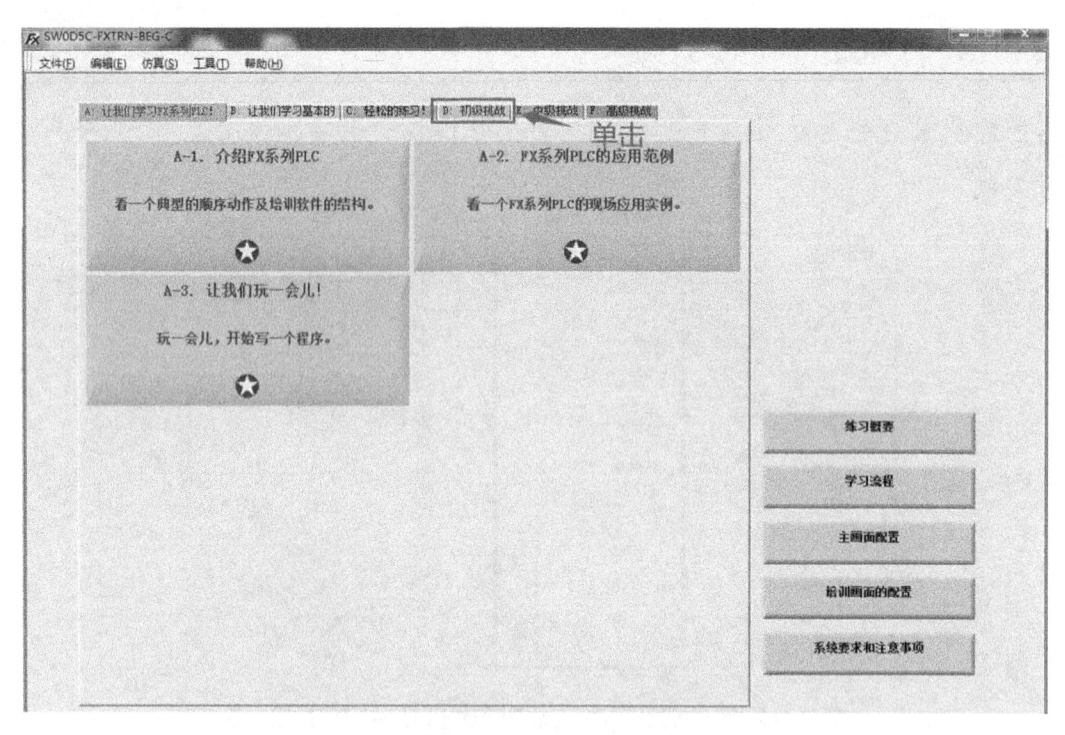

图 2-4-6 单击练习项目"D：初级挑战"

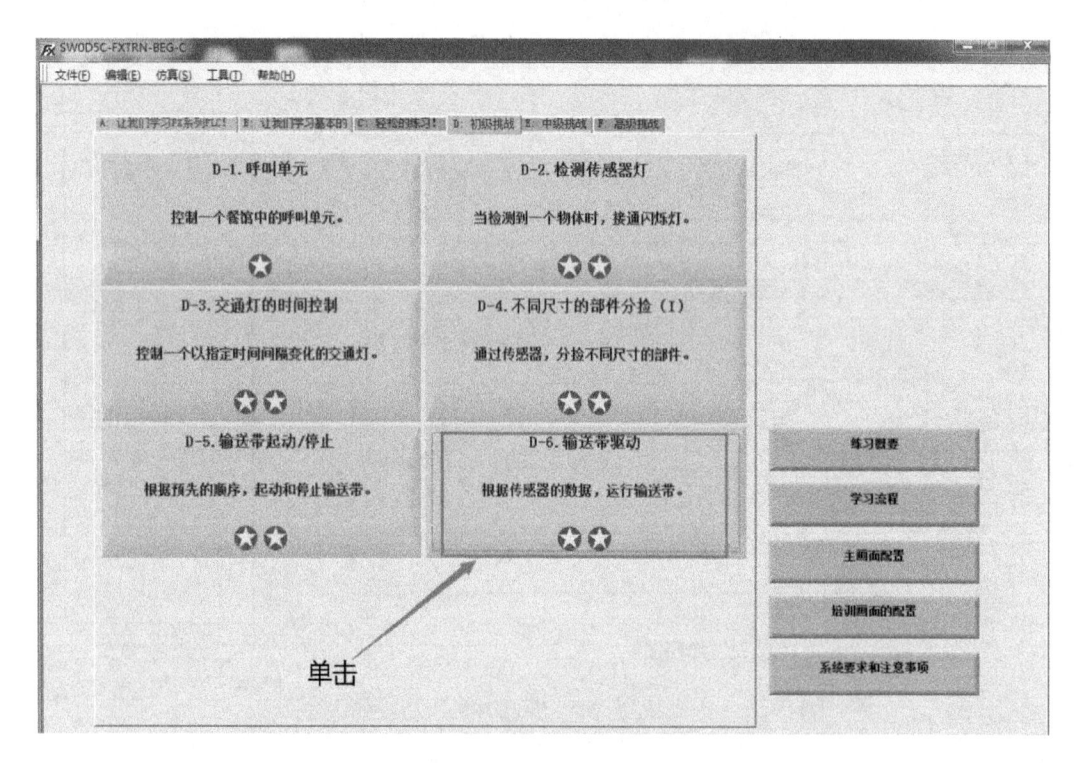

图 2-4-7 单击"D-6.输送带驱动"

（4）进入"D-6.输送带驱动"仿真编程界面，如图 2-4-8 所示。

（5）在"D-6.输送带驱动"仿真编程界面中单击"梯形图编辑"按钮，进入编程状态，如图 2-4-9 所示。

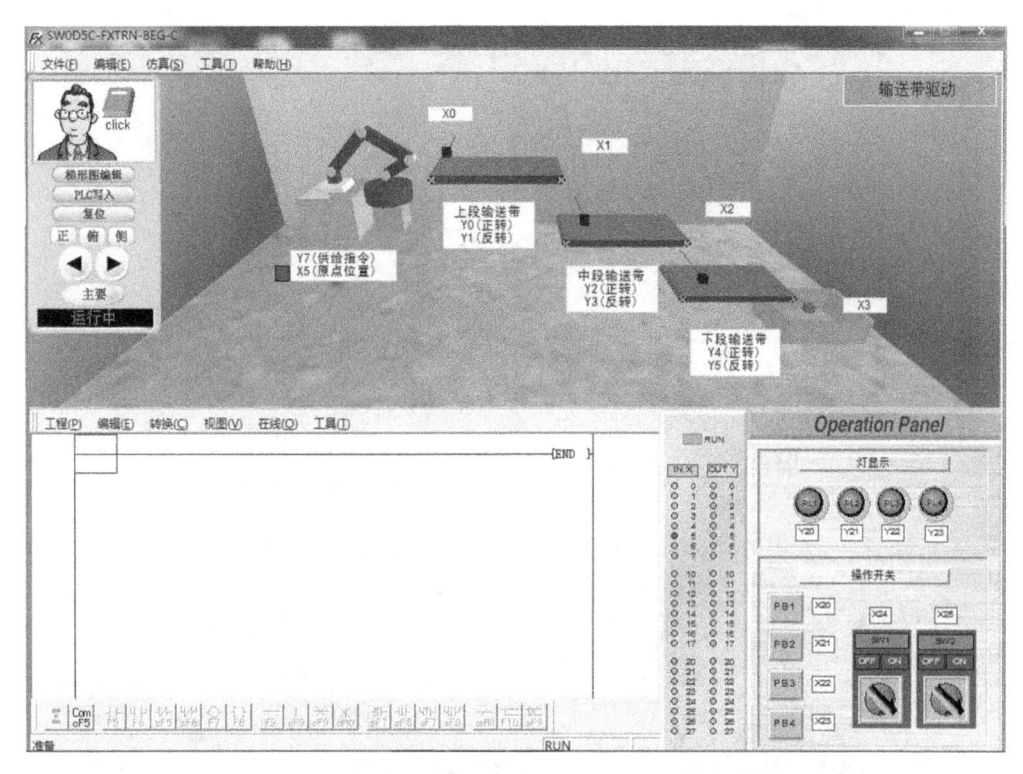

图 2-4-8 "D-6.输送带驱动"仿真编程界面

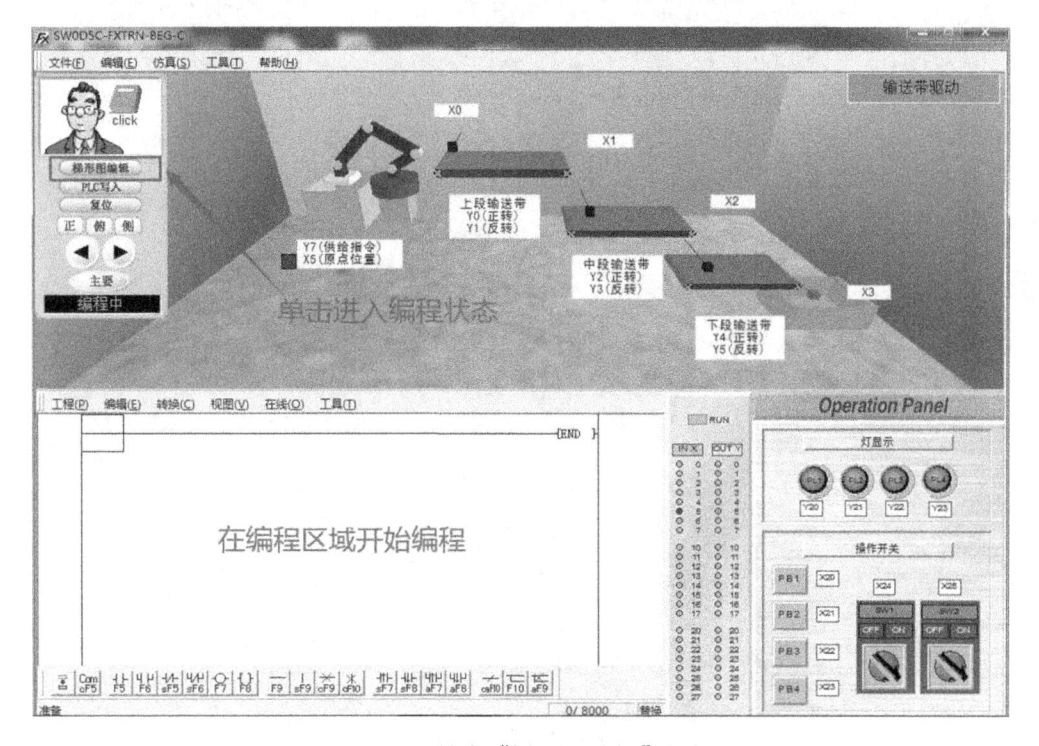

图 2-4-9 单击"梯形图编辑"按钮

（6）在"编程区域"输入电动机顺序启动同时停止梯形图，单击菜单栏中的"转换（C）F4"，对输入的梯形图进行转换，如图 2-4-10 所示。

（7）把完成转换的程序写入仿真 PLC，单击"PLC 写入"按钮，如图 2-4-11 所示；程序写入中，如图 2-4-12 所示；程序写入完成，如图 2-4-13 所示。

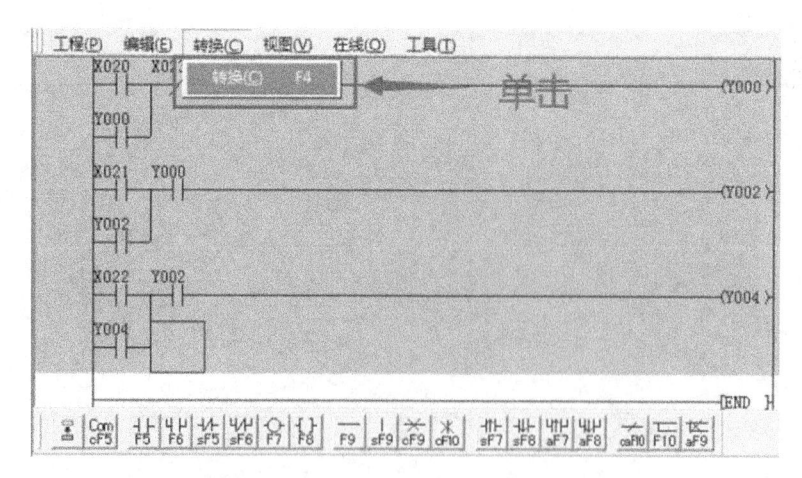

图 2-4-10 转换电动机顺序启动同时停止梯形图

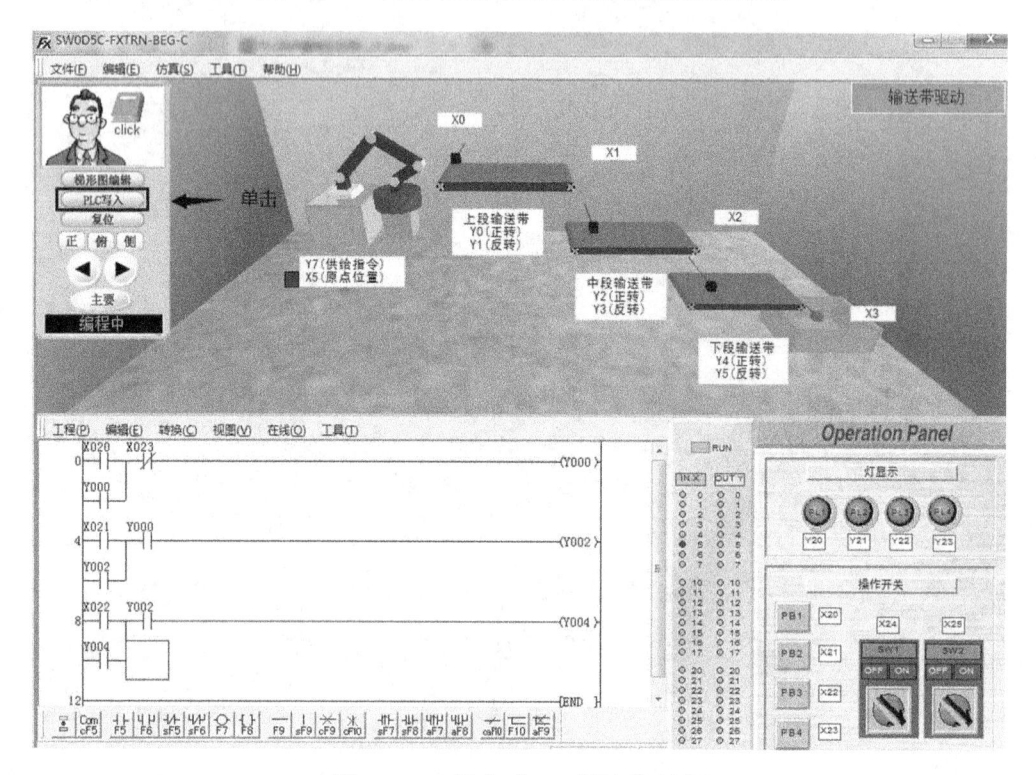

图 2-4-11 单击"PLC 写入"按钮

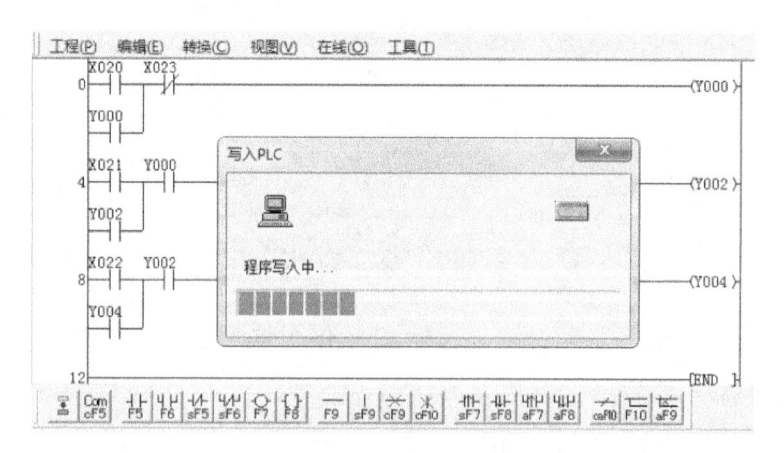

图 2-4-12 程序写入中

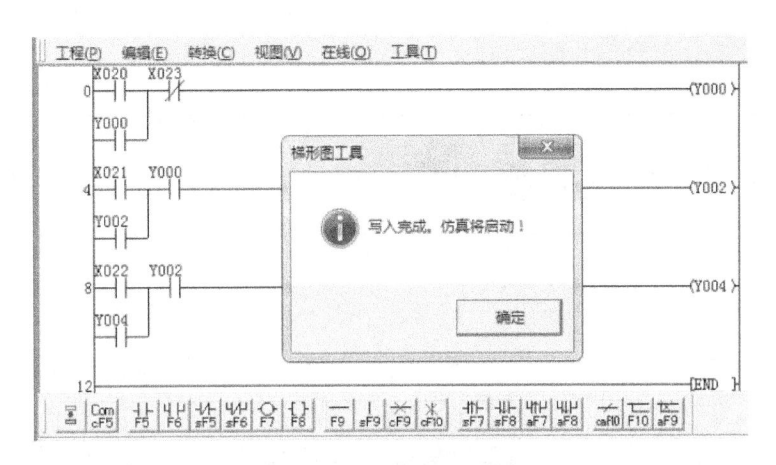

图 2-4-13　程序写入完成

（8）PLC 程序仿真运行界面如图 2-4-14 所示。

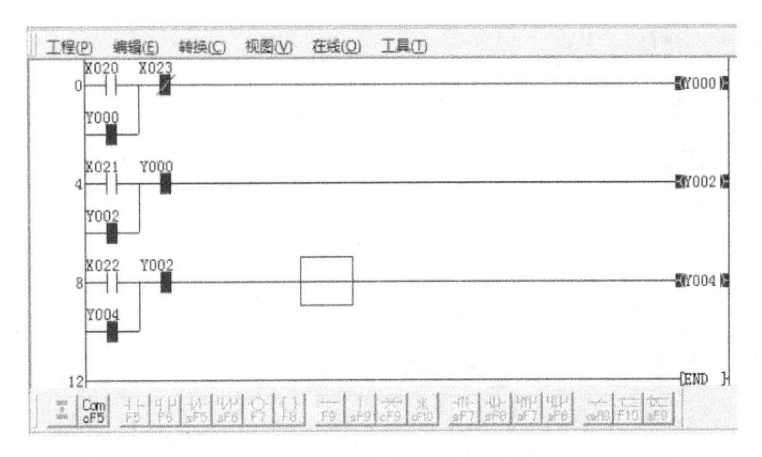

图 2-4-14　PLC 程序仿真运行界面

### 步骤 6：运行、调试程序。

（1）按下启动按钮 X020，上段皮带机（Y000）的电动机启动。

（2）按下启动按钮 X021，中段皮带机（Y001）的电动机启动。

（3）按下启动按钮 X022，下段皮带机（Y002）的电动机启动。

（4）按下停机按钮 X023，三台电动机全部停止。

## 任务五　设计与调试电动机同时启动逆序停止控制程序

### 学习目标

1. 巩固电动机同时启动逆序停止的控制要点。
2. 掌握 ORB 和 ANB 指令应用。
3. 会用 ORB、ANB 指令设计电动机，同时启动逆序停止控制程序和运行调试。

## 建议学时

**2** 学时：理论 **1** 学时，实训 **1** 学时

## 学习任务

本次学习任务是利用三菱 PLC 仿真软件（FX-TRN-BEG-C）开展的，在仿真软件"D：初级挑战"项目的"D-6.输送带驱动"界面完成 3 台电动机同时启动逆序停止控制程序的设计和调试。现场设备有 3 台电动机带动的上、中、下 3 段输送带。需要控制 3 段输送带同时启动，逆序停止。具体任务要求如下：点动按钮 PB4（X23），3 段输送带同时正向启动（Y0、Y2、Y4），点动按钮 PB3（X22）停止下段输送带，当下段输送带停止后才能点动按钮 PB2（X21）停止中段输送带，当中段输送带停止后才能点动按钮 PB1（X20）停止上段输送带。输送带驱动控制仿真界面如图 2-5-1 所示。

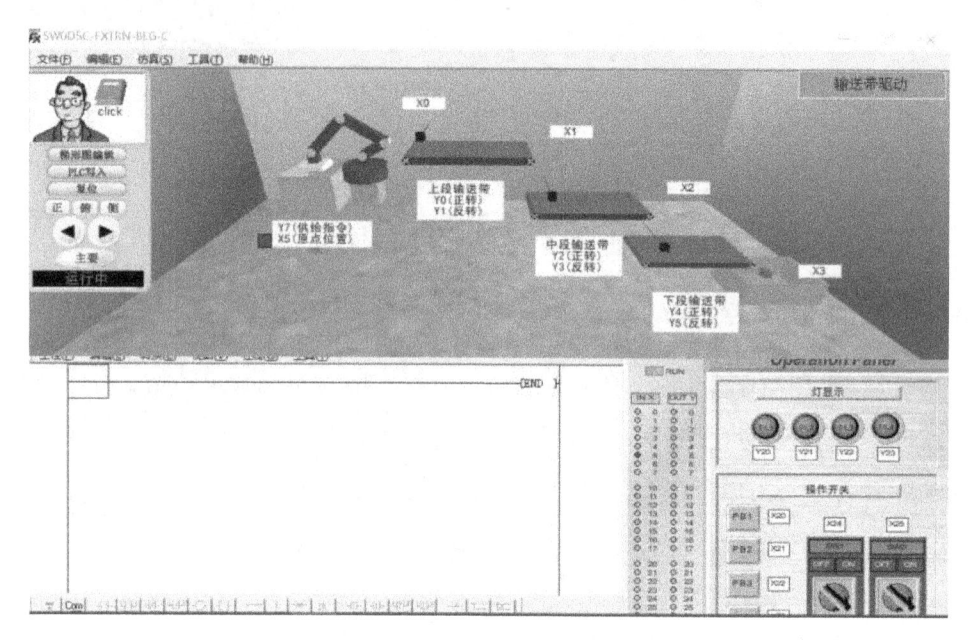

图 2-5-1 输送带驱动控制仿真界面

## 知识准备

1. 串联电路块的并联连接指令 ORB

两个或两个以上的触点串联连接的电路称为串联电路块。指令为 ORB，其功能、梯形图及操作对象如表 2-5-1 所示。

表 2-5-1  ORB 功能、梯形图及操作对象表

| 符号 | 名称 | 功　能 | 梯形图示例 | 指令表 | 操作元件 | 程序步 |
|---|---|---|---|---|---|---|
| ORB | 电路块或 | 串联电路块的并联连接 | (见图) | LD　X000<br>AND　X001<br>LD　X002<br>ANI　X003<br>ORB<br>OUT　Y000 | 无 | 1 |

串联电路块并联连接时，分支开始用 LD、LDI 指令，分支结束用 ORB 指令。

例 1：ORB 指令应用示例程序如图 2-5-2 所示。

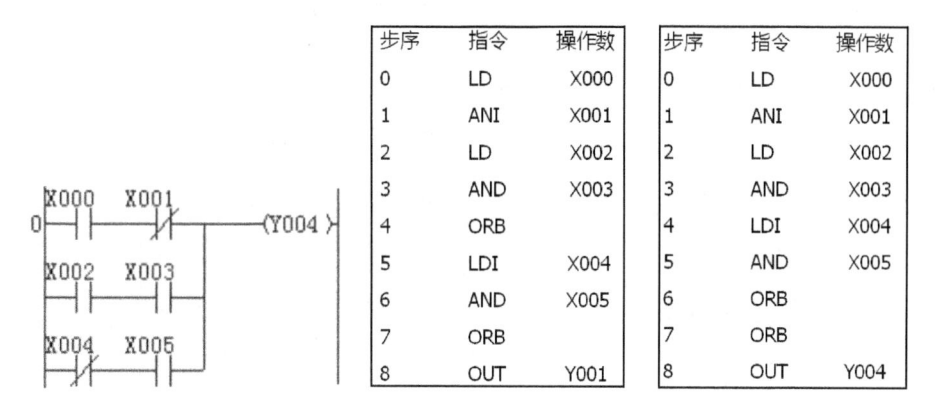

| 步序 | 指令 | 操作数 |
|---|---|---|
| 0 | LD | X000 |
| 1 | ANI | X001 |
| 2 | LD | X002 |
| 3 | AND | X003 |
| 4 | ORB |  |
| 5 | LDI | X004 |
| 6 | AND | X005 |
| 7 | ORB |  |
| 8 | OUT | Y001 |

| 步序 | 指令 | 操作数 |
|---|---|---|
| 0 | LD | X000 |
| 1 | ANI | X001 |
| 2 | LD | X002 |
| 3 | AND | X003 |
| 4 | LDI | X004 |
| 5 | AND | X005 |
| 6 | ORB |  |
| 7 | ORB |  |
| 8 | OUT | Y004 |

图 2-5-2  ORB 指令应用示例程序

### 2. 并联电路块的串联连接指令 ANB

两个或两个以上触点并联的电路称为并联电路块，程序中用 ANB 指令，ANB 指令的功能、梯形图及操作对象如表 2-5-2 所示。

表 2-5-2  ANB 指令的功能、梯形图及操作对象

| 符号 | 名称 | 功　能 | 梯形图示例 | 指令表 | 操作元件 | 程序步 |
|---|---|---|---|---|---|---|
| ANB | 电路块与 | 并联电路块的串联连接 | (见图) | LD　X000<br>OR　X002<br>LDI　X001<br>OR　X003<br>ANB<br>OUT　Y000 | 无 | 1 |

分支电路并联电路块与前面电路串联连接时，分支的起点用 LD、LDI 指令，分支结束使用 ANB 指令。梯形图编程时，触点只能从左母线开始放置，线圈则必须放置在右母线。

例 2：ANB 指令应用梯形图如图 2-5-3 所示。

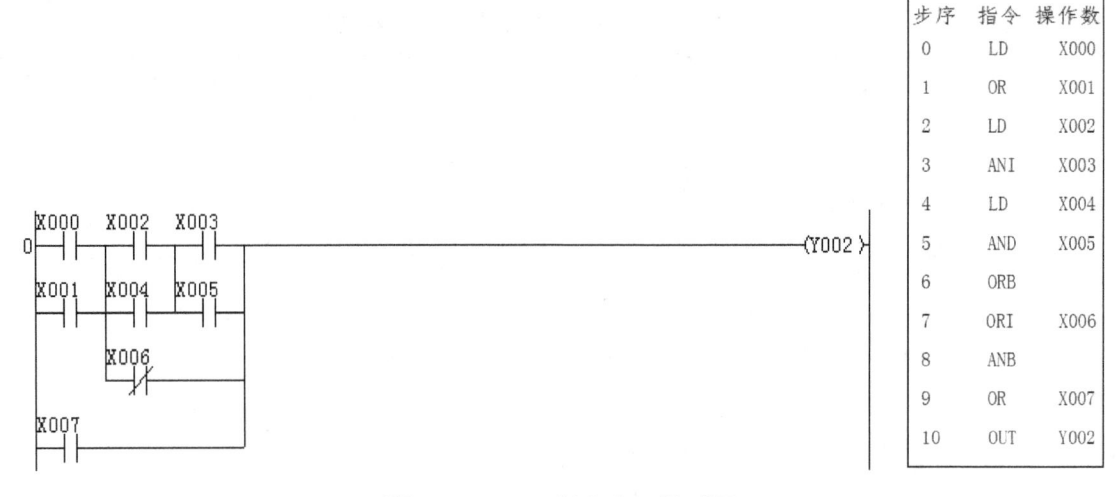

```
步序  指令  操作数
0     LD    X000
1     OR    X001
2     LD    X002
3     ANI   X003
4     LD    X004
5     AND   X005
6     ORB
7     ORI   X006
8     ANB
9     OR    X007
10    OUT   Y002
```

图 2-5-3　ANB 指令应用梯形图

ANB 指令无操作元件，所占程序步数为 1。

ORB 指令操作元件可为 X、Y、S、M、T、C，所占程序步数为 1。

多分支回路与前面的回路串联时，使用 ANB 指令。分支以 LD、LDI、LDP、LDF 为起点，使用 ANB 指令与前面以 LD、LDI、LDP、LDF 指令作为起点的分支串联连接。

当两个以上触点串接的串联回路块并联时，每个分支使用 LD、LDI 指令开始，ORB 指令结束。

ANB、ORB 指令都不是带软元件的指令。ANB、ORB 使用的并串联回路的个数不受限制，但是当成批使用时，必须考虑 LD、LDI 的使用次数应在 8 次以下。

在每个分支的最后使用 ORB 指令，不要在所有的分支后面使用 ORB 指令。

ORB 指令和 ANB 指令只是对块的连接，如果不是块就不使用。

其实这里的 ORB 指令和 ANB 指令可以简单理解为"和"和"或"的意思，在梯形图里就是一根竖线。

例 3：ORB 指令和 ANB 指令的示例梯形图如图 2-5-4 所示。

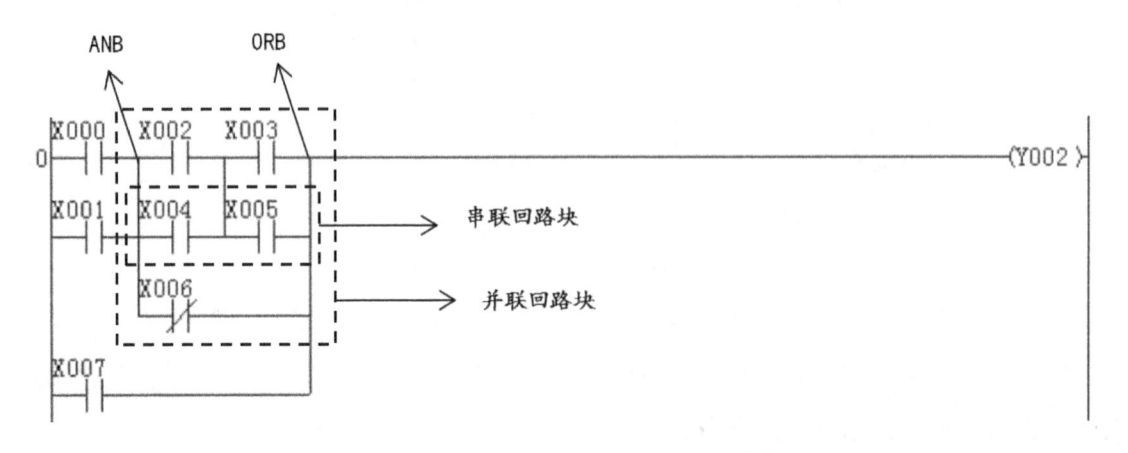

图 2-5-4　ORB 指令和 ANB 指令的示例梯形图

## 任务实施

### 步骤1：任务分析。

此次任务是控制电动机同时启动逆序停止。通过 PLC 的程序实现以下控制。

点动按钮 PB4（X23），三段输送带同时正向启动（Y0、Y2、Y4）。

（1）点动按钮 PB3（X22），停止下段输送带（Y4）。

（2）点动按钮 PB2（X21），停止中段输送带（Y2）。

（3）点动按钮 PB1（X20），停止上段输送带（Y0）。

### 步骤2：列出 I/O 分配表。

电动机同时启动逆序停止 PLC 的 I/O 分配端口如表 2-5-3 所示。

表 2-5-3　电动机同时启动逆序停止 PLC 的 I/O 分配端口

| 输入部分 | | 输出部分 | |
| --- | --- | --- | --- |
| 输入元件 | PLC 编程元件 | 输出元件 | PLC 编程元件 |
| 上段输送带停止按钮 | X020 | 上段输送带正转 | Y000 |
| 中段输送带停止按钮 | X021 | 中段输送带正转 | Y002 |
| 下段输送带停止按钮 | X022 | 下段输送带正转 | Y004 |
| 三段输送带启动按钮 | X023 | | |

### 步骤3：绘制 PLC 的外部接线图。

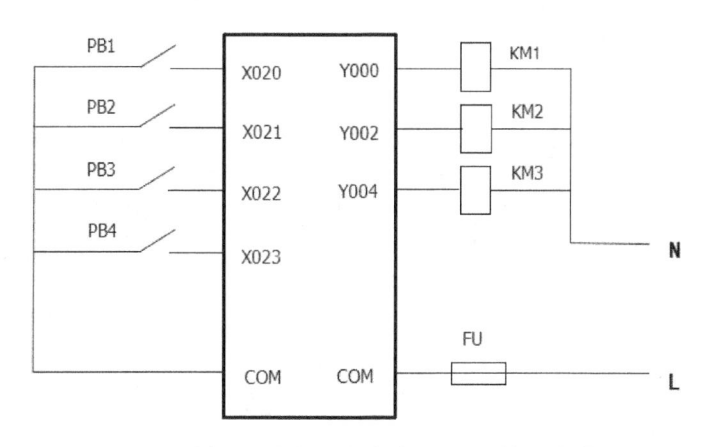

根据控制要求绘制电动机同时启动逆序停止 PLC 控制电路原理图，并按原理图进行接线，如图 2-5-5 所示。

图 2-5-5　电动机同时启动逆序停止 PLC 控制电路原理图

### 步骤4：设计 PLC 梯形图。

电动机同时启动逆序停止运行控制梯形图及指令表如图 2-5-6 所示。

(a) 梯形图

| 步序 | 指令 | 操作数 |
|---|---|---|
| 0 | LD | X023 |
| 1 | OR | Y000 |
| 2 | LDI | X020 |
| 3 | OR | Y002 |
| 4 | ANB | |
| 5 | OUT | Y000 |
| 6 | LD | X023 |
| 7 | OR | Y002 |
| 8 | LDI | X021 |
| 9 | OR | Y004 |
| 10 | ANB | |
| 11 | OUT | Y002 |
| 12 | LD | X023 |
| 13 | OR | Y004 |
| 14 | LDI | X022 |
| 15 | OUT | Y004 |
| 16 | END | |

(b) 指令表

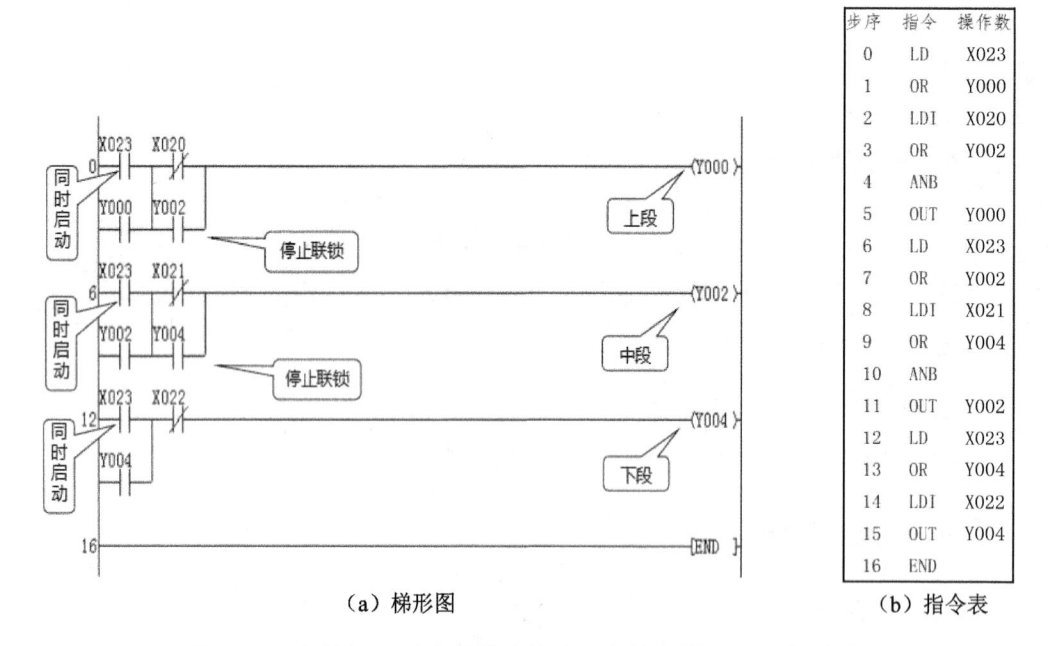

图 2-5-6　电动机同时启动逆序停止运行控制梯形图及指令表

**步骤 5：上机实操。**

（1）启动 FX-TRN-BEG-C 仿真软件，进入仿真软件首页。

（2）在仿真软件首页，单击练习项目"D：初级挑战"，如图 2-5-7 所示。

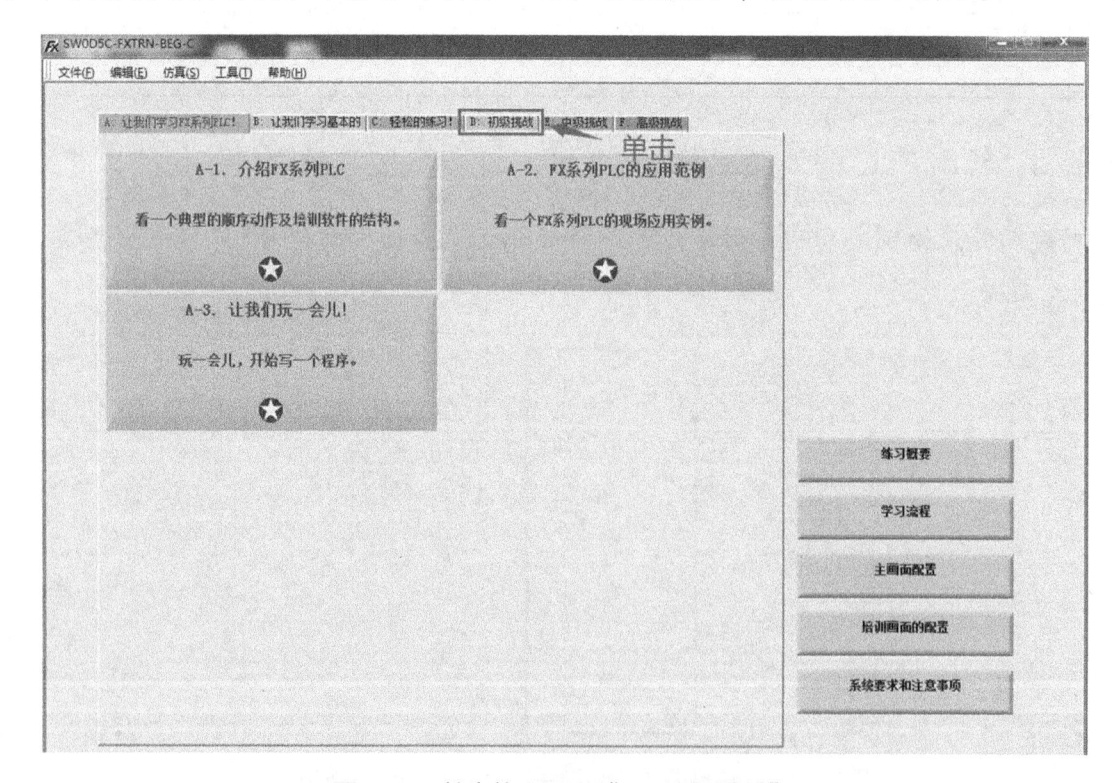

图 2-5-7　单击练习项目"D：初级挑战"

（3）在"D：初级挑战"界面中单击"D-6.输送带驱动"，如图 2-5-8 所示。

（4）进入"D-6.输送带驱动"仿真编程界面，如图 2-5-9 所示。

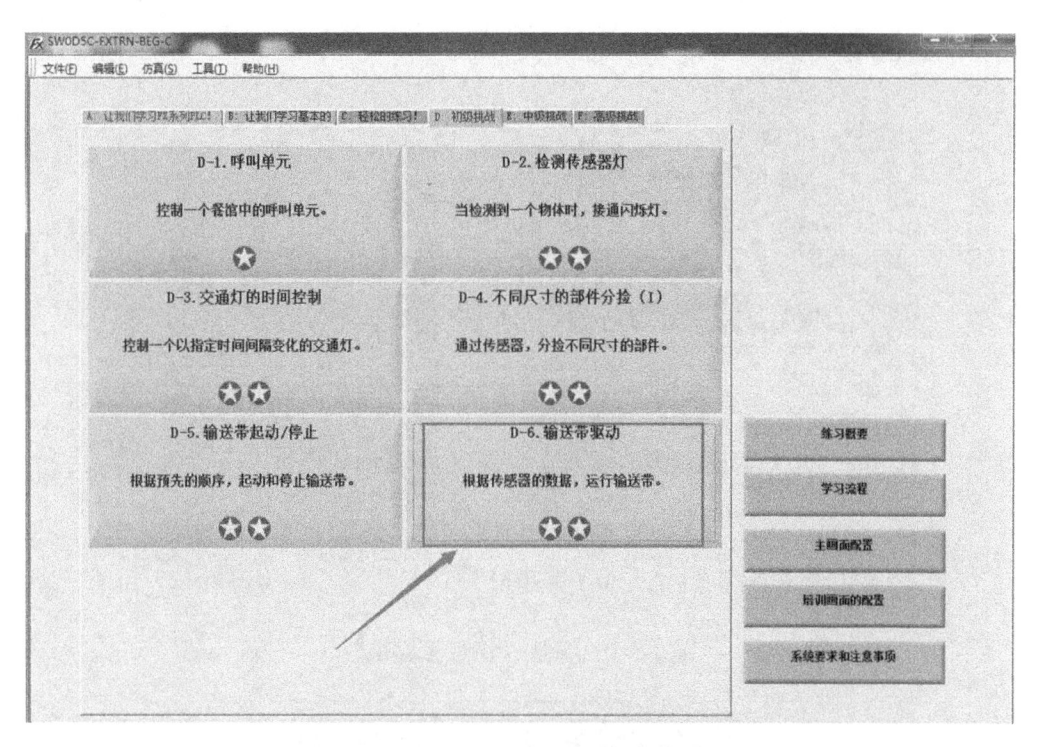

图 2-5-8 单击"D-6.输送带驱动"

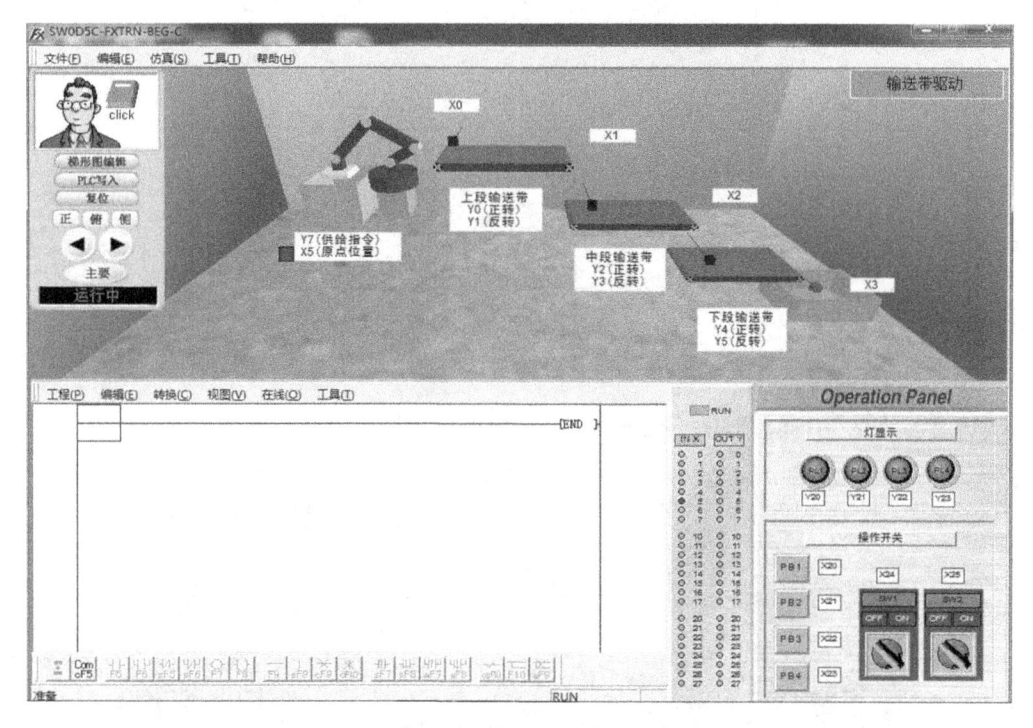

图 2-5-9 "D-6.输送带驱动"仿真编程界面

（5）在"D-6.输送带驱动"仿真编程界面，单击"梯形图编辑"按钮，进入编程状态，如图 2-5-10 所示。

（6）在"编程区域"输入电动机同时启动逆序停止梯形图，单击菜单栏中的"转换（C）F4"，对输入的梯形图进行转换，转换电动机同时启动逆序停止梯形图如图 2-5-11 所示。

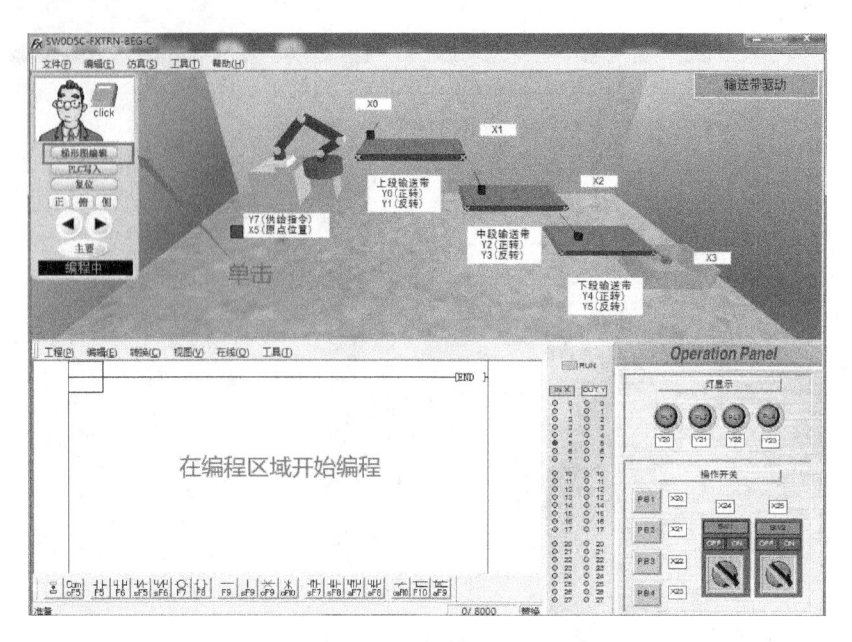

图 2-5-10 单击"梯形图编辑"

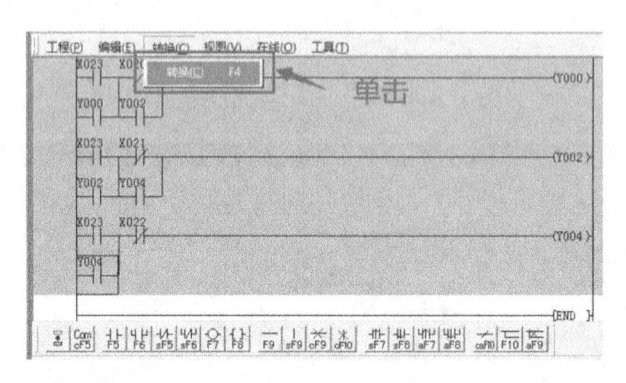

图 2-5-11 转换电动机同时启动逆序停止梯形图

（7）把完成转换的程序写入仿真 PLC，单击"PLC 写入"按钮，如图 2-5-12 所示；程序写入中，如图 2-5-13 所示；程序写入完成，如图 2-5-14 所示。

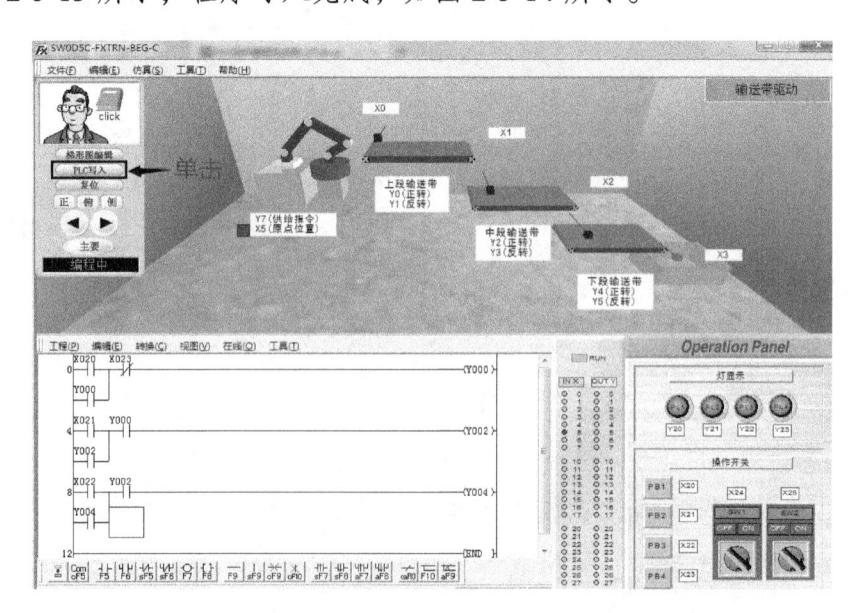

图 2-5-12 单击"PLC 写入"按钮

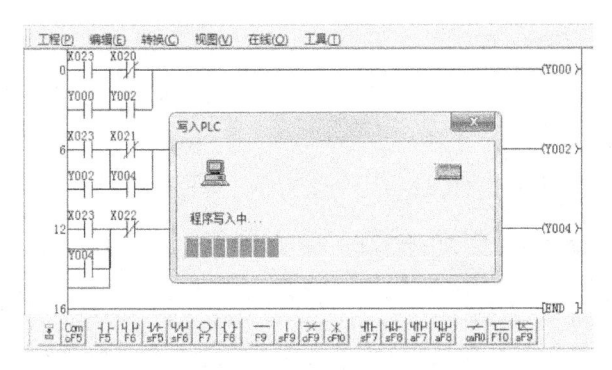

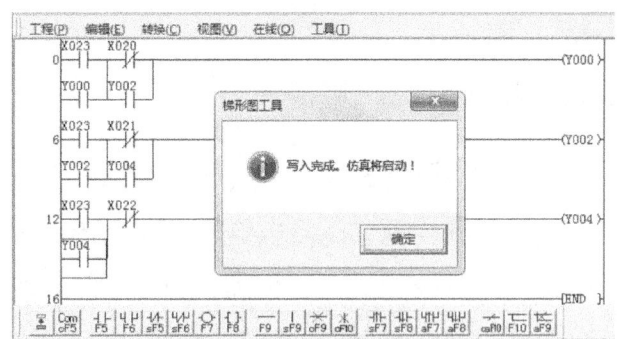

图 2-5-13 程序写入中　　　　　　　　图 2-5-14 程序写入完成

**步骤 6：运行、调试程序。**

（1）同时启动及停机联锁：点动按钮 PB4，X023 闭合，各继电器同时吸合并自锁，三段输送带同时正转，此时 Y002 和 Y004 常开触点闭合，可分别给 Y000 和 Y002 线圈供电，先行点动按钮 PB1 或按钮 PB2，即便 X020 或 X021 常闭触点分断，Y000 和 Y002 也不会释放。

（2）逆序停机。

① 停机时先点动按钮 PB3，X022 常闭触点分断，Y004 解锁释放，使下段输送带停止。

② 由于 Y004 常开触点分断，再点动按钮 PB2，X021 常闭触点分断，Y002 解锁释放，中段输送带才能停止。

③ 由于 Y002 常开触点分断，最后点动按钮 PB1，X020 常闭触点分断，Y000 解锁释放，上段输送带才能停止。下级继电器常开触点，与上级停机触点并联，起到逆序停止作用。

# 任务六　设计与调试输送带自动往返控制程序

## 学习目标

1. 掌握自动往返控制的要点。
2. 掌握脉冲指令的使用。
3. 会用脉冲指令设计自动往返控制程序和运行调试。

## 建议学时

**2** 学时：理论 **1** 学时，实训 **1** 学时

## 学习任务

本次学习任务是利用三菱 PLC 仿真软件（FX-TRN-BEG-C）开展的，在仿真软件"E：中级挑战"项目的"E-6.输送带控制"界面完成输送带自动往返控制程序的设计和调试。现场具体控制要求如下：按下操作面板上的 PB1，漏斗供给指令（Y10）被置为 ON；松开 PB1，供给指令（Y10）被置为 OFF；当将供给指令（Y10）置为 ON 以后，漏斗补给一个部件；按下操作面板上的 PB2，如果松开 PB2，那么此动作将继续延续；输送带在正转（Y11）被置为 ON 时开始动作而在部件的右限位置为 ON 时停止；如果输送带反转（Y12）被置为 ON，输送带到左限位置（X10）被置为 ON 为止将会逆转；在左面的暂停点的部件停止 5s，5s 以后，输送带正转（Y11）被置为 ON，输送带开始移动，直到停止传感器（X12）被置为 ON 为止。输送带自动往返控制仿真界面如图 2-6-1 所示。

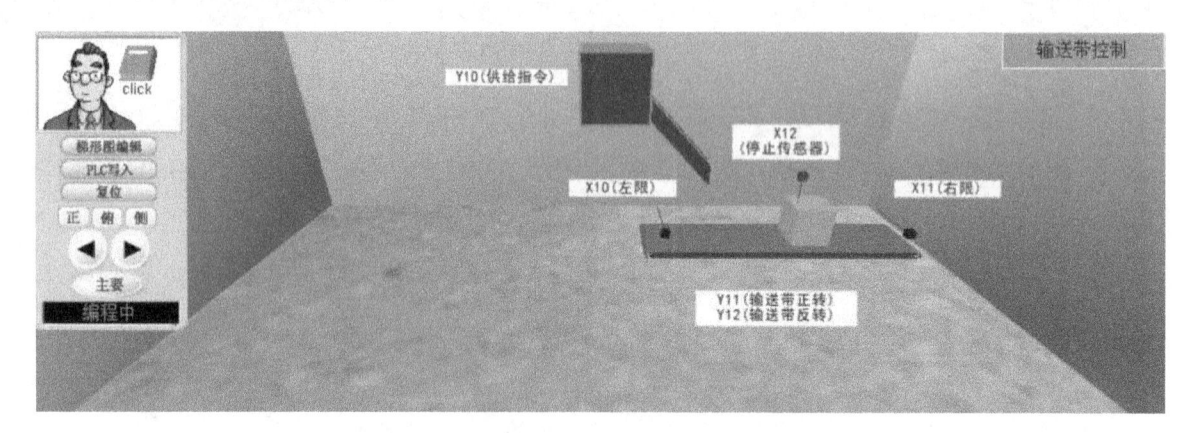

图 2-6-1 输送带自动往返控制仿真界面

## 知识准备

### 一、电动机自动往返控制线路分析

1. 电路原理图

自动往返控制线路电路原理图如图 2-6-2 所示。

2. 线路工作过程分析

按下启动按钮 SB2，电动机运行，带动工作台左移，当运动到设计位置压动 SQ1 限位开关时，电动机反转，带动工作台右移，当运动到设计位置压动 SQ2 限位开关时电动机正转，如此往复。按下停止按钮 SB1，电动机无论正向、反向运行都能停车。

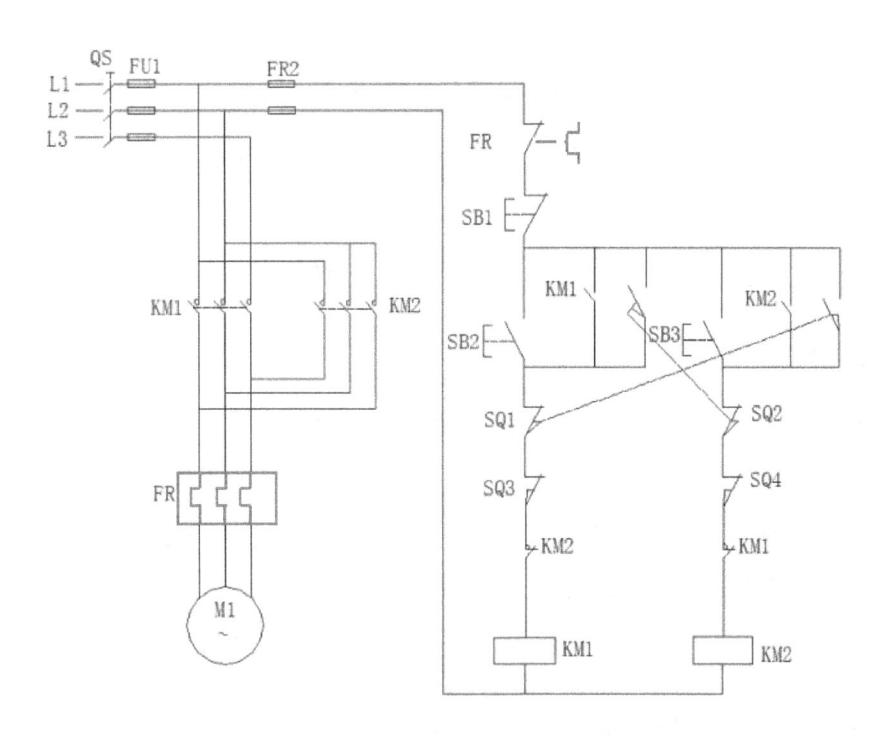

图 2-6-2 自动往返控制线路电路原理图

## 二、PLC 的基本指令学习

1. 脉冲指令

在 PLC 中常用的脉冲指令有：LDP、LDF、ANDP、ANDF、ORP、ORF。其符号、名称及功能，如表 2-6-1 所示。

表 2-6-1 常用脉冲指令符号、名称及功能

| 符号 | 名称 | 功能 | 梯形图示例 | 指令表 | 操作元件 | 程序步 |
|------|------|------|-----------|--------|----------|--------|
| LDP | 取上升沿脉冲 | 上升沿脉冲逻辑运算开始 | X000 X001 —(M0) | LDP X000<br>AND X001<br>OUT M0 | X、Y、M、S、T、C | 2 |
| LDF | 取下降沿脉冲 | 下降沿脉冲逻辑运算开始 | X002 X003 —(M1) | LDF X002<br>AND X003<br>OUT M1 | X、Y、M、S、T、C | 2 |
| ANDP | 与上升沿脉冲 | 上升沿脉冲串联 | X004 X005 —(M2) | LD X004<br>ANDP X005<br>OUT M2 | X、Y、M、S、T、C | 2 |
| ANDF | 与下降沿脉冲 | 下降沿脉冲串联 | X006 X007 —(M3) | LD X006<br>ANDF X007<br>OUT M3 | X、Y、M、S、T、C | 2 |
| ORP | 或上升沿脉冲 | 上升沿脉冲并联 | X010 X011 —(M4) X012 | LD X010<br>ORP X012<br>AND X11<br>OUT M4 | X、Y、M、S、T、C | 2 |

续表

| 符号 | 名称 | 功能 | 梯形图示例 | 指令表 | 操作元件 | 程序步 |
|---|---|---|---|---|---|---|
| ORF | 或下降沿脉冲 | 下降沿脉冲并联 | X013 X014<br>─┤├──┤├──(M5)<br>X016<br>─┤↓├ | LD　X013<br>ORF　X016<br>AND　X14<br>OUT　M5 | X、Y、M、S、T、C | 2 |

### 2. 上升沿触发与普通软触点的区别

上升沿触发，这个触点就接通一个扫描周期，然后就断开，虽然仍然有输入，但它还是会断开，用于程序中的触发。普通触点接通后一直是通的，直到输入信号消失，它才消失，与输入信号同步。PLC边沿有效触点分成上升沿有效和下降沿有效，上升沿就是闭合的瞬间，而下降沿就是断开的瞬间。如果是边沿有效去控制一个输出点，那输出点只有在触点的闭合或断开的瞬间才会有输出，输出的时间通常是PLC的一个扫描周期。

### 3. 三菱PLC上升沿和下降沿的使用

上升沿可以理解为开关在不通电到通电的第一次脉冲；下降沿可以理解为开关在通电到不通电的最后一次脉冲；以上两种跳变沿因为比较精确，多用在精确计数和顺控上面。

### 4. 微分指令（PLS/PLF）

（1）PLS（上升沿微分指令）：在输入信号上升沿产生一个扫描周期的脉冲输出。

（2）PLF（下降沿微分指令）：在输入信号下降沿产生一个扫描周期的脉冲输出。

例：PLF指令程序应用如图2-6-3所示。

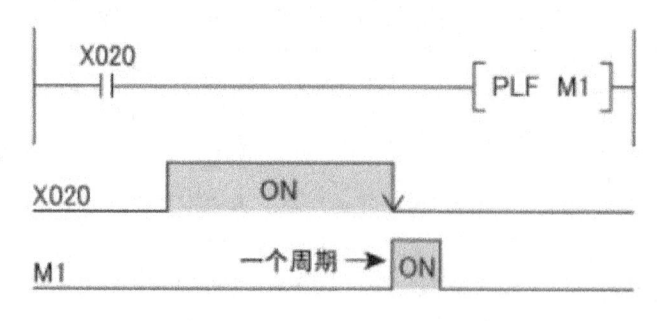

图2-6-3　PLF指令程序应用

程序解释：

对M1执行以下的PLF指令。

M1只有在输入X020被关闭的那一瞬间（一个动作周期）闭合。这就是PLF指令的执行。PLF指令检测到输入信号变为OFF的瞬间将其后的软元件置ON，置ON的时间为一个脉冲。

它经常被用于部件或进程只被执行一次的情形。

（3）PLS、PLF 指令的使用说明。

① PLS、PLF 指令的目标元件为 Y 和 M。

② 使用 PLS 时，仅在驱动输入为 ON 后的一个扫描周期内目标元件为 ON，PLS/PLF 指令应用如图 2-6-4 所示，M0 仅在 X0 的常开触点由断到通时的一个扫描周期内为 ON；使用 PLF 指令时只是利用输入信号的下降沿驱动，其他与 PLS 相同。

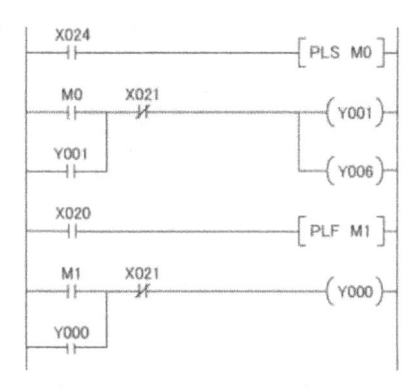

图 2-6-4　PLS/PLF 指令应用

## 任务实施

**步骤 1：任务分析。**

此次任务是控制输送带自动往返运动。通过 PLC 的程序实现以下控制。

（1）当按下操作面板上的 PB1 后，漏斗供给指令（Y10）被置为 ON。

（2）当松开 PB1 后，供给指令（Y10）被置为 OFF。

（3）当将供给指令（Y10）置为 ON 以后，漏斗补给一个部件。

（4）当按下操作面板上的 PB2 之后，设备产生动作，如果松开 PB2，那么此动作将继续延续。

（5）输送带在输送带正转（Y11）被置为 ON 起开始动作而在部件的右限位置为 ON 时停止。

（6）如果输送带反转（Y12）被置为 ON，输送带到左限位置为 ON 时将会逆转。

（7）在左面的暂停点的部件停止 5s，5s 以后，输送带正转（Y11）被置为 ON，输送带开始移动，直到停止传感器（X12）被置为 ON 为止。

**步骤 2：列出 I/O 分配表。**

输送带自动往返运动 PLC 控制 I/O 分配端口如表 2-6-2 所示。

表 2-6-2　输送带自动往返运动 PLC 控制 I/O 分配端口

| 输入部分 | | 输出部分 | |
| --- | --- | --- | --- |
| 输入元件 | PLC 编程元件 | 输出元件 | PLC 编程元件 |
| 启动 | X020 | 输送带正转 | Y011 |
| 停止 | X021 | 输送带反转 | Y012 |
| 左限位 | X010 | 物料供给 | Y010 |
| 右限位 | X011 | | |
| 中间停止传感器 | X012 | | |

**步骤 3：绘制 PLC 的外部接线图。**

根据控制要求绘制输送带自动往返 PLC 控制电路原理图，并按原理图进行接线，如图 2-6-5 所示。

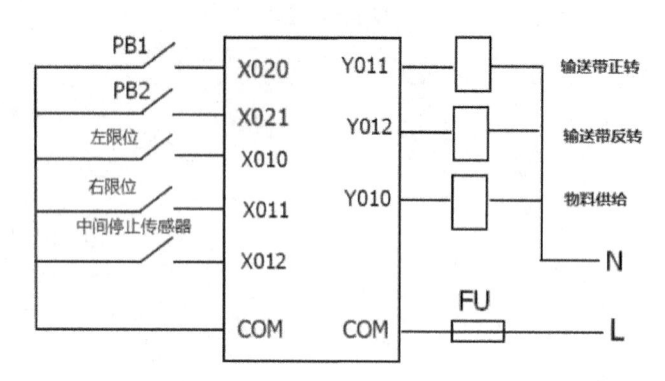

图 2-6-5 输送带自动往返运动 PLC 控制电路原理图

**步骤 4：设计 PLC 梯形图。**

输送带自动往返运动控制梯形图及指令表如图 2-6-6 所示。

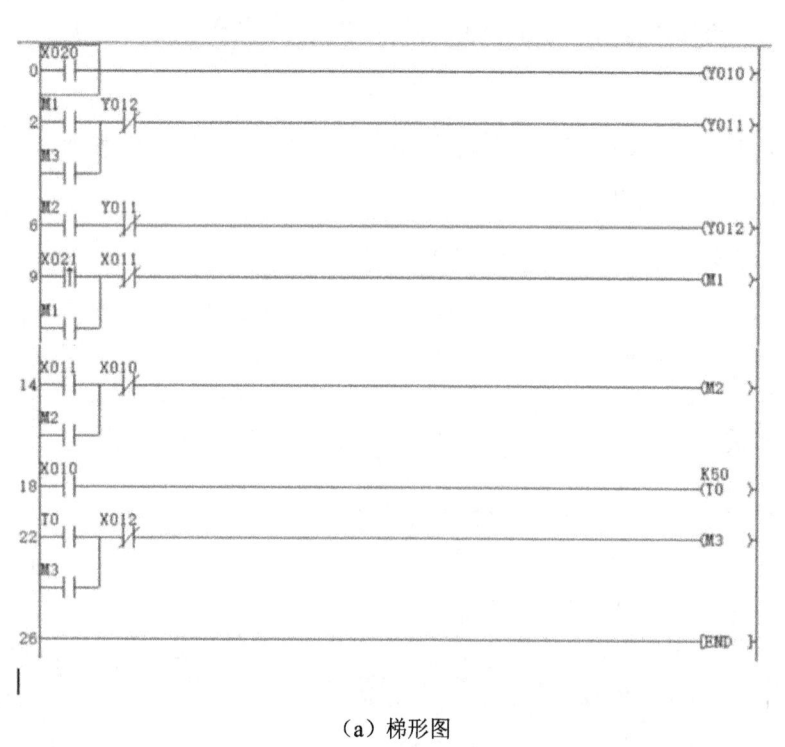

| 步序 | 指令 | 操作数 |
|---|---|---|
| 0 | LD | X020 |
| 1 | OUT | Y010 |
| 2 | LD | M1 |
| 3 | OR | M3 |
| 4 | ANI | Y012 |
| 5 | OUT | Y012 |
| 6 | LD | M2 |
| 7 | ANI | Y011 |
| 8 | OUT | Y012 |
| 9 | LDP | X021 |
| 11 | OR | M1 |
| 12 | ANI | X011 |
| 13 | OUT | M1 |
| 14 | LD | X011 |
| 15 | OR | M12 |
| 16 | ANI | X010 |
| 17 | OUT | M2 |
| 18 | LD | X010 |
| 19 | OUT | M2 |
| 22 | LD | T0 K50 |
| 23 | LD | T0 |
| 23 | OR | M3 |
| 24 | ANI | X012 |
| 25 | OUT | M3 |
| 26 | END | |

（a）梯形图　　　　　　　　　　　　　　　　　（b）指令表

图 2-6-6 输送带自动往返运动控制梯形图及指令表

**步骤 5：上机实操。**

（1）启动 FX-TRN-BEG-C 仿真软件，进入仿真软件首页。

(2)在仿真软件首页,单击练习项目"E:中级挑战",如图2-6-7所示。

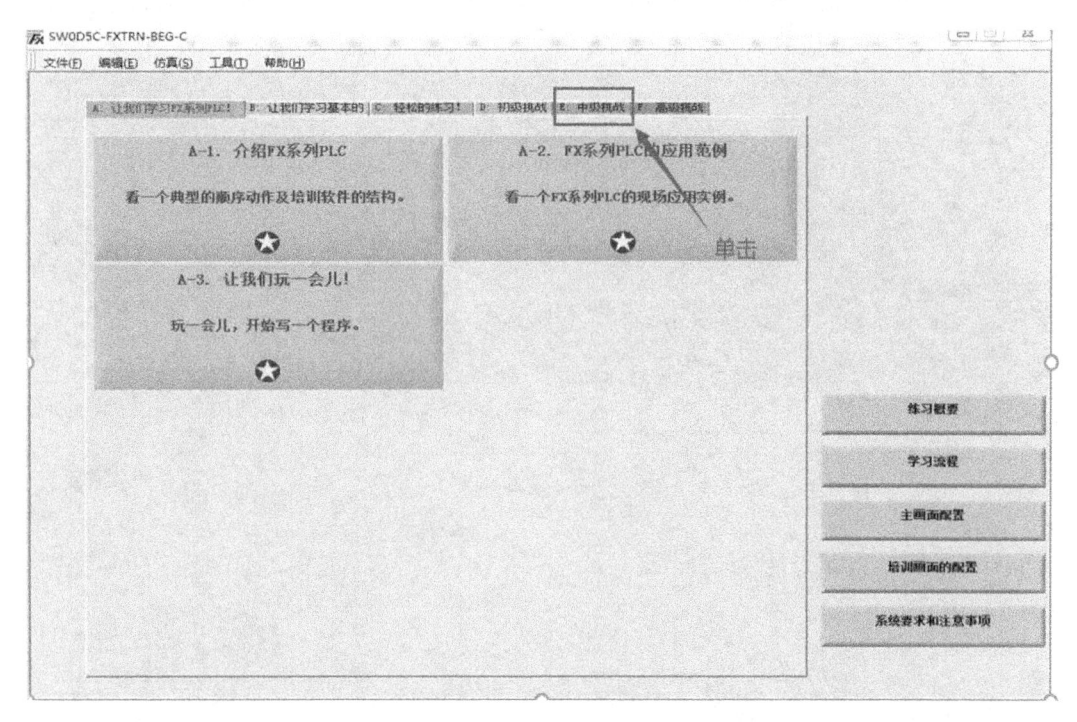

图 2-6-7 单击练习项目"E:中级挑战"

(3)在"E:中级挑战"界面中单击"E-6.输送带控制",如图2-6-8所示。

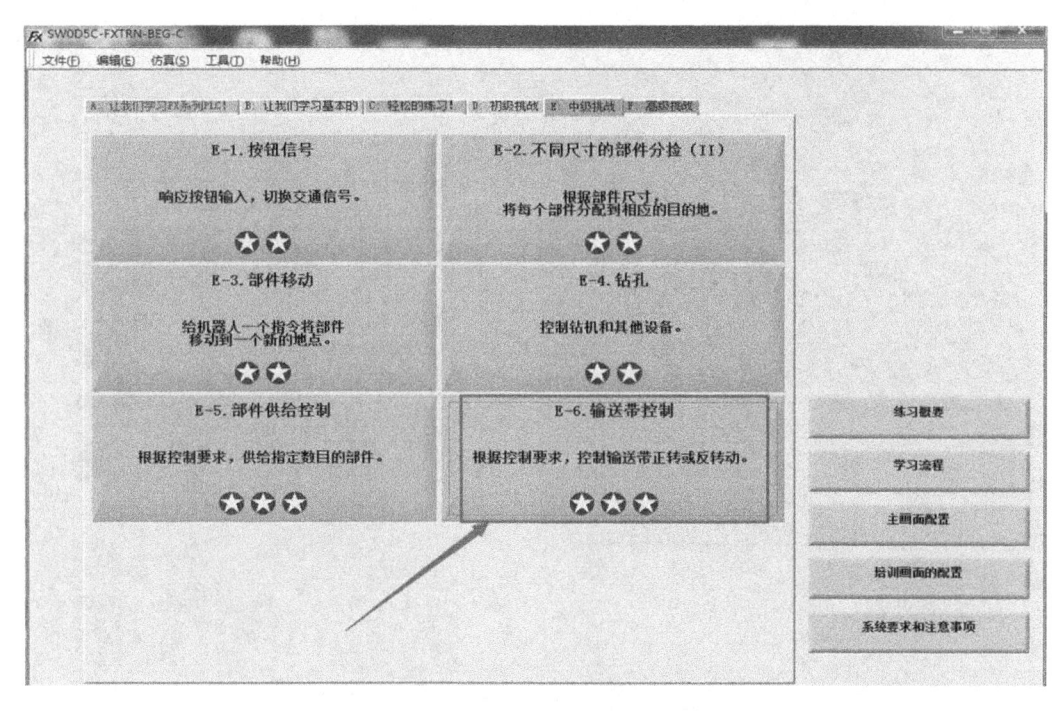

图 2-6-8 单击"E-6.输送带控制"

(4)进入"E-6.输送带控制"仿真编程界面,如图2-6-9所示。

(5)在"E-6.输送带控制"仿真编程界面中单击"梯形图编辑"按钮,进入编程状态,如图2-6-10所示。

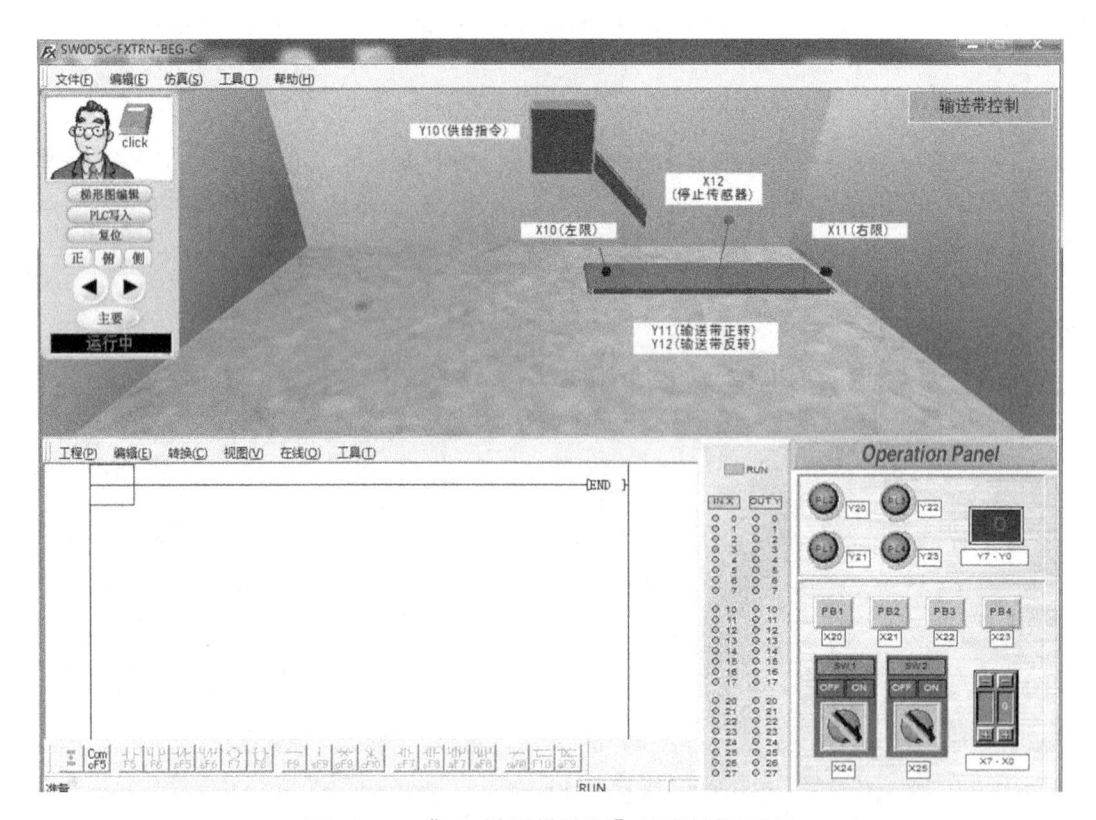

图 2-6-9 "E-6.输送带控制"仿真编程界面

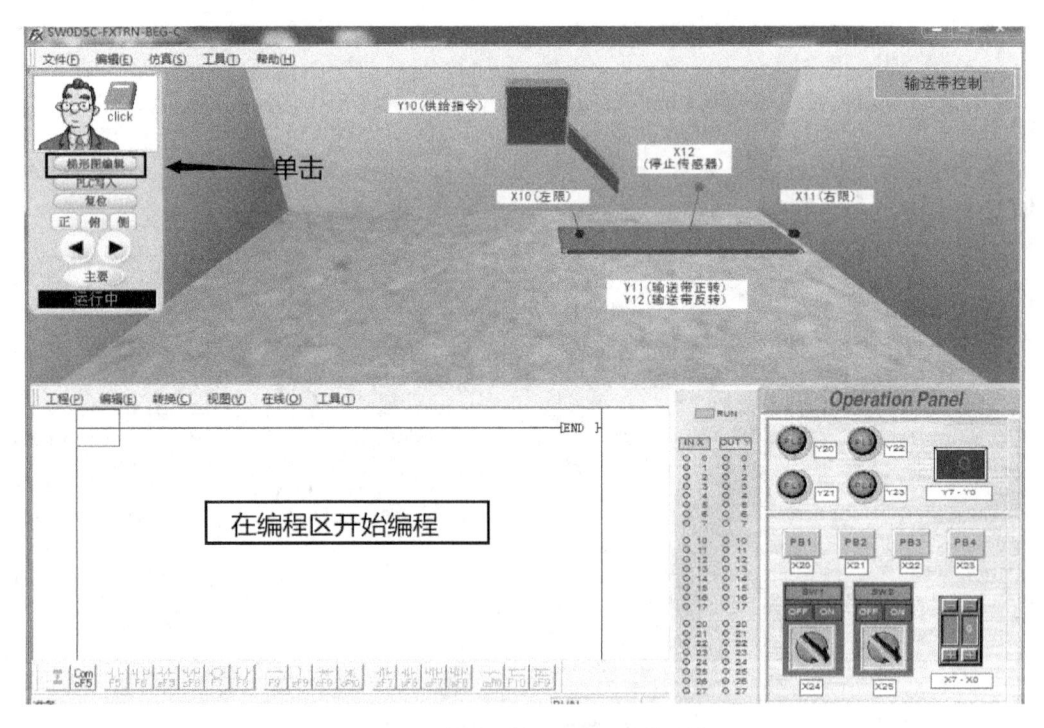

图 2-6-10 单击"梯形图编辑"按钮

（6）在"编程区域"输入输送带自动往返运动梯形图，单击菜单栏中的"转换（C） F4"，对输入的梯形图进行转换，如图 2-6-11 所示。

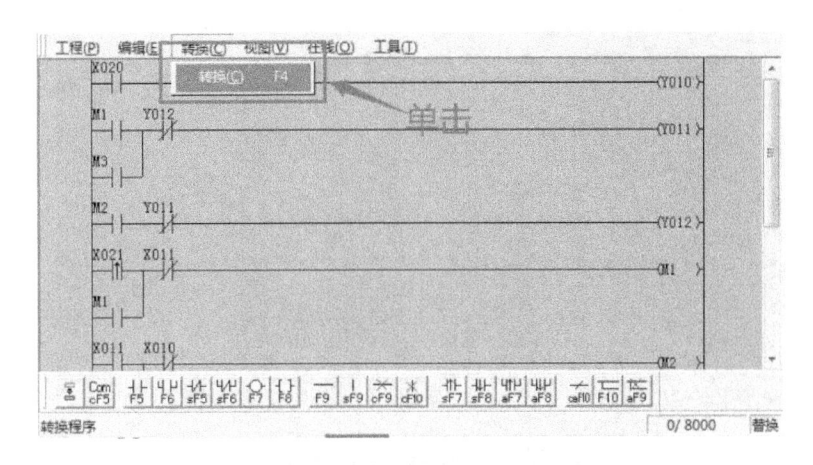

图 2-6-11 转换输送带自动往返运动梯形图

（7）把完成转换的程序写入仿真 PLC，单击"PLC 写入"按钮，如图 2-6-12 所示；程序写入中，如图 2-6-13 所示；程序写入完成，如图 2-6-14 所示。

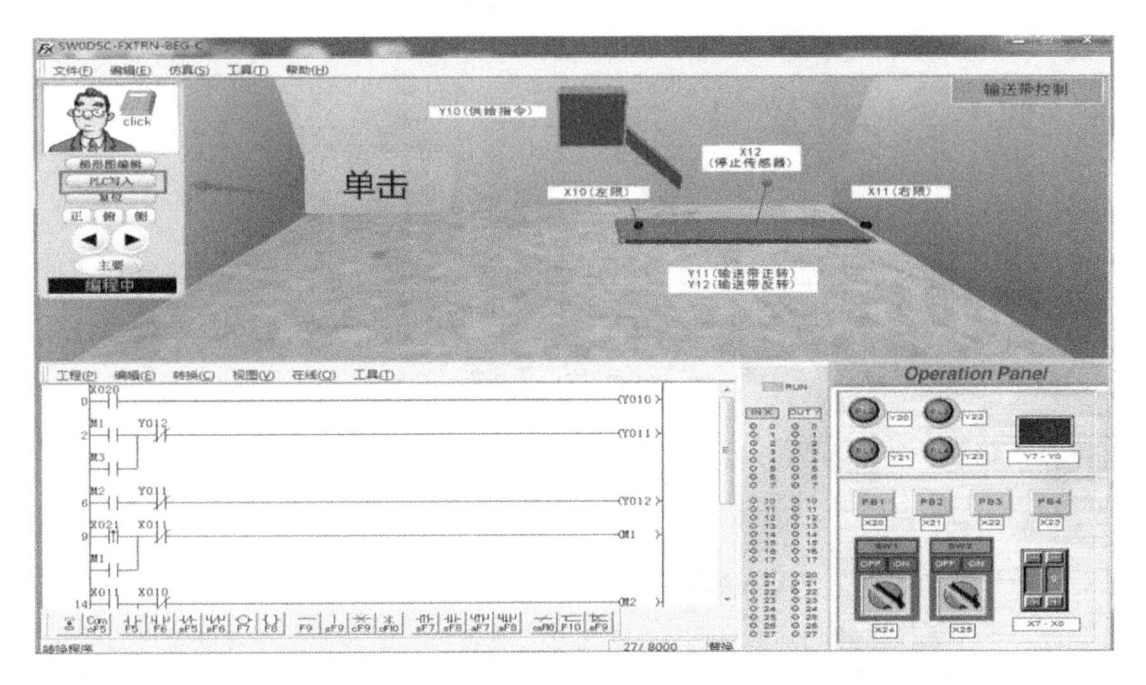

图 2-6-12 单击"PLC 写入"按钮

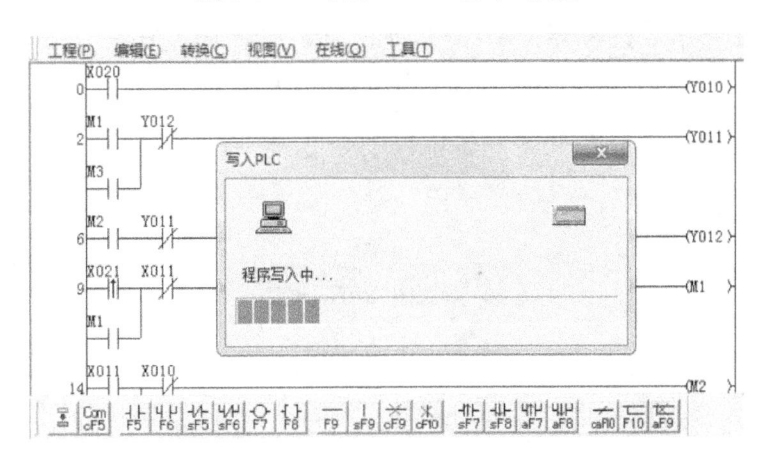

图 2-6-13 程序写入中

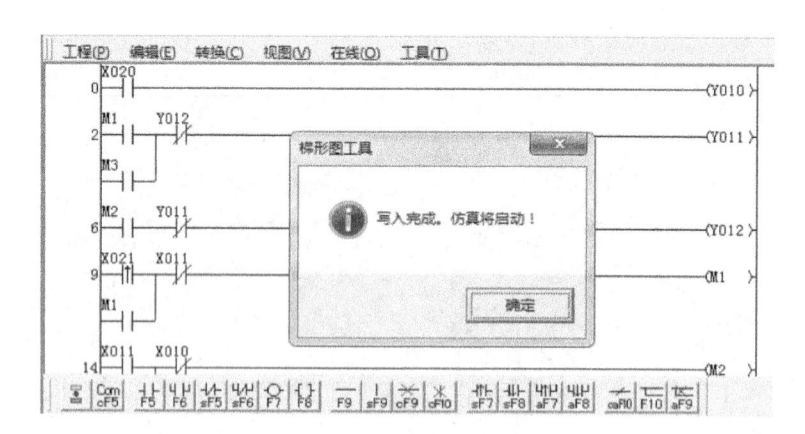

图 2-6-14 程序写入完成

（8）PLC程序仿真运行界面如图2-6-15所示。

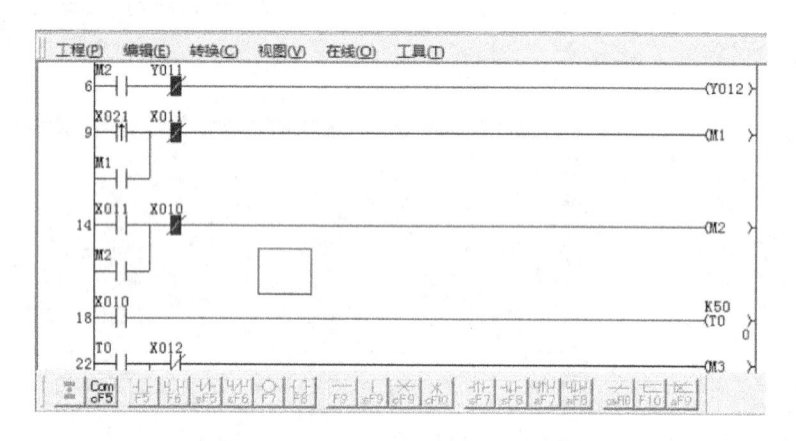

图 2-6-15 PLC程序仿真运行界面

**步骤6：运行、调试程序。**

工作要点分析：

（1）按下操作面板上的PB1（X020），漏斗补给一个部件。

（2）按下操作面板上的PB2（X021），输送带向右转动，部件停止在右限位传感器（X011）。

（3）当部件停在输送带右端，输送带往左转动，部件停止在左限（X010）。

（4）部件停止在左限位传感器（X010）5s以后，输送带向右转动，部件停止在右限位传感器（X012）外。

（5）单击远程控制上的"复位"按钮可以初始化屏幕以便重复执行操作。

# 项 目 练 习

一、判断题

1. 与左母线连接的常闭触点使用LDI指令。（　　）

2. ANI 指令完成逻辑"与""或"运算。（   ）

3. ORI 指令完成逻辑"或"运算。（   ）

4. 当并联电路块与前面的电路连接时使用 ORB 指令。（   ）

5. 块与指令 ANB 带操作数。（   ）

6. 可以连续使用 ORB 指令，使用次数不得超过 10 次。（   ）

二、选择题

1. SET 指令和 RST 指令都具有（   ）功能。

A．循环　　　　B．自锁　　　　C．过载保护　　　　D．复位

2. 并联电路块与前面的电路串联时应该使用（   ）指令。

A．ORB　　　　B．AND　　　　C．ORB　　　　D．ANB

3. 使用 MPS 指令、MRD 指令、MPP 指令时，如果其后是单个常开触点，需要使用（   ）指令。

A．LD　　　　B．AND　　　　C．ORB　　　　D．ANI

4. 主控指令可以嵌套，但最多不能超过（   ）级。

A．8　　　　B．7　　　　C．5　　　　D．2

三、填空题

1. LDI、AI、ONI 等指令中的"I"表示_____功能，其执行时从实际输入点得到相关的状态值。

2. FX 系列 PLC 中的 PLF 表示_____指令。

3. OUT 指令对于_____是不能使用的。

4. END 指令是指整个程序的结束，而 FEND 指令是表示_____的结束。

四、简答题

1. 简述在 PLC 实验室进行实际操作的正确步骤。

2. 你认为在 PLC 程序设计中，I/O 口的分配重要吗？你是如何去分配的呢？

3. 在继电-接触控制线路中，停车按钮、过载保护的热继电器采用的是常闭触点接法，若因常闭触点故障只能采用常开接法，则 PLC 的控制如何实现，试画出梯形图及 PLC 控制接线图。

4. 在程序编写过程中，如果误删了 END 指令，程序是否还能正常运行？如果出现问题你该如何解决？

### 五、编程题

1. 在编程仿真软件中的 B3 界面，写出可以实现以下控制要求的程序并上机运行调试。

要求：对红绿两盏灯进行分别控制，用 PB2 和 PB3 分别点亮红灯和绿灯，用 PB1 关闭；用 PB4 同时点亮红灯和绿灯，用 PB1 关闭。

2. 在编程仿真软件的 A3 界面中写出可以实现以下控制要求的程序并上机运行调试。

要求：对皮带机进行自动输送控制，点动 PB2，输送带运行，机器人供料；部件到达 X0 处，输送带停止机械臂推料；以后自动循环供料、推料；点动 PB1，停止工作。

# 项目三

# 学习 PLC 应用指令

## 任务一　设计与调试交通信号灯控制程序

### 📖 学习目标

1. 了解 PLC 的定时器的分类及编号。
2. 掌握 PLC 的定时器使用规则。
3. 会用 PLC 定时器设计与调试交通信号灯控制程序。

### 💡 建议学时

**4** 学时：理论 **2** 学时，实训 **2** 学时

### ✏️ 学习任务

本次学习工作任务是利用三菱 PLC 仿真软件（FX-TRN-BEG-C）开展的，在仿真软件"D：初级挑战"项目的"D-3.交通灯的时间控制"界面完成交通信号灯控制程序的设计和调试。交通信号灯系统有红（Y0）、黄（Y1）、绿（Y2）3 盏信号灯。按下启动按钮 PB2（X21），红灯亮 5s 后熄灭绿灯亮，绿灯亮 5s 后熄灭黄灯亮，黄灯亮 5s 后红灯再亮，3 盏灯循环点亮。按下停止按钮 PB1（X20），3 盏灯熄灭，系统停止工作。交通信号灯控制仿真界面如图 3-1-1 所示。

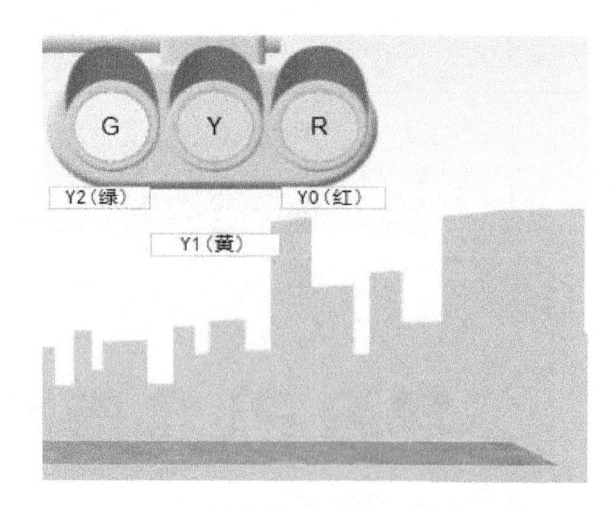

图 3-1-1 交通信号灯控制仿真界面

## 知识准备

### 一、定时器（T）

PLC 的定时器是一种具有延时控制功能的软元件，它能通过对一定周期的时钟脉冲进行累计，从而达到定时控制的目的。

### 二、定时器的类型

定时器的定时时间由设定值和脉冲周期的乘积来确定，其设定值可用常数 K（直接设定）或数据寄存器 D 的寄存值（间接设定）来设置，其设定范围为 1～32 767。按累计脉冲的周期来分，定时器可分为 100ms、10ms 和 1ms 三种类型；按累计方式的不同，定时器又可分为通用定时器和积算定时器两种类型，其中积算定时器具有断电保持功能。定时器的类型如表 3-1-1 所示。

表 3-1-1 定时器的类型

| 定时器 | 编号范围 | 总点数 | 定时精度 | 定时范围 |
| --- | --- | --- | --- | --- |
| 通用定时器 | T0～T199 | 200 | 100ms | 0.1～3276.7s |
|  | T200～T245 | 46 | 10ms | 0.01～327.67s |
| 积算定时器 | T246～T249 | 4 | 1ms | 0.001～32.676s |
|  | T250～T255 | 6 | 100ms | 0.1～3276.7s |

定时器有三个寄存器，即当前值寄存器、设定值寄存器和输出触点的映像寄存器。当前值寄存器用于存储时钟脉冲的累计当前值。设定值寄存器用于存储时钟脉冲个数的设定值。输出触点的映像寄存器用于存储定时状态，供其触点读取用。这三个寄存器使用同地址编号，由"T"和十进制数共同组成，因此可以说定时器是一个身兼位元件和字元件双重身份的软元

件，它的常开、常闭触点是位元件，而它的定时设定值是一个字元件。

### 三、定时器的使用方法

1. 通用定时器

以定时器 T1 为例，对通用定时器的使用方法进行说明。定时器 T1 的梯形图如图 3-1-2 所示。

（1）X001 接通时，定时器 T1 线圈得电，定时器开始计时，T1 的当前值计数器就对 100ms 的时钟脉冲进行个数累计。当累计值等于设定值 K100 时，定时器 T1 的输出触点动作，即输出触点是在线圈驱动 10s 后动作。

（2）在任意时刻，如果定时器 T1 线圈断电或 X001 断开，定时器 T1 将立即复位，累计值清零、输出触点复位。

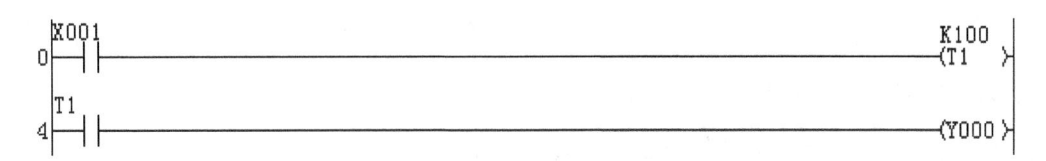

图 3-1-2　定时器 T1 的梯形图

2. 积算定时器

以定时器 T246 为例，对积算定时器的使用方法进行说明。定时器 T246 的梯形图如图 3-1-3 所示。

（1）当 X001 接通时，定时器 T246 线圈得电，定时器开始计时，T246 的当前值计数器就对 1ms 的时钟脉冲进行个数累计。当累计值等于设定值 K10 时，定时器 T246 的输出触点动作，即输出触点是在线圈驱动 10s 后动作。

（2）在任意时刻，如果定时器 T246 线圈断电或 X001 断开，定时器不会复位，累计值会一直保持当前值，同时输出触点的状态也会一直保持，当再次来电或 X001 重新接通后，T246 的当前值计数器在原有累计值的基础上继续累计，直至达到设定值 K10。

（3）只有当复位输入 X002 为 ON 并执行 T246 的 RST 指令时，定时器才会被复位，累计值清零、输出触点复位。

图 3-1-3　定时器 T246 的梯形图

## 任务实施

**步骤 1：任务分析。**

此次任务是设计交通信号灯控制程序，通过对定时器的运用实现以下控制。

（1）红灯点亮：X21 闭合，Y0 吸合并自锁，红灯点亮，T0 同步开始计时，计时到 5s 吸合。

（2）绿灯点亮：T0 常开触点闭合，Y2 吸合并自锁，绿灯点亮，T1 同步开始计时，计时到 5s 吸合。

（3）黄灯点亮：T1 常开触点闭合，Y1 吸合并自锁，黄灯点亮。

（4）熄灯控制：点动 PB1，X20 分断，Y0 释放解锁，红灯熄灭，T0 同步释放，T0 常开触点分断，Y2 释放解锁，绿灯熄灭，T1 同步释放，T1 常开触点分断，Y1 释放解锁，黄灯熄灭。

**步骤 2：列出 I/O 分配表。**

交通信号灯控制 I/O 分配端口如表 3-1-2 所示。

表 3-1-2　交通信号灯控制 I/O 分配端口

| 输入部分 || 输出部分 ||
|---|---|---|---|
| 输入元件 | PLC 编程元件 | 输出元件 | PLC 编程元件 |
| 启动 | X021 | 红灯 | Y000 |
| 停止 | X020 | 黄灯 | Y001 |
|  |  | 绿灯 | Y002 |

**步骤 3：绘制 PLC 的外部接线图。**

根据控制要求绘制交通信号灯 PLC 外部接线图，如图 3-1-4 所示。

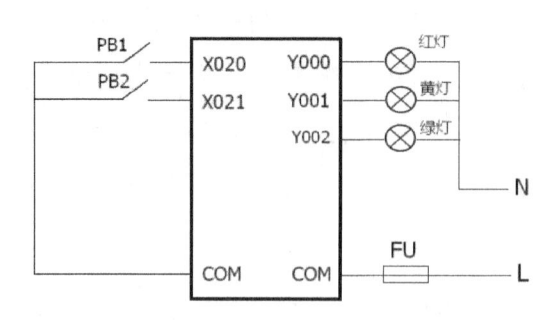

图 3-1-4　交通信号灯 PLC 外部接线图

**步骤 4：设计 PLC 梯形图。**

交通信号灯控制梯形图及指令表如图 3-1-5 所示。

(a) 梯形图            (b) 指令表

图 3-1-5　交通信号灯控制梯形图及指令表

### 步骤 5：上机实操。

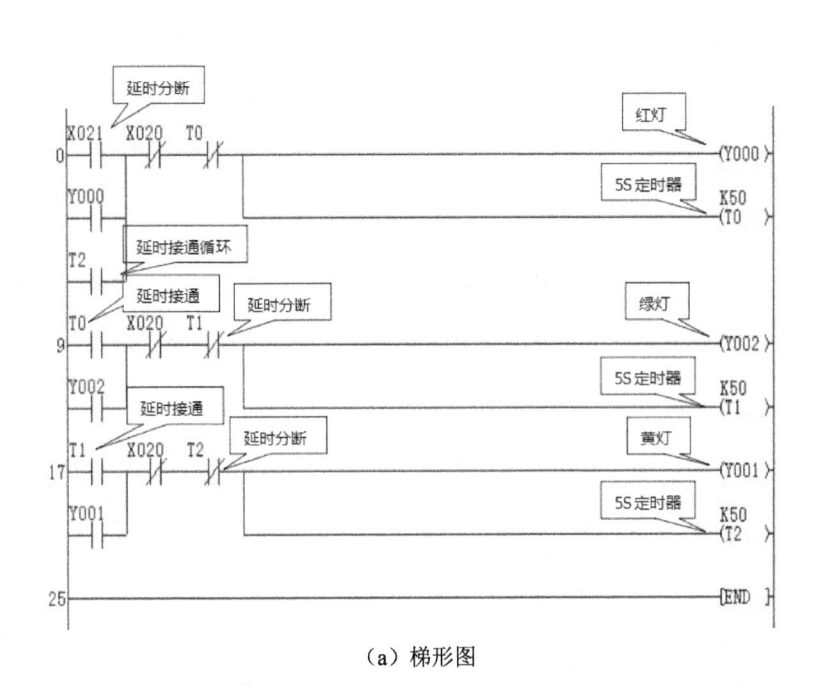

（1）启动 FX-TRN-BEG-C 仿真软件，进入仿真软件首页。

（2）在仿真软件首页，单击练习项目"D：初级挑战"，如图 3-1-6 所示。

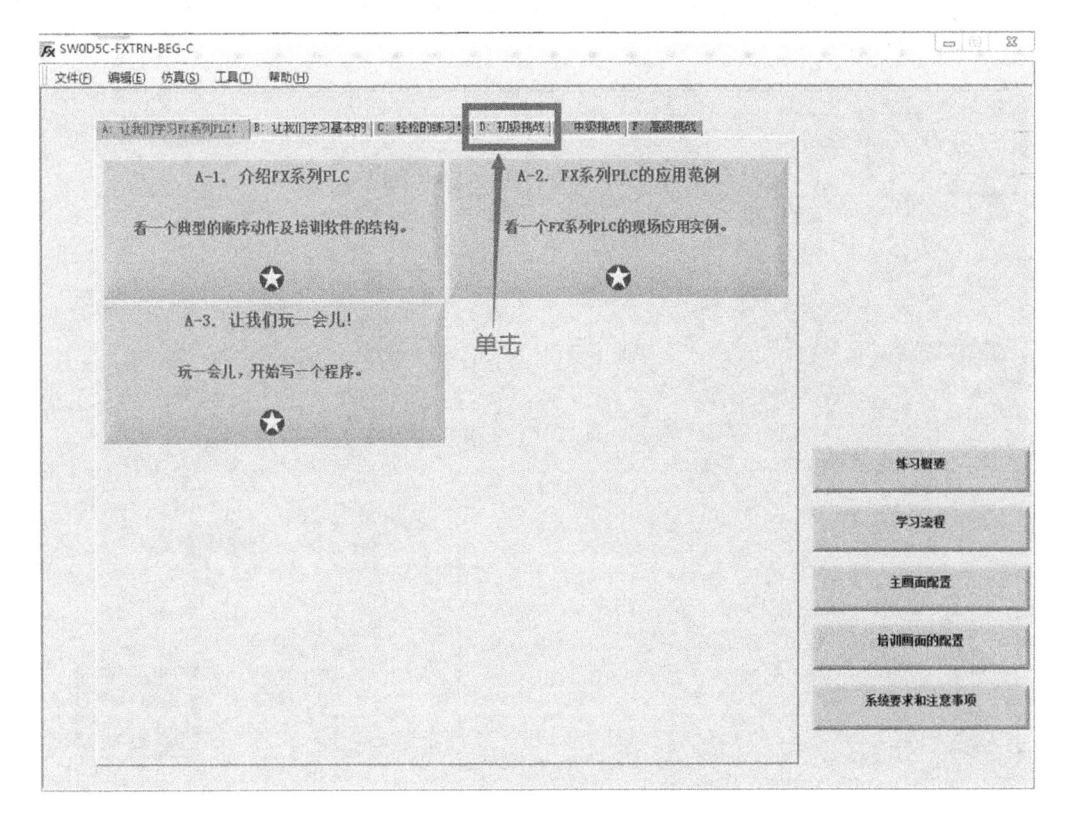

图 3-1-6　单击练习项目"D：初级挑战"

（3）在"D：初级挑战"界面中单击"D-3.交通灯的时间控制"，如图3-1-7所示。

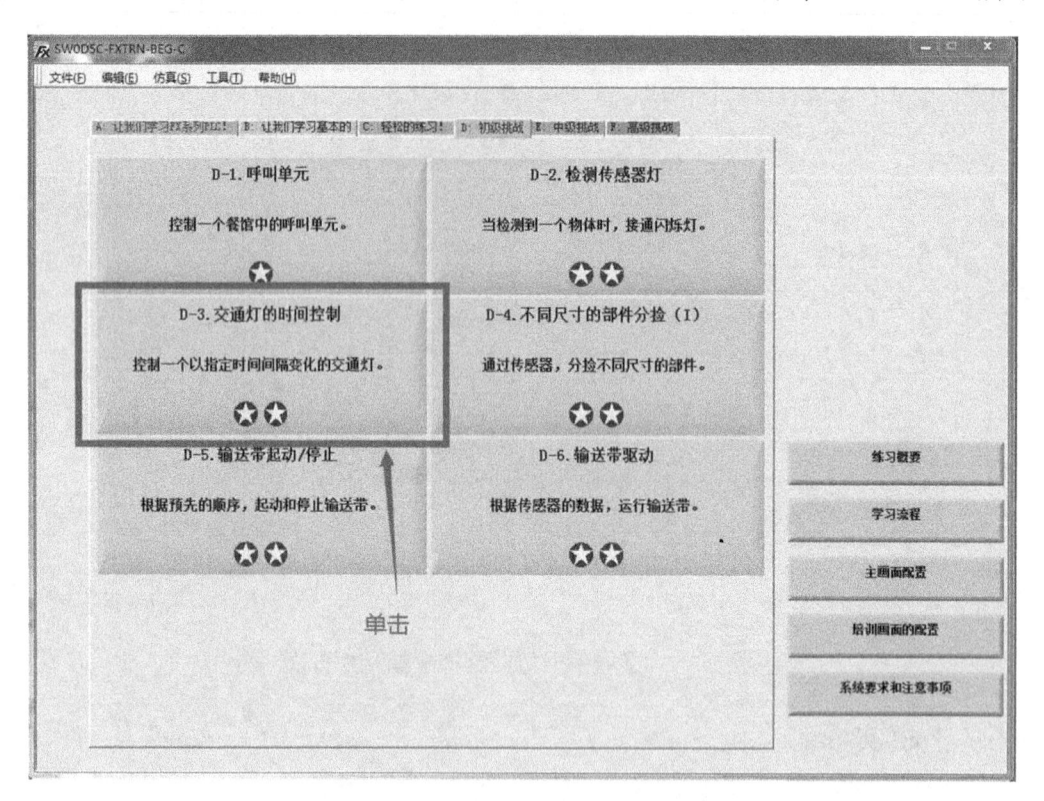

图3-1-7　单击"D-3.交通灯的时间控制"

（4）进入"D-3.交通灯的时间控制"仿真编程界面，如图3-1-8所示。

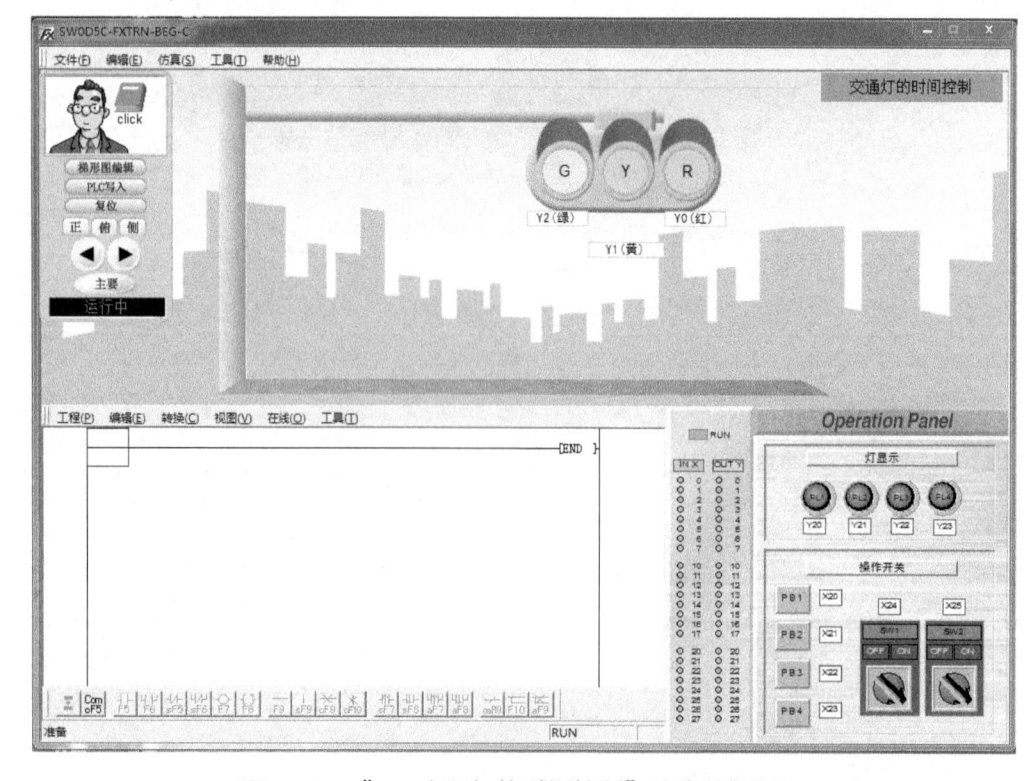

图3-1-8　"D-3.交通灯的时间控制"仿真编程界面

（5）在"D-3.交通灯的时间控制"仿真编程界面单击"梯形图编辑"按钮，进入编程状态，如图3-1-9所示。

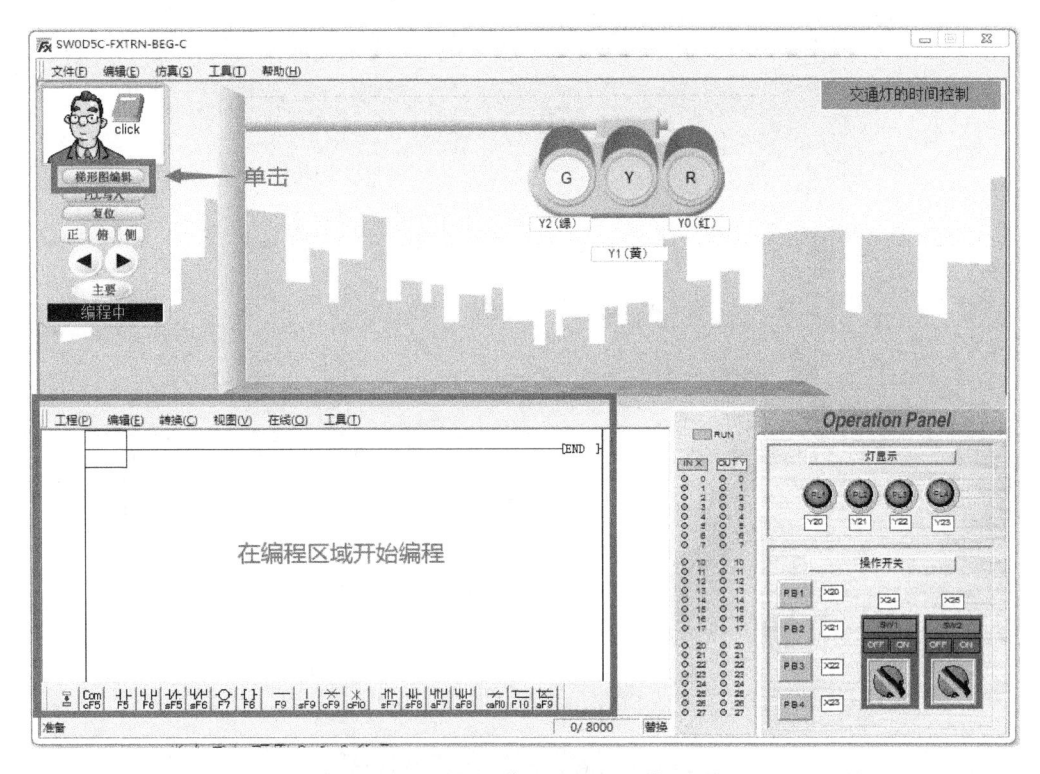

图3-1-9　单击"梯形图编辑"按钮

（6）在"编程区域"输入交通灯的时间控制梯形图，单击菜单栏中的"转换（C） F4"，对输入的梯形图进行转换，如图3-1-10所示。

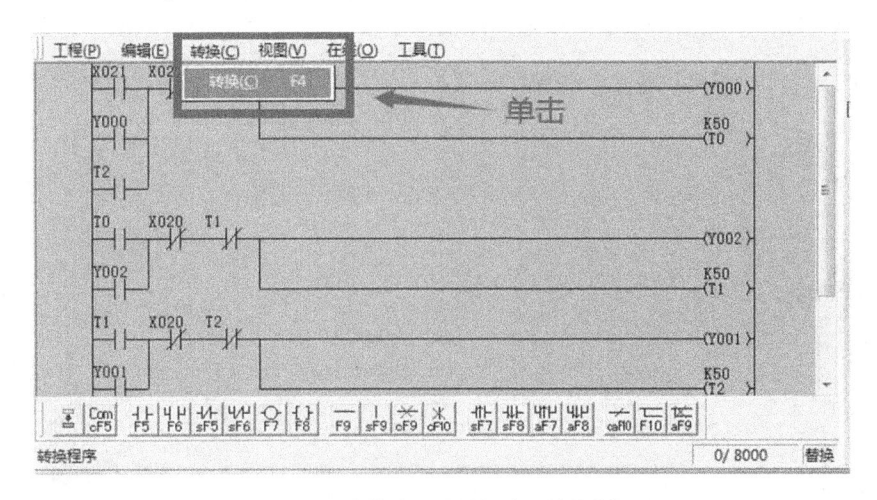

图3-1-10　转换交通灯的时间控制梯形图

（7）如果程序转换出现错误，软件则会弹出一个"梯形图工具"错误提示窗口，如图3-1-11所示。

（8）修改程序中所有错误后，再次进行转换，修改并完成转换的梯形图如图3-1-12所示。

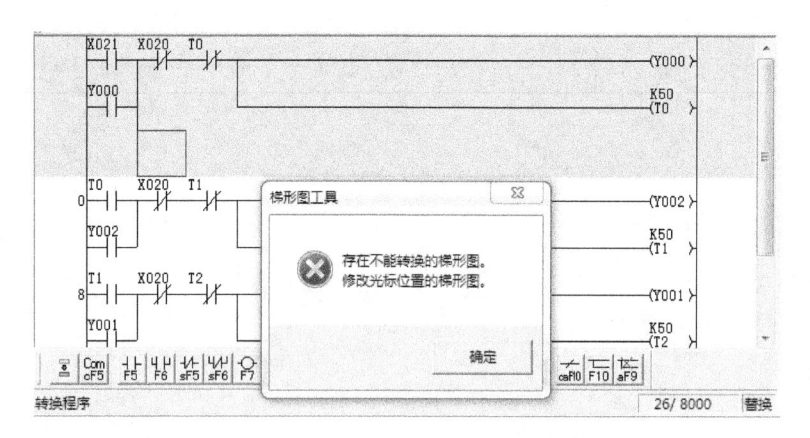

图 3-1-11 错误提示窗口

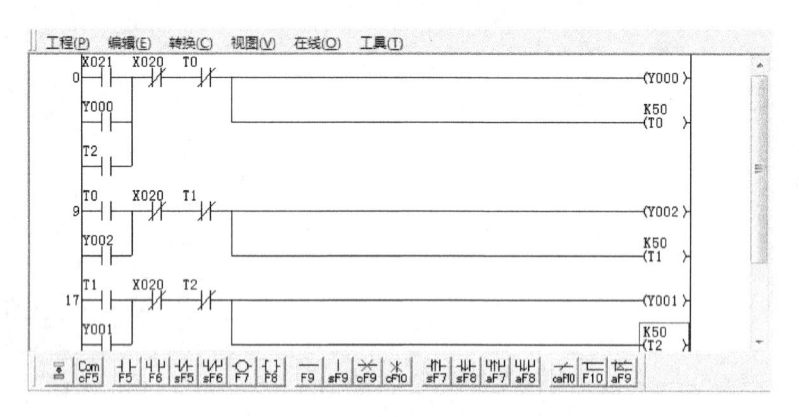

图 3-1-12 修改并完成转换的梯形图

（9）把完成转换的程序写入仿真 PLC，单击"PLC 写入"按钮，如图 3-1-13 所示；程序写入中，如图 3-1-14 所示；程序写入完成，如图 3-1-15 所示。

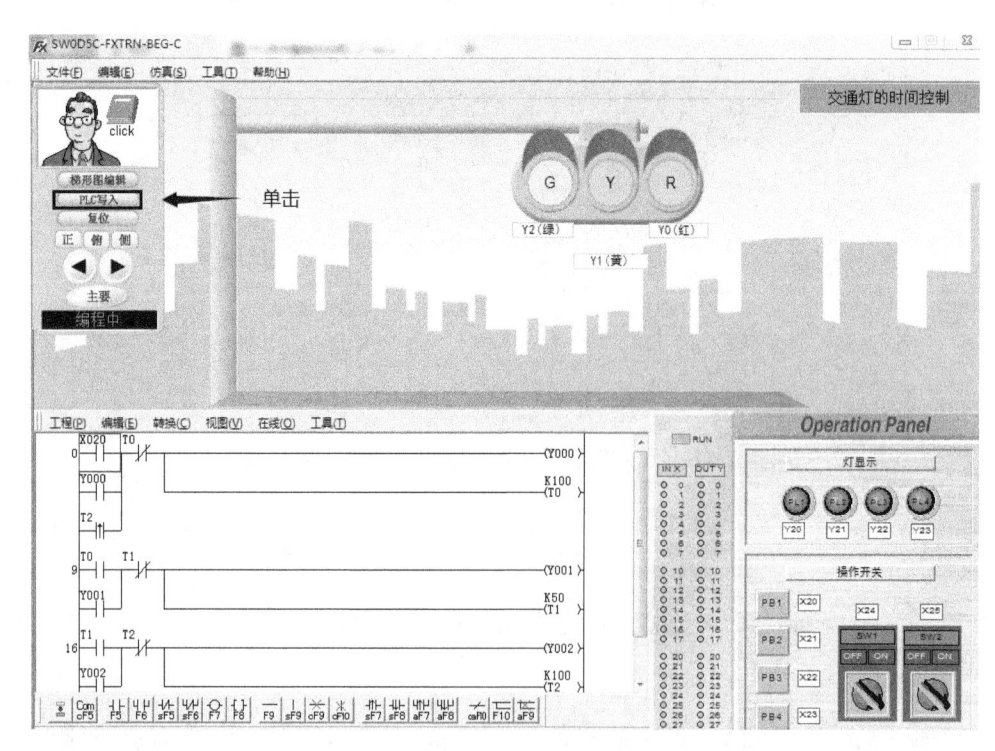

图 3-1-13 单击"PLC 写入"按钮

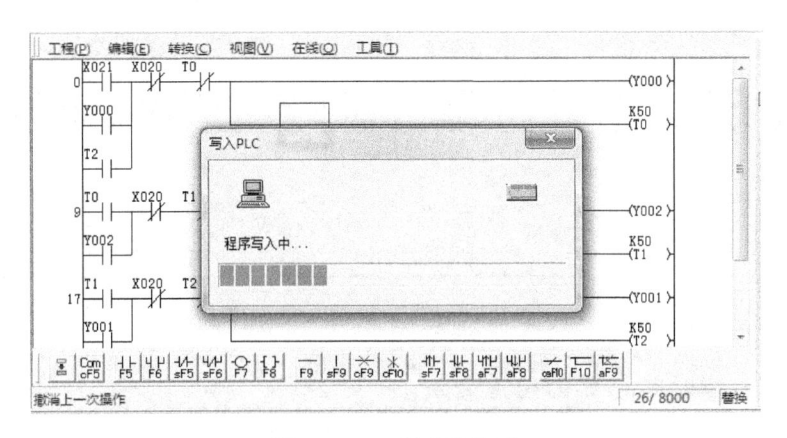

图 3-1-14 程序写入中

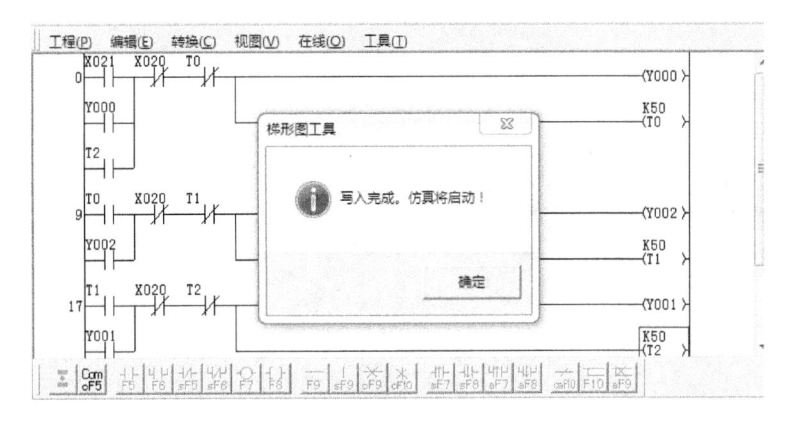

图 3-1-15 程序写入完成

（10）PLC 程序仿真运行界面如图 3-1-16 所示。

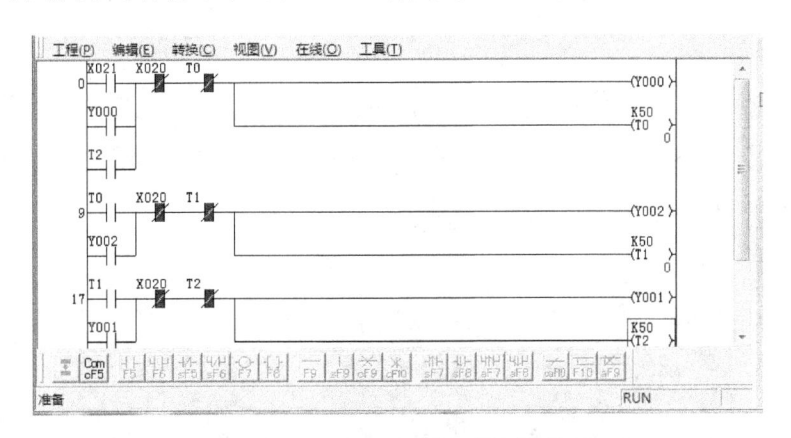

图 3-1-16 PLC 程序仿真运行界面

### 步骤 6：运行、调试程序。

（1）按下启动按钮 PB2（X021），交通信号灯的红灯（Y000）亮 5s 后熄灭。

（2）交通信号灯的红灯熄灭后，绿灯（Y001）点亮 5s 后熄灭。

（3）交通信号灯的绿灯熄灭后，黄灯（Y002）点亮 5s 后熄灭。

（4）交通信号灯的黄灯熄灭后，循环执行（1）、（2）、（3）步骤。

（5）按下停止按钮 PB1（X020），3 个灯都熄灭。

# 任务二  设计与调试车库自动门控制程序

## 学习目标

1. 认识 PLC 的辅助继电器分类及编号。
2. 掌握 PLC 的辅助继电器的使用方法。
3. 会用 PLC 的辅助继电器设计与调试车库自动门控制程序。

## 建议学时

**4** 学时：理论 **1** 学时，实训 **3** 学时

## 学习任务

本次学习任务是利用三菱 PLC 仿真软件（FX-TRN-BEG-C）开展的，在仿真软件"F：高级挑战"项目的"F-1.自动门控制"界面完成车库自动门控制程序的设计和调试。当车库入口处检测到有车辆进入，车库大门将自动升起，大门升至最高点时自动停止。车辆驶离出口后，大门自动下降，大门降至最低点时自动停止，在大门升降过程中均有对应的指示灯点亮。如果车辆进入禁止停留区域（X2~X3 检测区域）10s 内未能离开，蜂鸣器则发出报警音催促车辆离开。车库自动门控制仿真界面如图 3-2-1 所示。

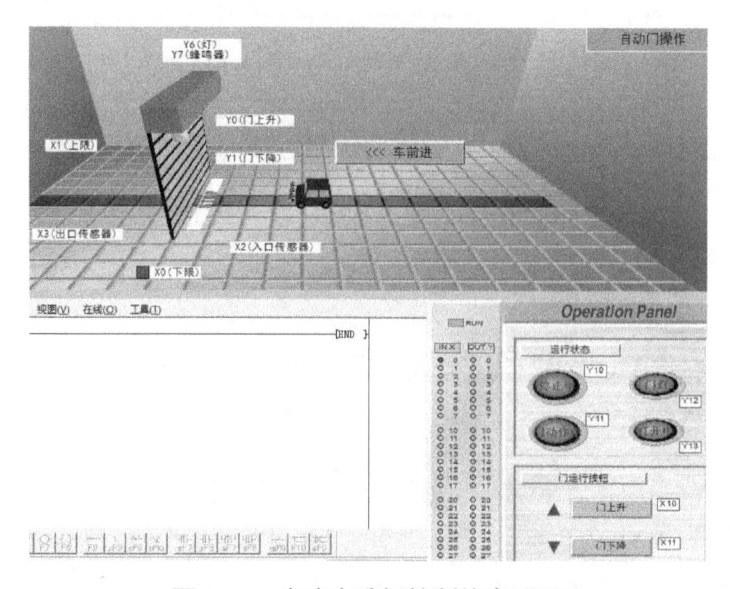

图 3-2-1  车库自动门控制仿真界面

## 知识准备

### 一、辅助继电器

PLC 的辅助继电器（M）是 PLC 中数量最多的一种继电器，一般的辅助继电器与继电器控制系统中的中间继电器相似。

辅助继电器不能直接驱动外部负载，负载只能由输出继电器的外部触点驱动。辅助继电器的常开与常闭触点在 PLC 内部编程时可无限次使用。

辅助继电器采用 M 与十进制数共同组成编号。

### 二、辅助继电器的分类

1. 通用辅助继电器（M0~M499）

FX3U 系列共有 500 点通用辅助继电器。通用辅助继电器在 PLC 运行时，如果电源突然断电，则全部线圈均为 OFF。当电源再次接通时，除了因外部输入信号而变为 ON 的，其余的仍将保持 OFF 状态，它们没有断电保护功能。

根据需要可通过程序设定，将 M0~M499 变为断电保持辅助继电器。

2. 断电保持辅助继电器（M500~M3071）

FX3U 系列有 M500~M3071 共 2 572 个断电保持辅助继电器。它与普通辅助继电器的不同是其具有断电保护功能，即能记忆电源中断瞬时的状态，并在重新通电后再现其状态。它之所以能在电源断电时保持其原有的状态，是因为电源中断时它可以用 PLC 中的锂电池保持它们映像寄存器中的内容。其中，M500~M1023 可由软件将其设定为通用辅助继电器。

下面通过小车往复运动控制来说明断电保持辅助继电器的应用，如图 3-2-2 所示。

小车的正反向运动中，用 M600、M601 控制输出继电器驱动小车运动。X1、X0 为限位输入信号。运行的过程是 X0=ON→M600=ON→Y0=ON→小车右行→停电→小车中途停止→上电（M600=ON→Y0=ON）再右行→X1=ON→M600=OFF、M601=ON→Y1=ON（左行）。

由此可见，由于 M600 和 M601 具有断电保持功能，所以在小车中途因停电停止后，一旦电源恢复，M600 或 M601 仍

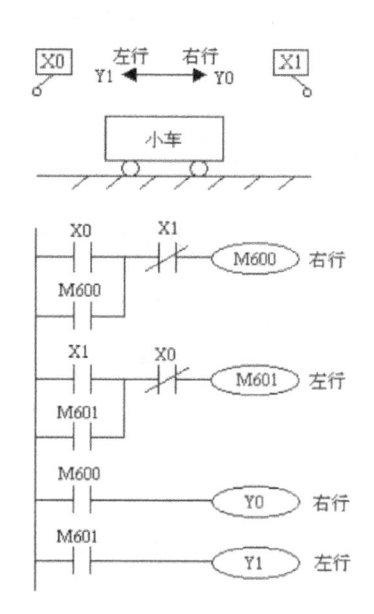

图 3-2-2 小车往复运动控制

记忆原来的状态，将由它们控制相应输出继电器，小车继续原方向运动。若不用断电保护辅助继电器，当小车中途断电后，即使再次得电小车也不能运动。

3. 特殊辅助继电器

PLC 内有大量的特殊辅助继电器，它们都有各自的特殊功能。FX3U 系列中有 256 个特殊辅助继电器，可分成触点型和线圈型两大类。

1）触点型

其线圈由 PLC 自动驱动，用户只可使用其触点。例如：

（1）M8000，即运行监视器（在 PLC 运行中接通），M8001 与 M8000 逻辑相反；

（2）M8002，即初始脉冲（仅在运行开始时瞬间接通），M8003 与 M8002 逻辑相反。

M8011、M8012、M8013 和 M8014 分别是产生 10ms、100ms、1s 和 1min 时钟脉冲的特殊辅助继电器。

M8000、M8002、M8012 的波形图如图 3-2-3 所示。

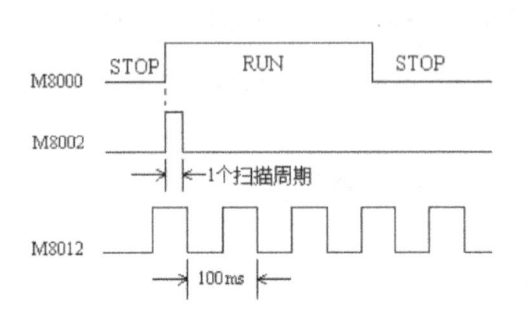

图 3-2-3　M8000、M8002、M8012 的波形图

2）线圈型

由用户程序驱动线圈后 PLC 执行特定的动作。例如：

（1）M8033，若使其线圈得电，则 PLC 停止时保持输出映象存储器和数据寄存器内容；

（2）M8034，若使其线圈得电，则将 PLC 的输出全部禁止；

（3）M8039，若使其线圈得电，则 PLC 按 M8039 中指定的扫描时间工作。

## 任务实施

**步骤 1：任务分析。**

此次任务是设计车库自动门程序，利用 PLC 的辅助继电器实现以下控制。

（1）大门关闭在最低点待机时，"停止中"指示灯亮灯。

（2）车辆行驶进入"入口传感器 X2"感应范围，大门自动升起，"停止中"指示灯灭灯，"动作中"指示灯亮灯。

（3）大门升至最高点，自动停止，"动作中"指示灯灭灯，"打开中"指示灯亮灯。

（4）车辆行驶离开"出口传感器 X3"感应范围，大门自动下降，"打开中"指示灯灭灯，"动作中"指示灯亮灯。

（5）大门降至最低点，自动停止，"动作中"指示灯灭灯，"停止中"指示灯亮灯。

（6）大门升降动作中和升起后，门灯及门灯指示灯亮灯。

（7）如果车辆进入X2后，10s内没能离开X3，系统则发出催促离开蜂鸣音。

（8）可以手动升降大门。

### 步骤2：列出I/O分配表。

车库自动门I/O分配端口如表3-2-1所示。

表3-2-1　车库自动门I/O分配端口

| 输入部分 | | 输出部分 | |
|---|---|---|---|
| 输入元件 | PLC编程元件 | 输出元件 | PLC编程元件 |
| 下限位传感器 | X000 | 门上升 | Y000 |
| 上限位传感器 | X001 | 门下降 | Y001 |
| 入口传感器 | X002 | 门灯 | Y006 |
| 出口传感器 | X003 | 蜂鸣器 | Y007 |
|  |  | 停止中 | Y010 |
|  |  | 动作中 | Y011 |
|  |  | 门灯指示 | Y012 |
|  |  | 打开中 | Y013 |

### 步骤3：绘制PLC的外部接线图。

根据控制要求绘制车库自动门PLC外部接线图，如图3-2-4所示。

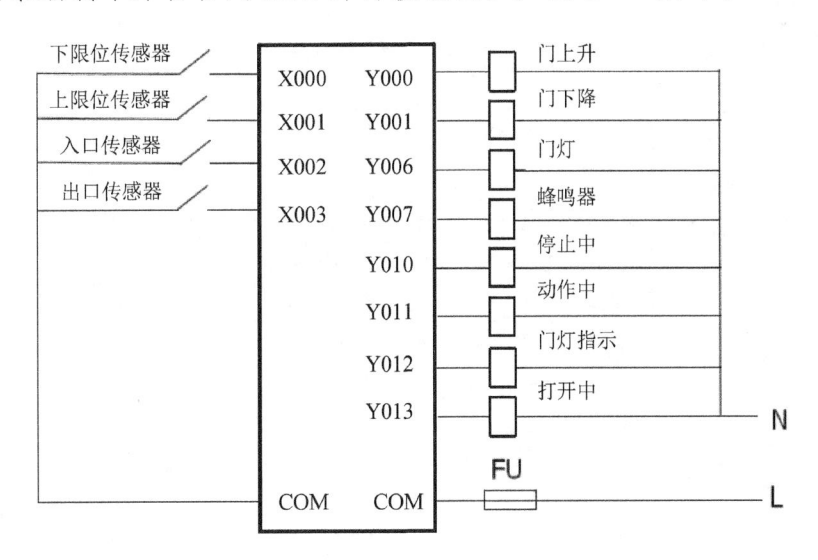

图3-2-4　车库自动门PLC外部接线图

### 步骤4：设计PLC梯形图程序。

车库自动门梯形图及指令表如图3-2-5所示。

(a)梯形图    (b)指令表

**图 3-2-5  车库自动门梯形图及指令表**

## 步骤 5：上机实操。

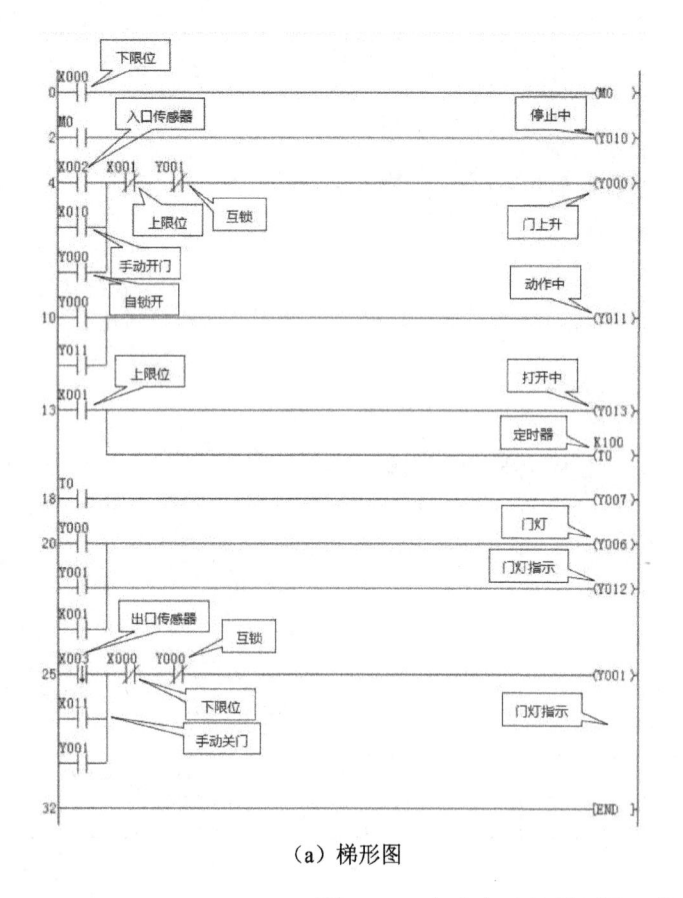

（1）启动 FX-TRN-BEG-C 仿真软件，进入仿真软件首页。

（2）在仿真软件首页，单击练习项目"F：高级挑战"，如图 3-2-6 所示。

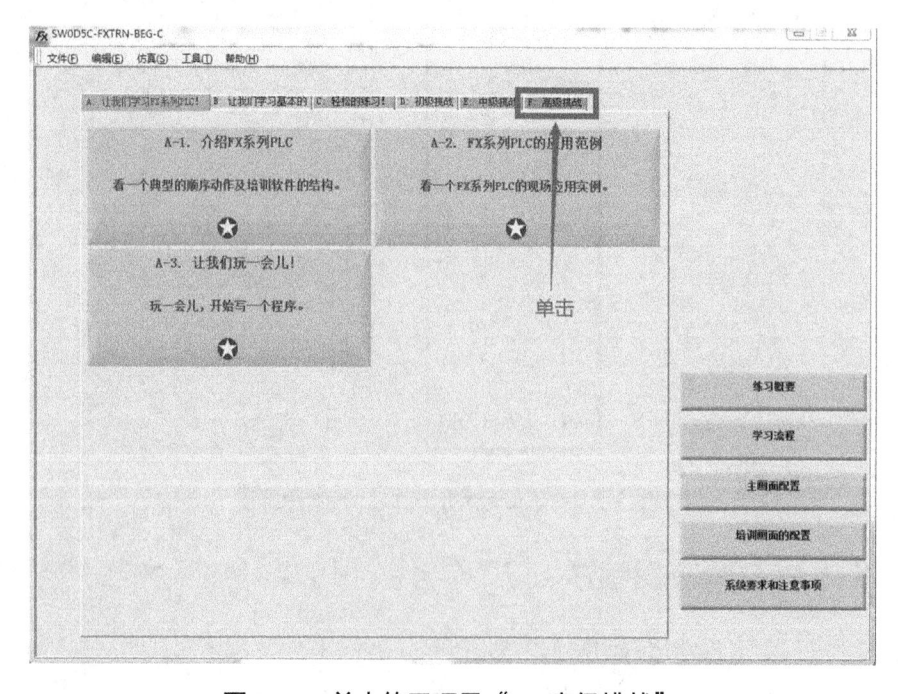

**图 3-2-6  单击练习项目"F：高级挑战"**

（3）在"F：高级挑战"界面中单击"F-1.自动门操作"，如图3-2-7所示。

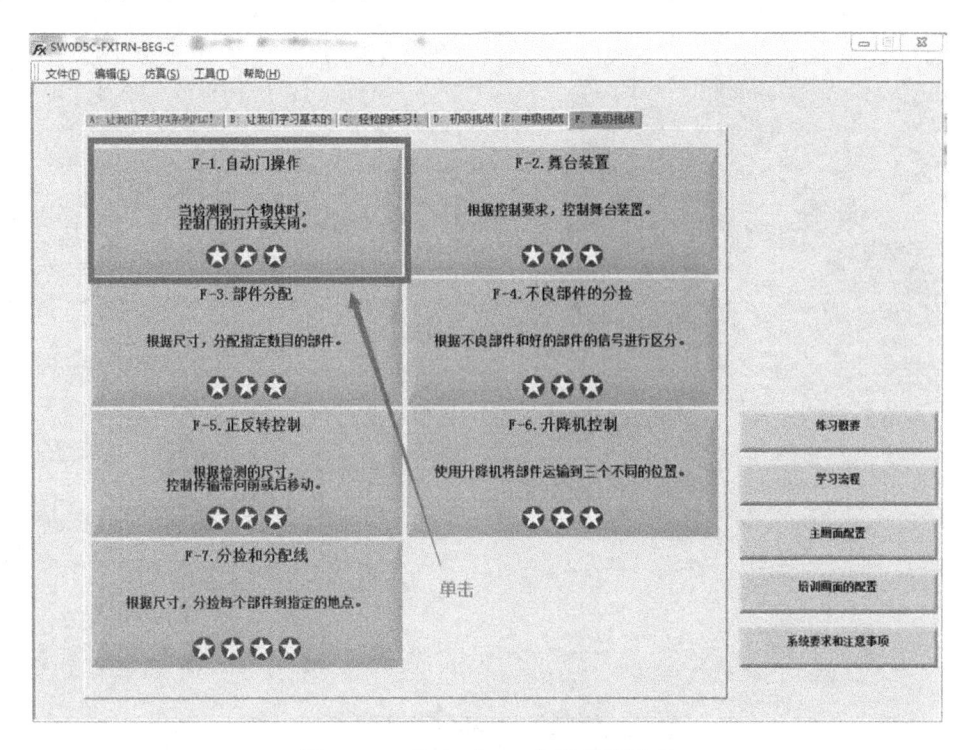

**图3-2-7　单击"F-1.自动门操作"**

（4）"F-1.自动门操作"仿真编程界面如图3-2-8所示。

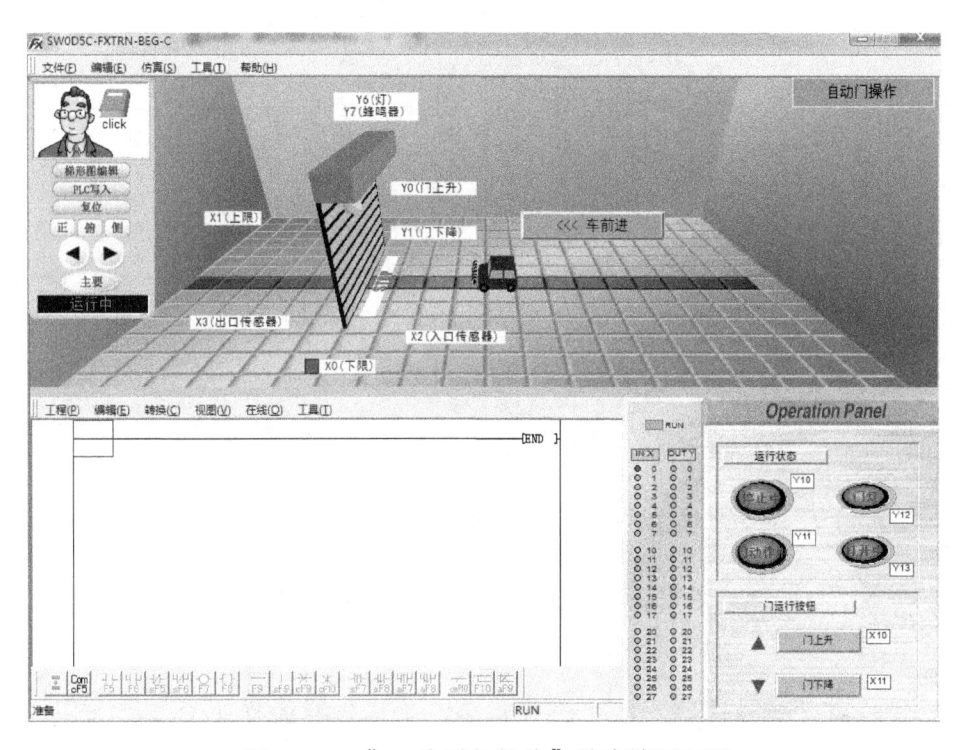

**图3-2-8　"F-1.自动门操作"仿真编程界面**

（5）在"F-1.自动门操作"仿真编程界面中单击"梯形图编辑"按钮，进入编程状态，如图3-2-9所示。

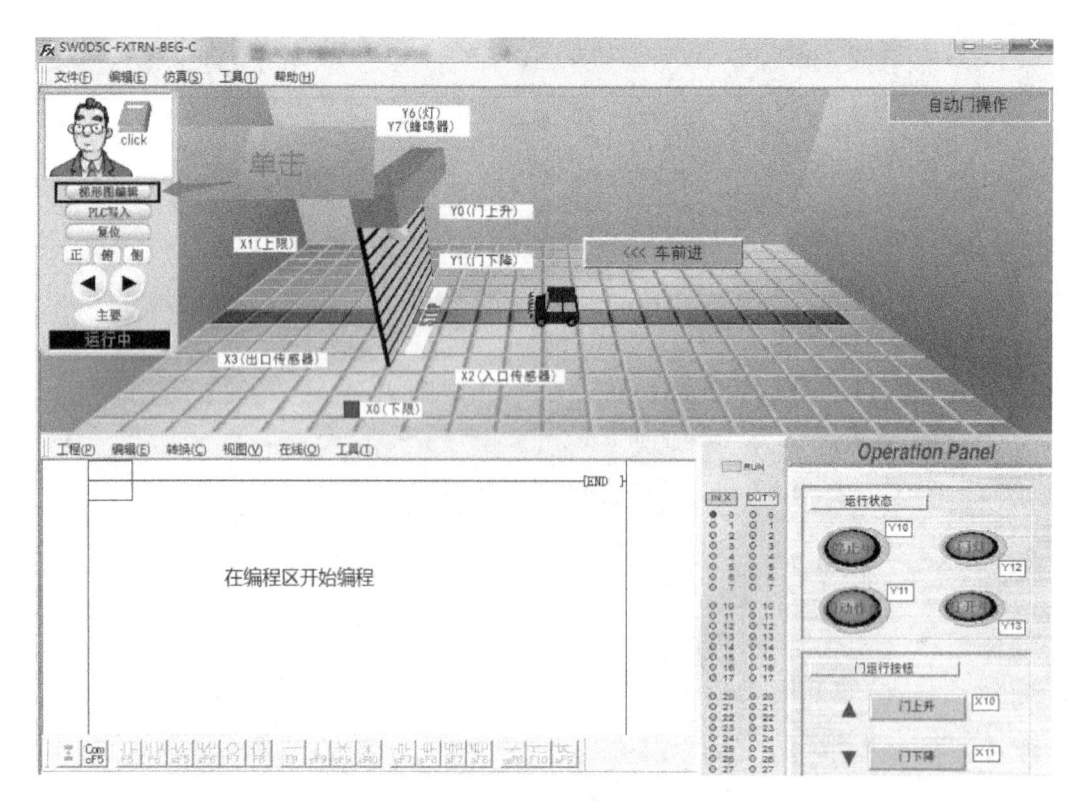

图 3-2-9 单击"梯形图编辑"按钮

（6）在"编程区域"输入自动门操作梯形图，单击菜单栏中的"转换（C） F4"，对输入的梯形图进行转换，如图 3-2-10 所示。

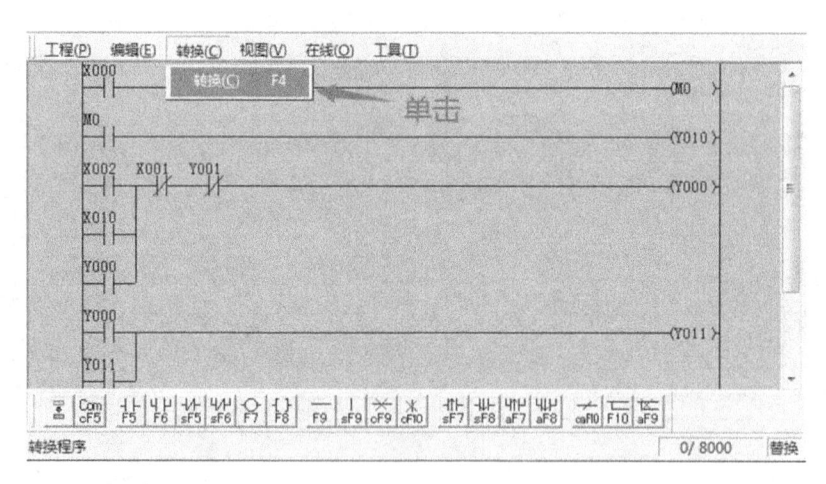

图 3-2-10 转换"自动门操作"梯形图

（7）如果程序转换时发现错误，软件会弹出一个"梯形图工具"错误提示窗口，如图 3-2-11 所示。

（8）修改程序中所有错误后，再次进行转换，完成转换的程序窗口，如图 3-2-12 所示。

（9）把完成转换的程序写入仿真 PLC，单击"PLC 写入"按钮，如图 3-2-13 所示；程序写入中，如图 3-2-14 所示；程序写入完成，如图 3-2-15 所示。

项目三 学习 PLC 应用指令

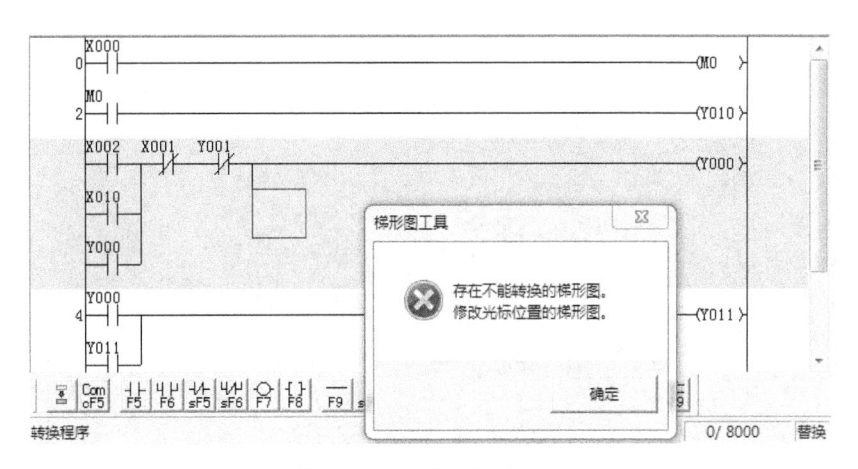

图 3-2-11 错误提示窗口

图 3-2-12 完成转换的程序窗口

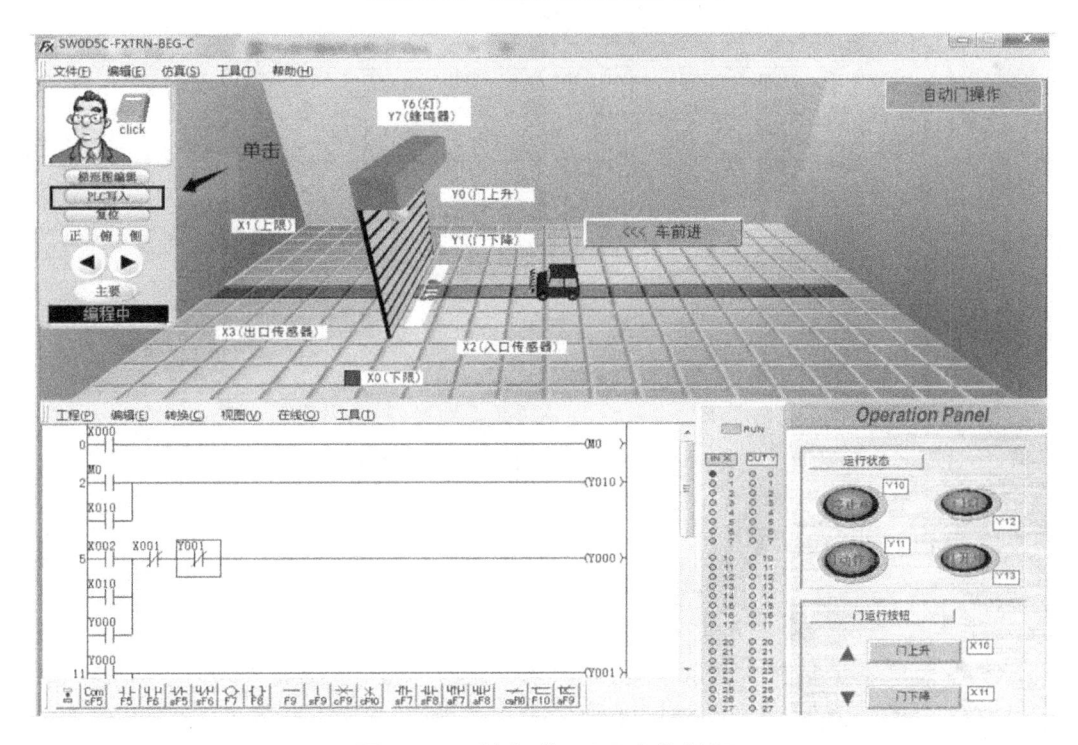

图 3-2-13 单击"PLC 写入"按钮

093

图 3-2-14 程序写入中

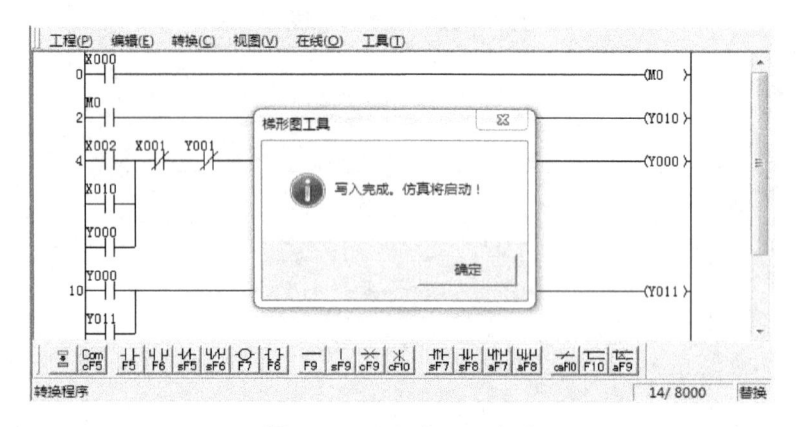

图 3-2-15 程序写入完成

（10）PLC 程序仿真运行界面如图 3-2-16 所示。

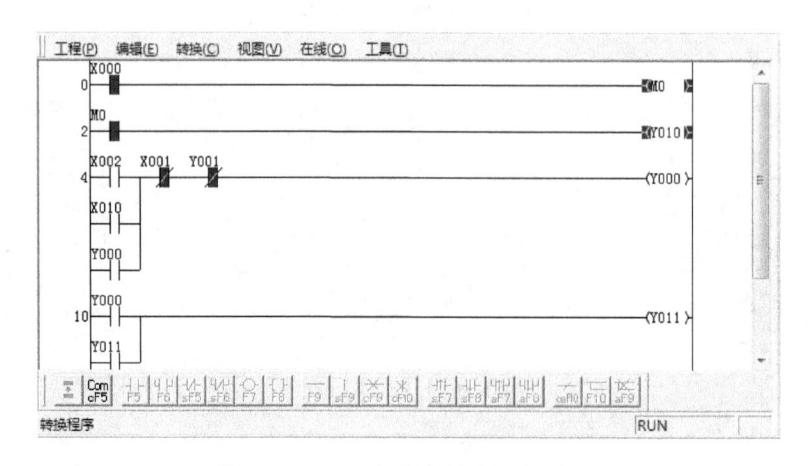

图 3-2-16 PLC 程序仿真运行界面

### 步骤 6：运行、调试程序。

（1）"停止中"指示灯亮灯。

由下限传感器 X000 的常开触点控制，只要大门是关闭状态，X000 常开触点就会闭合，驱动 Y010 吸合，"停止中"指示灯亮灯。

（2）大门上升。

车辆进入入口传感器感应范围，或者手动上升大门，X002 或 X010 常开触点闭合，驱动

Y000并自锁，大门升起。此时下限传感器X000的常开触点分断，Y010释放，"停止中"指示灯灭灯。

（3）"动作中"指示灯亮灯。

由Y000常开触点与Y001常开触点并联，驱动Y011，这样不论是大门上升Y000吸合，还是大门下降Y001吸合，"动作中"指示灯都会亮灯。

（4）大门开启后停止上升。

大门开启后，上限传感器X001的常闭触点分断，Y000释放解锁，停止上升。Y000常开触点分断，Y011释放，"动作中"指示灯灭灯。

（5）"打开中"指示灯亮灯和延时催促。

大门升起后，上限传感器X001的常开触点闭合，驱动Y013，"打开中"指示灯亮灯。同步驱动10s定时器"T0 K100"，如果10s内大门没有下降，T0计时时间到吸合，其常开触点闭合，驱动Y007，发出催促音。

（6）门灯和门灯指示灯亮灯。

由Y000常开触点、Y001常开触点、X001常开触点并联，驱动Y006和Y012，这样不论是大门上升Y000吸合，还是大门下降Y001吸合，或是大门升至最高点X001吸合，门灯和门灯指示灯都会亮灯。

（7）大门下降。

车辆离开出口传感器，或者手动下降大门，X003下降沿触点或X010常开触点闭合，驱动Y001并自锁，大门下降。此时上限传感器X001的常开触点分断，Y013释放，"打开中"指示灯灭灯，T0终止计时。

（8）大门关闭停止。

大门关闭后，下限传感器X000的常闭触点分断，Y001释放解锁，停止下降。Y001常开触点分断，Y011释放，"动作中"指示灯灭灯。下限传感器X000的常开触点闭合，驱动Y010吸合，"停止中"指示灯亮灯。

## 任务三　设计与调试计数循环控制程序

### 学习目标

1. 认识PLC的计数器分类及编号。
2. 掌握PLC的计数器使用方法。
3. 会用PLC的计数器指令设计与调试计数循环控制程序。

## PLC技术基础及应用

### 💡 建议学时

**4** 学时：理论 **2** 学时，实训 **2** 学时

### 📝 学习任务

本次学习任务是利用三菱 PLC 仿真软件（FX-TRN-BEG-C）开展的，在仿真软件"D：初级挑战"项目的"D-5.输送带启动/停止"界面完成计数循环控制程序的设计和调试。点动 PB2（X21），设备开始运行，绿灯亮，机器人供料，输送带向右送料，工件经过右端光电传感器时，黄灯亮，蜂鸣器响，自动重复供料送料，当运料达到 5 件后，自动停机。点动 PB1（X20）停机，红灯亮。计数循环控制仿真界面如图 3-3-1 所示。

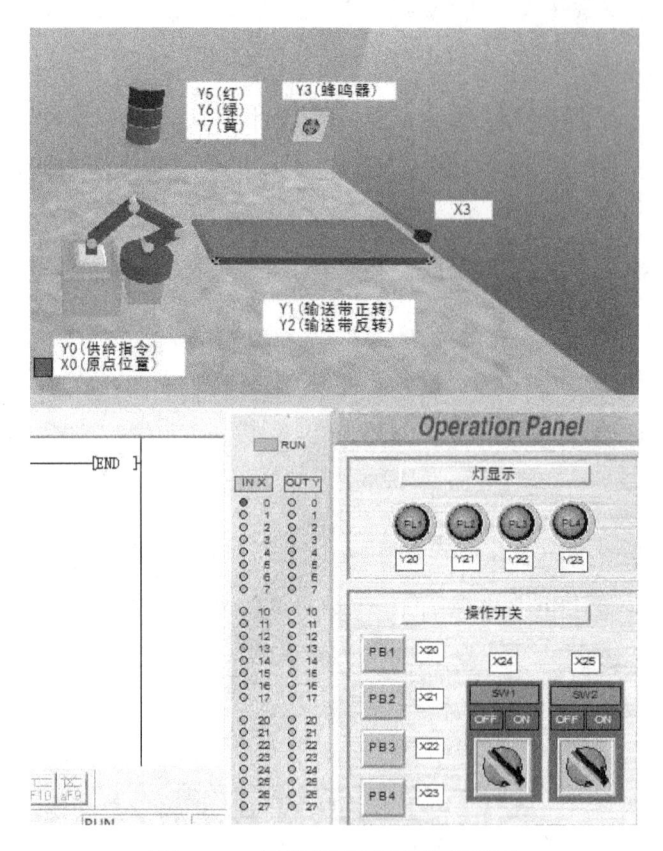

图 3-3-1 计数循环控制仿真界面

### 🔬 知识准备

**一、计数器**

PLC 的计数器（C）用于对软元件触点动作次数或输入脉冲个数进行计数。FX3U 系列计

096

数器分为内部计数器和高速计数器两大类。

## 二、内部计数器

内部计数器是在执行扫描操作时对内部信号（如 X、Y、M、S、T 等）进行计数的计数器。内部输入信号的接通和断开时间应比 PLC 的扫描周期稍长。内部计数器又分为 16 位增计数器和 32 位增/减计数器。

1. 16 位增计数器

16 位增计数器（C0～C199）共 200 点，其中 C0～C99 共 100 点为通用型，C100～C199 共 100 点为断电保持型（断电保持型即断电后能保持当前值待通电后继续计数）。这类计数器为递加计数，应用前先对其设置一设定值，当输入信号（上升沿）个数累加到设定值时，计数器动作，其常开触点闭合、常闭触点断开。计数器的设定值为 1～32 767，设定值除了用常数 K 设定，还可间接通过指定数据寄存器设定。

通用型 16 位增计数器梯形图和时序图分别如图 3-3-2 和图 3-3-3 所示，X010 为复位信号，当 X010 为 ON 时 C0 复位。X011 是计数输入，每当 X011 接通一次则计数器当前值增加 1（注意 X010 断开，计数器不会复位）。当计数器计数当前值为设定值 7 时，计数器 C0 的输出触点动作，Y000 被接通。此后即使输入 X011 再接通，计数器的当前值也保持不变。当复位输入 X010 接通时，执行 RST 复位指令，计数器复位，输出触点也复位，Y000 被断开。

图 3-3-2 通用型 16 位增计数器梯形图

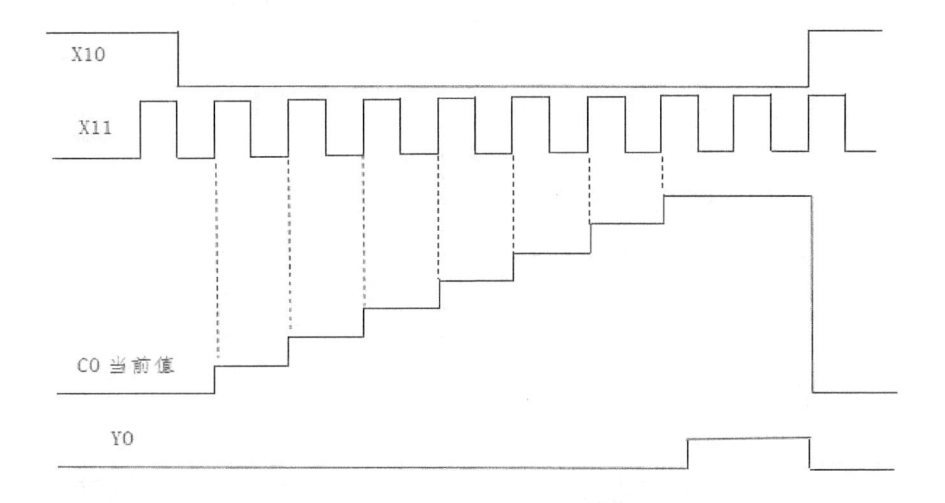

图 3-3-3 通用型 16 位增计数器时序图

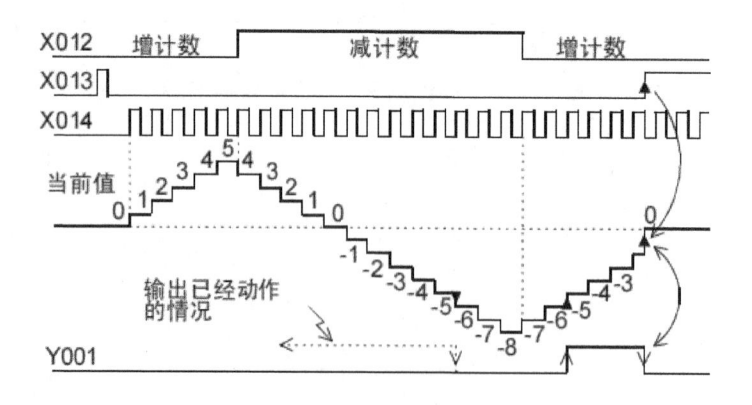

## 2. 32位增/减计数器

32位增/减计数器（C200～C234）共有35点，其中C200～C219共20点为通用型，C220～C234共15点为断电保持型。这类计数器与16位增计数器不但位数不同，而且它能通过控制实现增/减双向计数。设定值范围均为-214 783 648～+214 783 647。

C200～C234是增计数还是减计数，分别由特殊辅助继电器M8200～M8234设定。对应的特殊辅助继电器被置为ON时为减计数，置为OFF时为增计数。

计数器的设定值与16位增计数器一样，可直接用常数K或间接用数据寄存器D的内容作为设定值。在间接设定时，要用编号紧连在一起的两个数据计数器。

32位增/减计数器的梯形图和时序图分别如图3-3-4和图3-3-5所示，X012用来控制M8200，X012闭合时为减计数方式。X014为计数输入，C200的设定值为5（可正、可负）。设C200置为增计数方式（M8200为OFF），当X012计数输入累加由4→5时，计数器的输出触点动作。当前值大于5时计数器仍为ON状态。只有当前值由5→4时，计数器才变为OFF。只要当前值小于4，则输出保持为OFF状态。复位输入X013接通时，计数器的当前值为0，输出触点也随之复位。

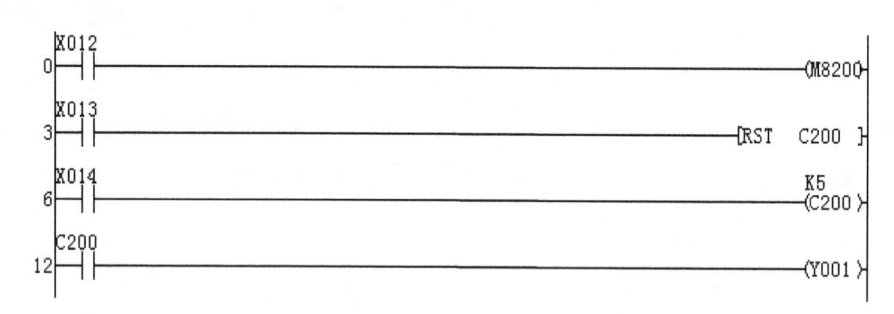

图3-3-4　32位增/减计数器梯形图

图3-3-5　32位增/减计数器时序图

## 三、高速计数器

高速计数器与内部计数器相比不仅允许输入频率高，而且应用也更为灵活，高速计数器均有断电保持功能，通过参数设定也可变成非断电保持。FX3U 有 C235～C255 共 21 点，适合作为高速计数器输入的 PLC 输入端口有 X0～X7。X0～X7 不能重复使用，即某一个输入端已被某个高速计数器占用，它就不能再用于其他高速计数器，也不能作他用。各高速计数器对应的输入端，如表 3-3-1 所示。高速计数器可分为单相单计数输入高速计数器、单相双计数输入高速计数器、双相高速计数器。

表 3-3-1  高速计数器简表

| 计数器 | 输入 | X0 | X1 | X2 | X3 | X4 | X5 | X6 | X7 |
|---|---|---|---|---|---|---|---|---|---|
| 单相单计数输入 | C235 | U/D | | | | | | | |
| | C236 | | U/D | | | | | | |
| | C237 | | | U/D | | | | | |
| | C238 | | | | U/D | | | | |
| | C239 | | | | | U/D | | | |
| | C240 | | | | | | U/D | | |
| | C241 | U/D | R | | | | | | |
| | C242 | | | U/D | R | | | | |
| | C243 | | | | U/D | R | | | |
| | C244 | U/D | R | | | | | S | |
| | C245 | | | U/D | R | | | | S |
| 单相双计数输入 | C246 | U | D | | | | | | |
| | C247 | U | D | R | | | | | |
| | C248 | | | | U | D | R | | |
| | C249 | U | D | R | | | | S | |
| | C250 | | | | U | D | R | | S |
| 双相 | C251 | A | B | | | | | | |
| | C252 | A | B | R | | | | | |
| | C253 | | | | A | B | R | | |
| | C254 | A | B | R | | | | S | |
| | C255 | | | | A | B | R | | S |

表中，U 表示增计数输入，D 为减计数输入，B 表示 B 相输入，A 为 A 相输入，R 为复位输入，S 为启动输入。X6、X7 只能用作启动信号，而不能用作计数信号。

1. 单相单计数输入高速计数器（C235～C245）

其触点动作与 32 位增/减计数器相同，可进行增或减计数（取决于 M8235～M8245 的状态）。

图 3-3-6 所示为无启动/复位端单相单计数输入高速计数器的应用。当 X10 断开，M8235 为 OFF，此时 C235 为增计数方式（反之为减计数）。由 X12 选中 C234，从表 3-3-1 中可知其输入信号来自 X0，C235 对 X0 信号增计数，当前值达到 1 234 时，C235 常开接通，Y0 得电。

X11 为复位信号，当 X11 接通时，C235 复位。

图 3-3-7 所示为带启动/复位端单相单计数输入高速计数器的应用。由表 3-3-1 可知，X1 和 X6 分别为复位输入端和启动输入端。利用 X10 通过 M8244 可设定其增/减计数方式。当 X12 接通，且 X6 也接通时，则开始计数，计数的输入信号来自 X0，C244 的设定值由 D0 和 D1 指定。除了可用 X1 立即复位，也可用梯形图中的 X11 复位。

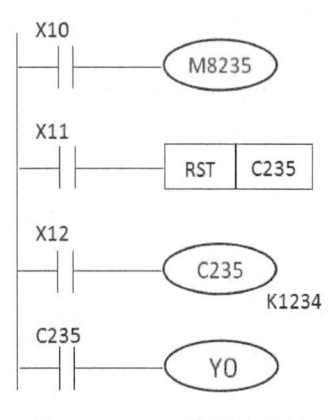

图 3-3-6 无启动/复位端

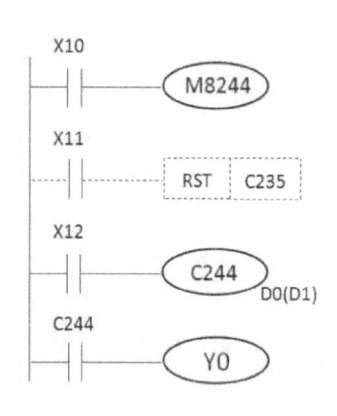

图 3-3-7 带启动/复位端

### 2. 单相双计数输入高速计数器（C246～C250）

这类高速计数器具有两个输入端，一个为增计数输入端，另一个为减计数输入端。利用 M8246～M8250 的 ON/OFF 动作可监控 C246～C250 的增计数/减计数动作。

单相双计数输入高速计数器如图 3-3-8 所示，X10 为复位信号，其有效（ON）则 C248 复位。由表 3-3-1 可知，也可利用 X5 对其复位。当 X11 接通时，选中 C248，输入来自 X3 和 X4。

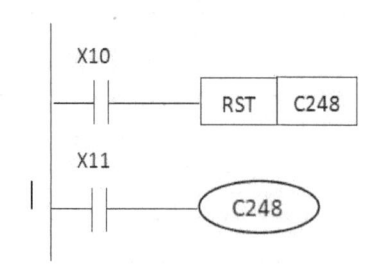

图 3-3-8 单相双计数输入高速计数器

### 3. 双相双计输入高速计数器（C251～C255）

A 相和 B 相信号决定了计数器是增计数还是减计数。当 A 相为 ON 时，B 相由 OFF 到 ON，则为增计数；当 A 相为 ON 时，若 B 相由 ON 到 OFF，则为减计数，如图 3-3-9（a）所示。

（1）当 X12 接通时，C251 计数开始，如图 3-3-9（b）所示。由表 3-3-1 可知，其输入来自 X0（A 相）和 X1（B 相）。只有当计数使当前值超过设定值，则 Y2 为 ON。如果 X11 接通，则计数器复位。根据不同的计数方向，Y3 为 ON（增计数）或为 OFF（减计数），即用 M8251～M8255，可监视 C251～C255 的增/减计数状态。

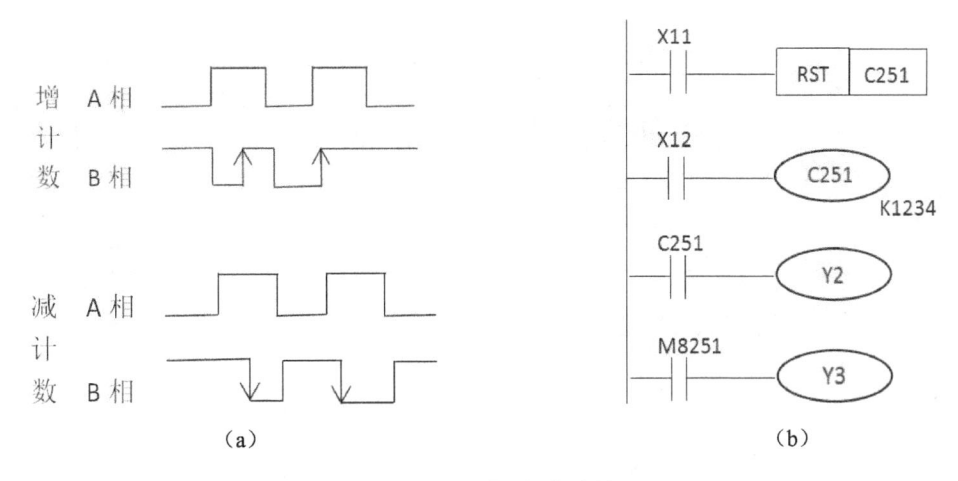

图 3-3-9 双相高速计数器

（2）注意：高速计数器的计数频率较高，它们的输入信号的频率受两方面的限制。一是全部高速计数器的处理时间，因它们采用中断方式，所以计数器用得越少，则可计数频率就越高；二是输入端的响应速度，其中 X0、X2、X3 最高频率为 10kHz，X1、X4、X5 最高频率为 7kHz。

## 任务实施

### 步骤 1：任务分析。

此次任务是设计计数循环控制程序，通过对计数器的运用实现以下控制。

（1）点动 PB2（X21），设备开始运行。

（2）绿灯亮，机器人供料，输送带向右送料。

（3）工件经过右端光电传感器时，黄灯亮，蜂鸣器响，自动重复供料送料。

（4）点动 PB1（X20）停机，红灯亮。

（5）当运料达到 5 件后，自动停机。

### 步骤 2：列出 I/O 分配表。

计数循环控制 I/O 分配端口如表 3-3-2 所示。

表 3-3-2　计数循环控制 I/O 分配端口

| 输入部分 | | 输出部分 | |
| --- | --- | --- | --- |
| 输入元件 | PLC 编程元件 | 输出元件 | PLC 编程元件 |
| 供给指令 | X000 | 原点位置 | Y000 |
| 光电传感器 | X003 | 输送带正转 | Y001 |
| 启动 | X021 | 输送带反转 | Y002 |
| 停止 | X020 | 蜂鸣器 | Y003 |

续表

| 输入部分 ||输出部分 ||
| --- | --- | --- | --- |
| 输入元件 | PLC 编程元件 | 输出元件 | PLC 编程元件 |
|  |  | 红灯 | Y005 |
|  |  | 绿灯 | Y006 |
|  |  | 黄灯 | Y007 |

**步骤3：绘制 PLC 的外部接线图。**

根据控制要求绘制计数循环控制 PLC 外部接线图，如图 3-3-10 所示。

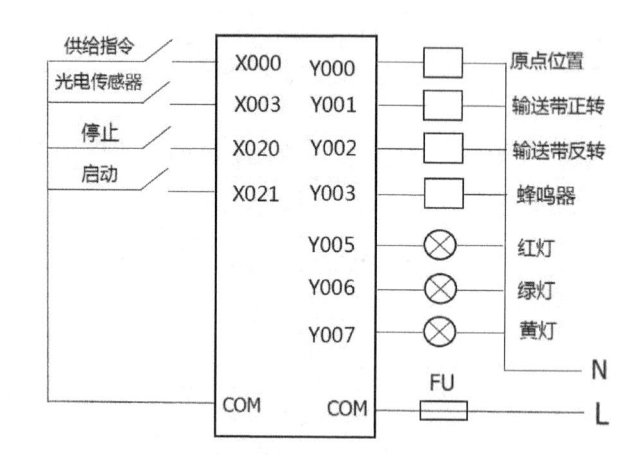

图 3-3-10　计数循环控制 PLC 外部接线图

**步骤4：设计 PLC 梯形图。**

计数循环控制梯形图及指令表如图 3-3-11 所示。

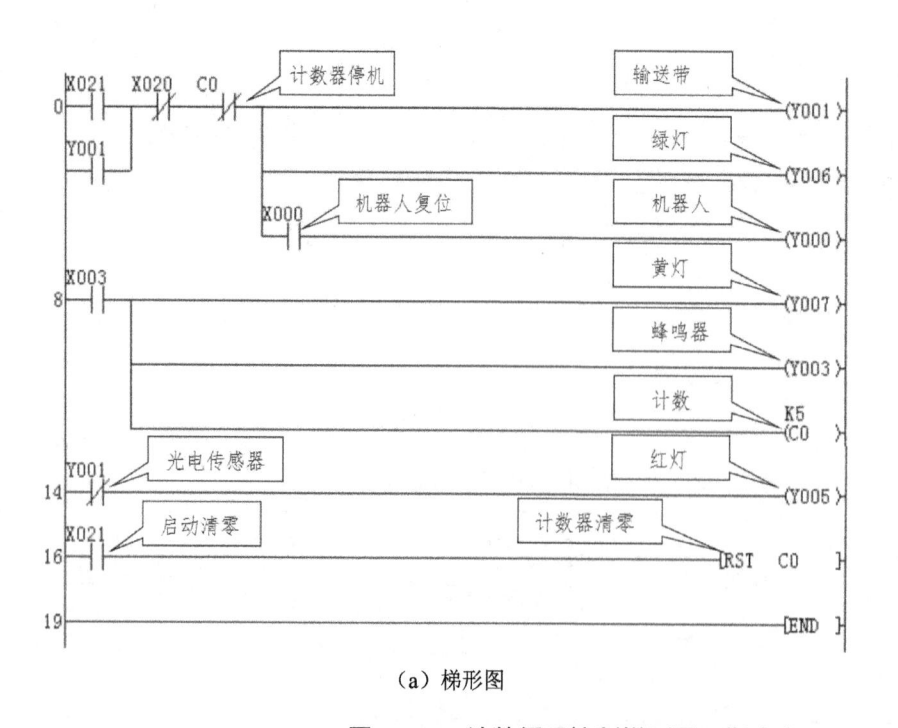

| 步序 | 指令 | 操作数 |
| --- | --- | --- |
| 0 | LD | X021 |
| 1 | OR | Y001 |
| 2 | ANI | X020 |
| 3 | ANI | C0 |
| 4 | OUT | Y001 |
| 5 | OUT | Y006 |
| 6 | AND | X000 |
| 7 | OUT | Y000 |
| 8 | LD | X003 |
| 9 | OUT | Y007 |
| 10 | OUT | Y003 |
| 11 | OUT | C0 K5 |
| 14 | LDI | Y001 |
| 15 | OUT | Y005 |
| 16 | LD | X021 |
| 17 | RST | C0 |
| 20 | END |  |

（a）梯形图　　（b）指令表

图 3-3-11　计数循环控制梯形图及指令表

**步骤 5：上机实操。**

（1）启动 FX-TRN-BEG-C 仿真软件，进入仿真软件首页。

（2）在仿真软件首页，单击练习项目"D：初级挑战"，如图 3-3-12 所示。

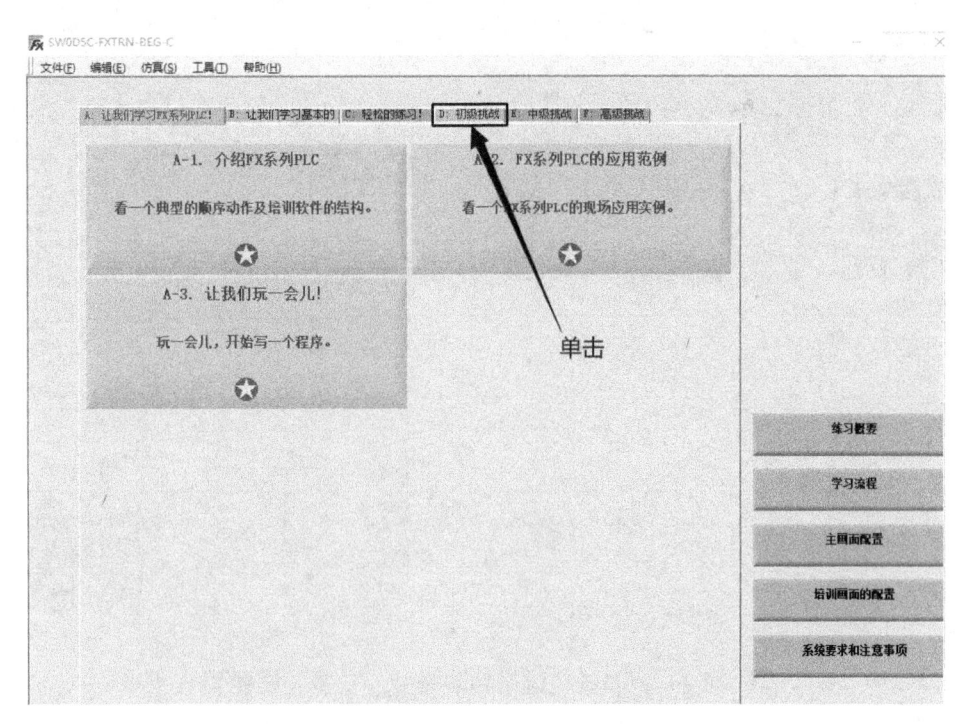

图 3-3-12 单击练习项目"D：初级挑战"

（3）在"D：初级挑战"界面中单击"D-5.输送带启动/停止"，如图 3-3-13 所示。

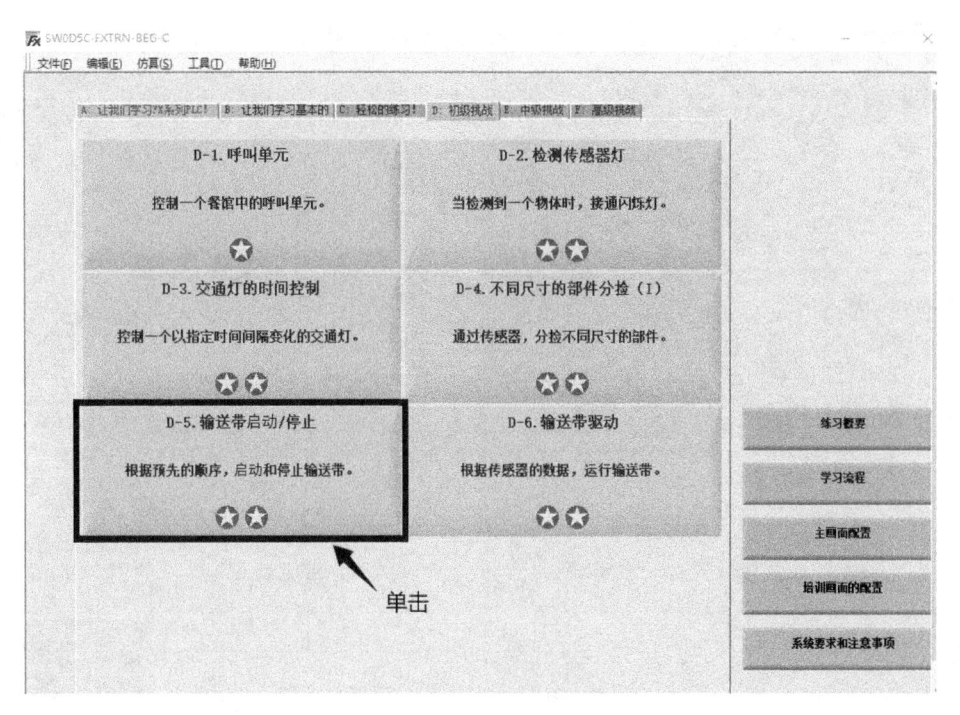

图 3-3-13 单击"D-5.输送带启动/停止"

(4)进入"D-5.输送带启动/停止"仿真编程界面,如图3-3-14所示。

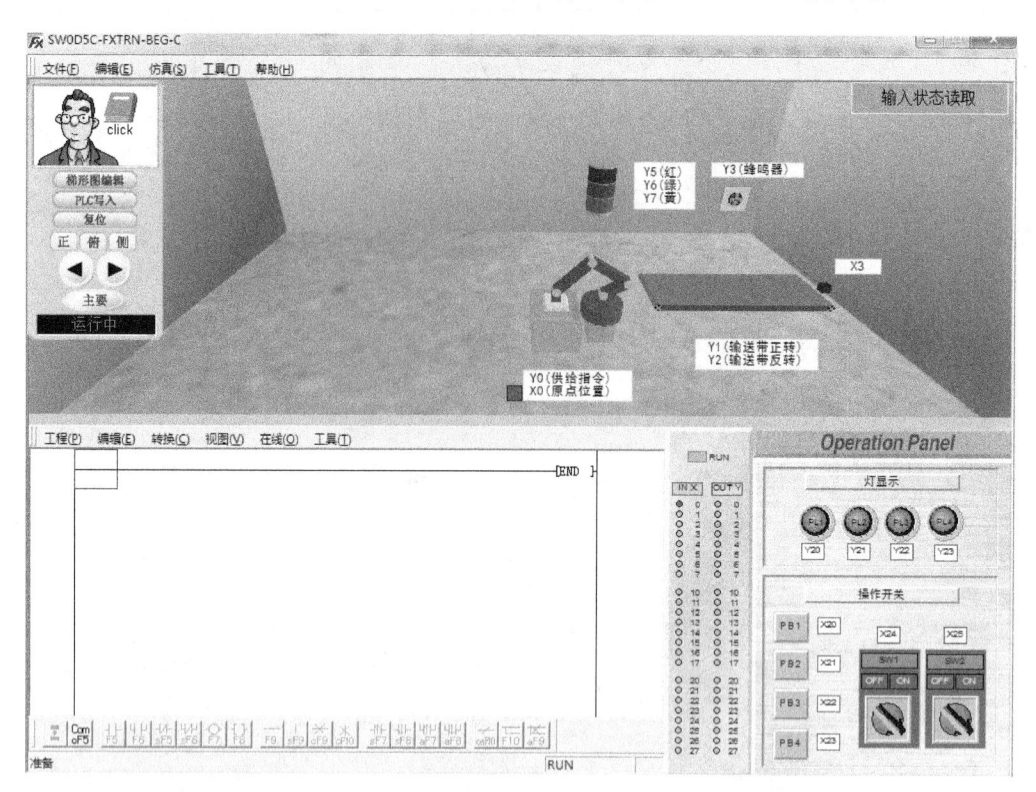

图 3-3-14 "D-5.输送带启动/停止"仿真编程界面

(5)在"D-5.输送带启动/停止"仿真编程界面中单击"梯形图编辑"按钮,进入编程状态,如图3-3-15所示。

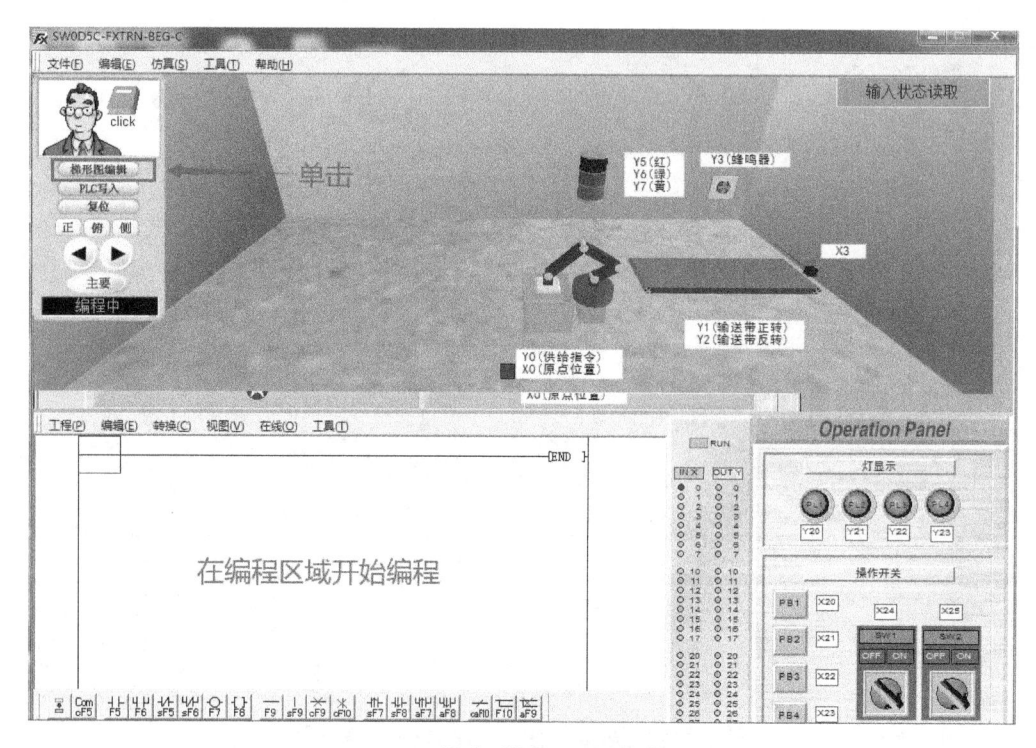

图 3-3-15 单击"梯形图编辑"按钮

（6）在"编程区域"输入"计数循环控制"梯形图，单击菜单栏中的"转换（C） F4"，对输入的梯形图进行转换，如图 3-3-16 所示。

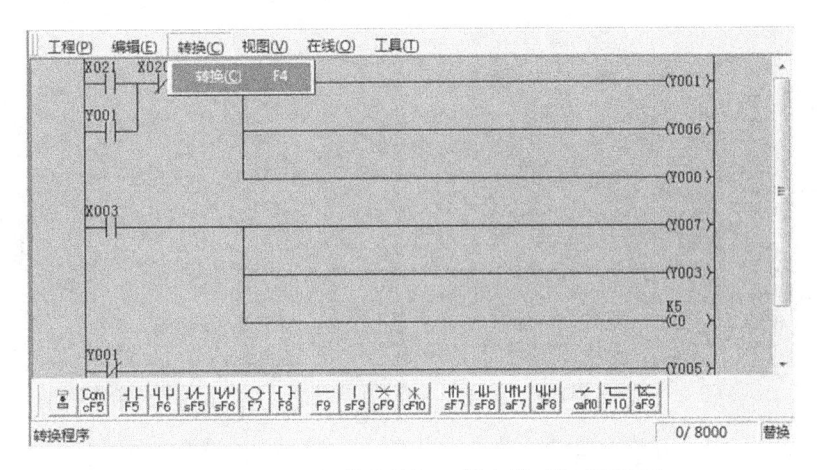

图 3-3-16 转换"计数循环控制"梯形图程序

（7）如果程序转换时发现错误，软件会弹出一个错误提示窗口，如图 3-3-17 所示。

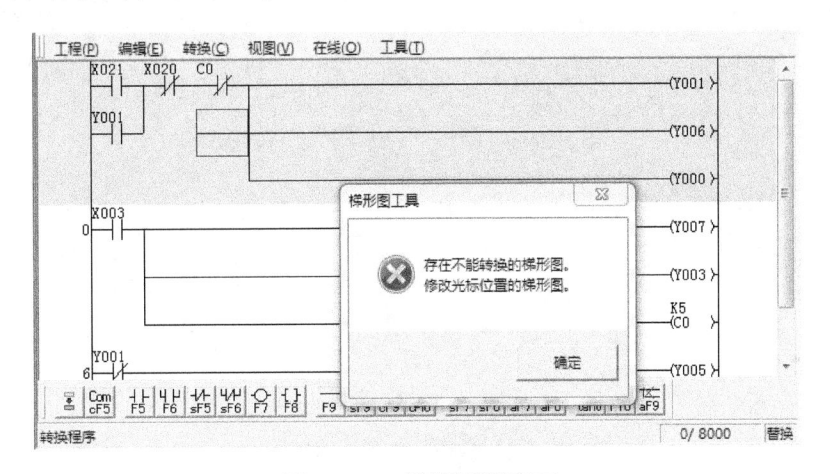

图 3-3-17 错误提示窗口

（8）修改程序中所有错误后，再次进行转换，完成转换的程序窗口如图 3-3-18 所示。

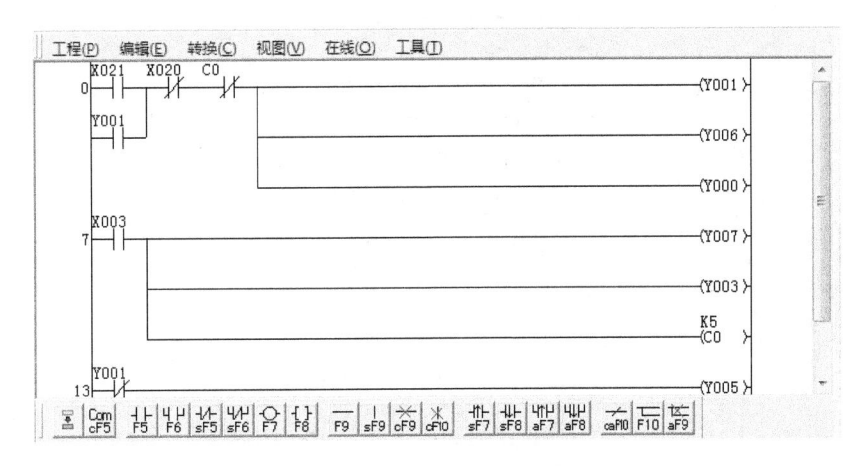

图 3-3-18 完成转换的程序窗口

（9）把完成转换的程序写入仿真PLC，单击"PLC写入"按钮，如图3-3-19所示；程序写入中，如图3-3-20所示；程序写入完成，如图3-3-21所示。

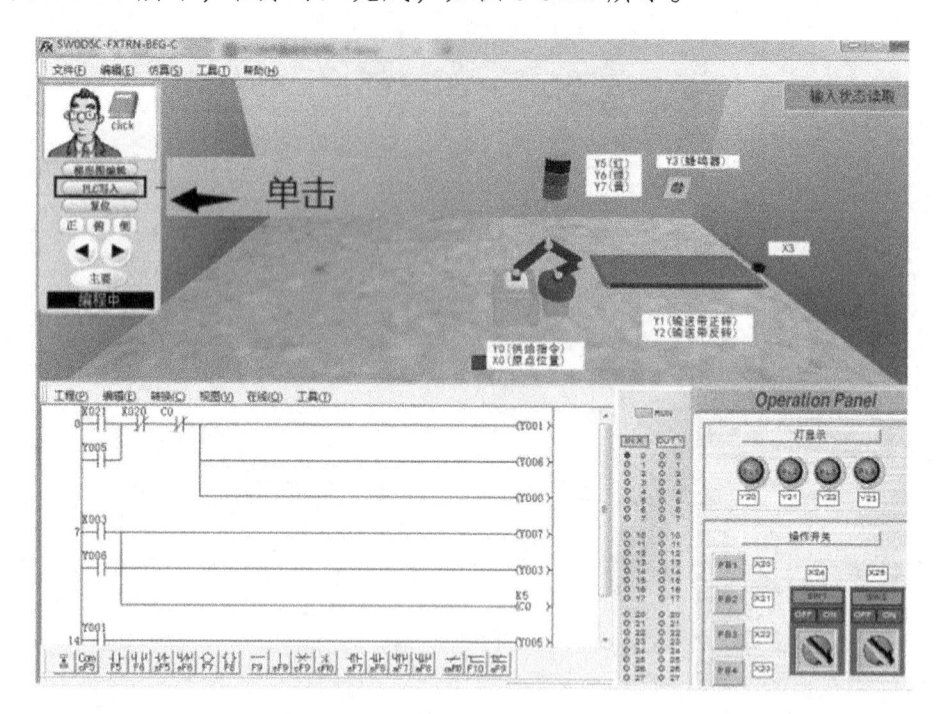

图 3-3-19　单击"PLC写入"按钮

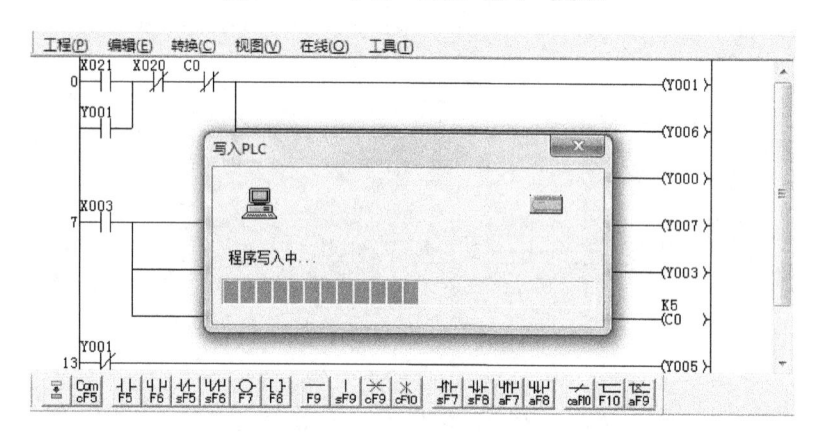

图 3-3-20　程序写入中

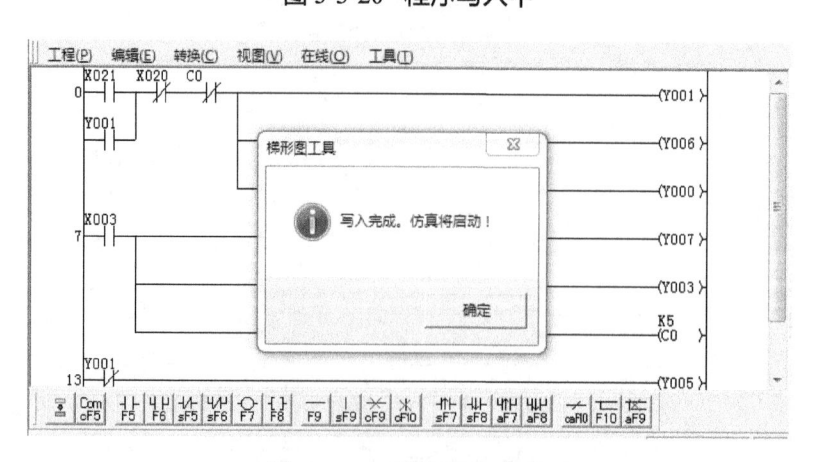

图 3-3-21　程序写入完成

（10）PLC 程序仿真运行界面如图 3-3-22 所示。

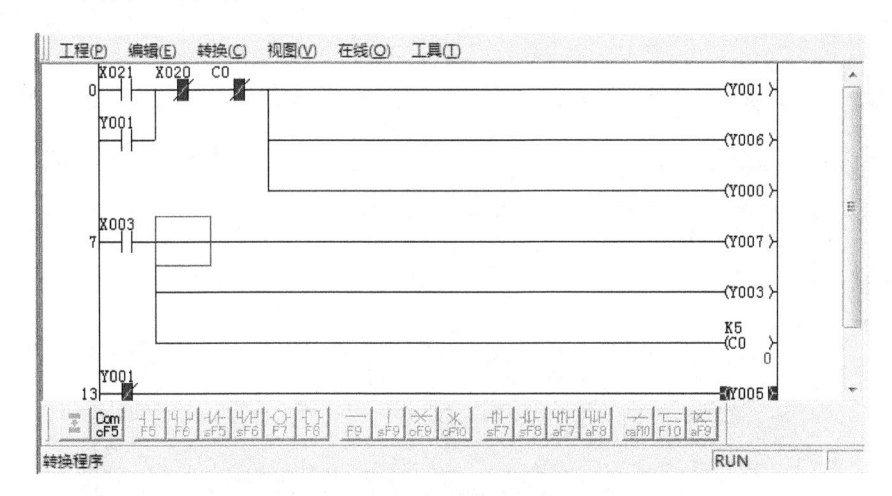

图 3-3-22　PLC 程序仿真运行界面

### 步骤 6：运行、调试程序。

（1）点动 PB2，设备开始运行。
（2）绿灯亮，机器人供料，输送带向右送料。
（3）工件经过右端光电传感器时，黄灯亮，蜂鸣器响，自动重复供料送料。
（4）运料数量达到 5 件后，自动停机或点动 PB1 也可停机，同时红灯亮。

## 任务四　设计与调试水果装箱步进控制程序

### 学习目标

1. 了解步进控制相关概念。
2. 掌握步进控制的有关知识和使用方法。
3. 掌握单流程步进控制程序的编程方法。
4. 会用单流程步进编程方法设计与调试水果装箱步进控制程序。

### 建议学时

**6** 学时：理论 **2** 学时，实训 **4** 学时

## 学习任务

本次学习任务是利用三菱 PLC 仿真软件（FX-TRN-BEG-C）开展的，在仿真软件"E：中级挑战"项目的"E-5.部件供给控制"界面完成水果装箱步进控制程序的设计和调试。点动 PB2，机器人把纸箱搬上输送带，输送带正转；纸箱到达装箱处停止，装满 3 个水果后，运到托盘。点动 PB1，停止工作。水果装箱步进控制仿真界面如图 3-4-1 所示。

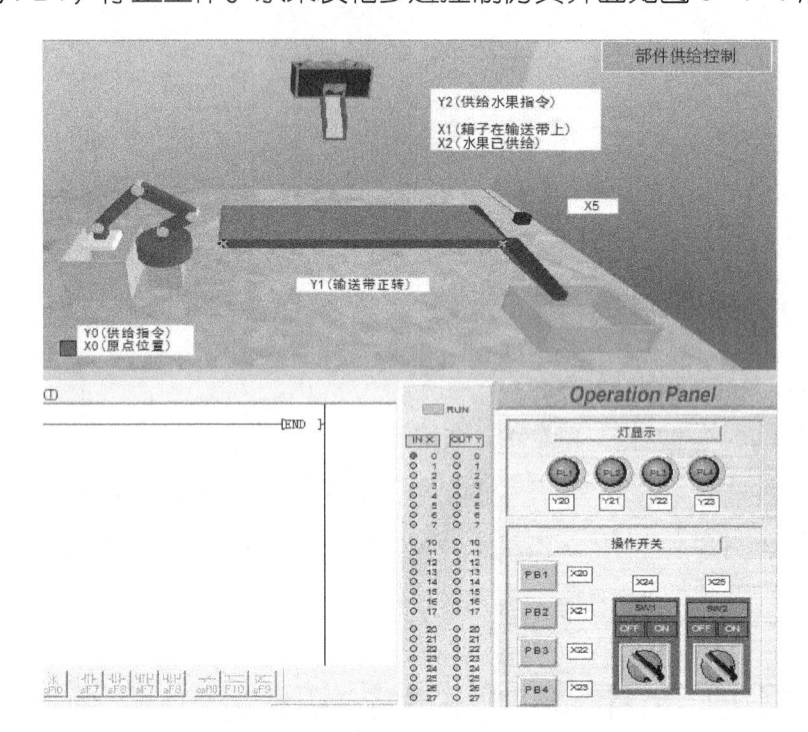

图 3-4-1 水果装箱步进控制仿真界面

## 知识准备

### 一、步进控制的基本概念

步进控制有单流程步进控制和选择流程步进控制两种。

1. 步进控制简介

机械设备的动作过程大多数是按工艺要求预先设计的逻辑顺序或时间顺序的工作过程，即在现场开关信号的作用下，启动机械设备的某个机构动作后，该机构在执行任务时发出另一现场开关信号，继而启动另一机构动作，如此按步进行下去，直至全部工艺过程结束，这种由开关元件控制的按步控制方式，称为步进控制。

例子：三台电动机顺序控制系统。

要求：按下按钮 SB1，M1 启动；当 M1 启动后，按下按钮 SB2，M2 启动；当 M2 启动后，按下按钮 SB3，M3 启动；当三台电动机启动后，按下按钮 SB4，M3 停止；当 M3 停止后，按下按钮 SB5，M2 停止；当 M2 停止后，按下按钮 SB6，M1 停止。三台电动机的启动和停止分别由接触器 KM1、KM2、KM3 控制。图 3-4-2、图 3-4-3、图 3-4-4 分别为电动机控制流程图、PLC 接线图及三台电动机顺序控制梯形图。

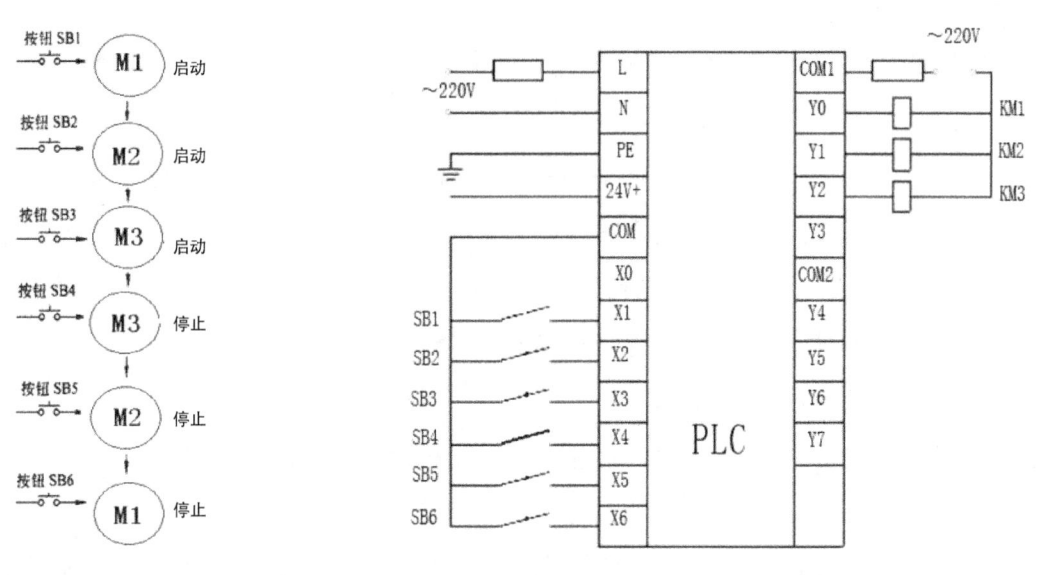

图 3-4-2 电动机控制流程图

图 3-4-3 PLC 接线图

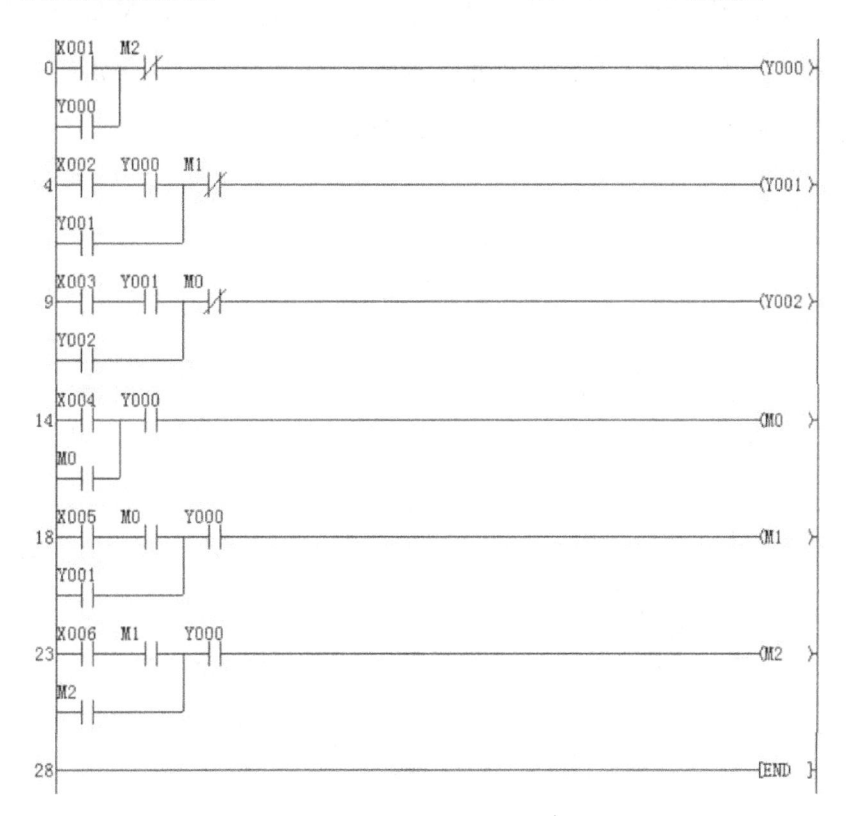

图 3-4-4 三台电动机顺序控制梯形图

为了满足本次的控制要求，程序中又增加了三个辅助继电器。用梯形图或指令表方式编程固然广为电气技术人员接受，但对于一个复杂的控制系统，尤其是顺序控制程序，由于内部的联锁、互动关系极其复杂，其梯形图往往长达数百行，通常要由熟练的电气工程师才能编制出这样的程序。另外，如果在梯形图上不加上注释，则这种梯形图的可读性也会大大降低。

2. 状态转移图

为改善经验法和基本指令编写复杂程序的缺点，人们一直寻求一种易于构思、易于理解的图形程序设计工具。它应有流程图的直观特点，又有利于复杂控制逻辑关系的分解与综合，这种图就是状态转移图。为了说明状态转移图，现将三台电动机顺序控制的流程及各个控制步骤用工序表示，并将工序连接成如图 3-4-5 所示的工序流程图，这就是状态转移图的雏形。

从图 3-4-5 可看到，该图有以下特点。

（1）复杂的控制任务或工作过程分解成若干个工序（状态）。

（2）各工序的任务明确而具体。

（3）各工序间的联系清楚，可读性很强，能清晰地反映整个控制过程，并带给编程人员清晰的编程思路。

其实将图中的"工序"更换为"状态"，就得到了如图 3-4-6 所示的状态转移图，其是状态编程法的重要工具。状态编程的一般思想为：将一个复杂的控制过程分解为若干个工作状态，弄清楚各状态的工作细节（状态的功能、转移条件和转移方向）再依据总的控制顺序要求，将这些状态联系起来，形成状态转移图，进而绘制梯形图。

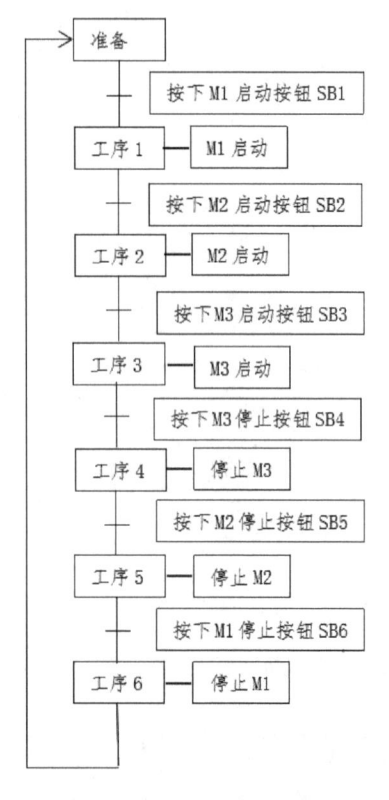

图 3-4-5 工序流程图

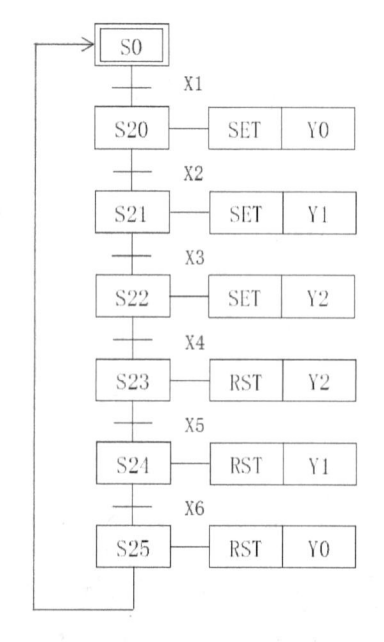

图 3-4-6 状态转移图

在状态转移图中,一个完整的状态包括以下三个要素。

(1)状态任务,即本状态做什么。

(2)状态转移条件,即满足什么条件实现状态转移。

(3)状态转移方向,即转移到什么状态去。

3. FX3U 系列状态元件 S

FX3U 系列 PLC 规定:初始状态继电器为 S0~S9,共 10 点;通用状态继电器为 S0~S499,共 500 点;停电保持状态继电器为 S500~S899,共 400 点;信号报警器状态继电器为 S900~S999,共 100 点。

4. 步进指令

IEC61131—3 标准中定义的 SFC(Sequential Function Chart)语言是一种通用的状态转移图语言,用于编制复杂的顺控程序,不同厂家生产的可编程控制器中用 SFC 语言编制的程序极易相互变换。利用这种先进的编程方法,初学者可以很容易编出复杂的程序,熟练的电气工程师用这种方法也能大大提高工作效率。另外,这种方法也为调试、试运行带来方便。FX 系列 PLC 的步进指令有两条,即步进触点指令 STL 和步进返回指令 RET。

1)STL

STL 指令的操作元件是状态继电器 S,STL 指令的意义为激活某个状态。在梯形图上体现为从主母线上引出的状态接点。STL 指令有建立子母线的功能,以使该状态的所有操作均在子母线上进行。STL 指令的应用如图 3-4-7 所示。

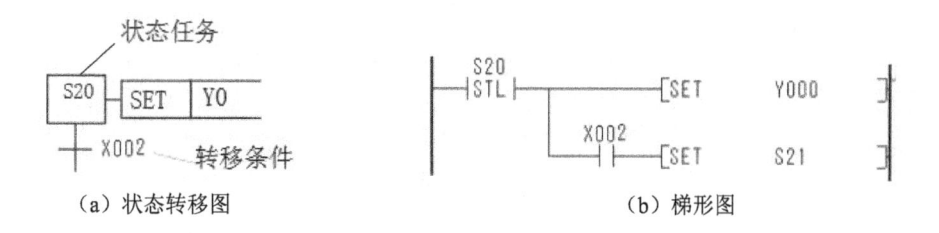

图 3-4-7 STL 指令的应用

我们可以看到,在状态转移图中状态有状态任务(驱动负载)、转移方向(目标)和转移条件三个要素。其中转移方向(目标)和转移条件是必不可少的,而驱动负载则视具体情况,也可能不进行实际的负载驱动。图 3-4-7 也表示了状态转移图和梯形图的对应关系。其中,S20 为状态任务(驱动负载),S21 为转移的目标,X002 为转移条件。

图 3-4-7 的指令表程序如下:

STL         S20            使用 STL 指令,激活状态继电器 S20
SET         Y000           驱动负载

| | | |
|---|---|---|
| LD | X002 | 转移条件 |
| SET | S21 | 转移方向（目标）处理 |
| STL | S21 | 使用 STL 指令，激活状态继电器 S21 |

步进顺控的编程思想是：先进行负载驱动处理，然后进行状态转移处理。从程序中可以看出，首先要使用 STL 指令，这样保证负载驱动和状态转移均是在子母线上进行，并激活状态继电器 S20；然后在 S20 状态下驱动负载 Y000；最后如果转移条件 X002 满足，使用 SET 指令将状态转移到下一个状态继电器 S21。

步进触点只有常开触点，没有常闭触点。步进触点接通，需要用 SET 指令进行置位。步进触点闭合，其作用如同主控触点闭合一样，将左母线移到新的临时位置，即移到步进触点右边，相当于子母线，这时与步进触点相连的逻辑行开始执行，与子母线相连的触点可以采用 LD 指令或 LDI 指令。

2) RET

RET 指令没有操作元件。RET 指令的功能是：当步进顺控程序执行完毕时，使子母线返回到原来主母线的位置，以便非状态程序的操作在主母线上完成，防止出现逻辑错误。

RET 指令应用如图 3-4-8 所示。

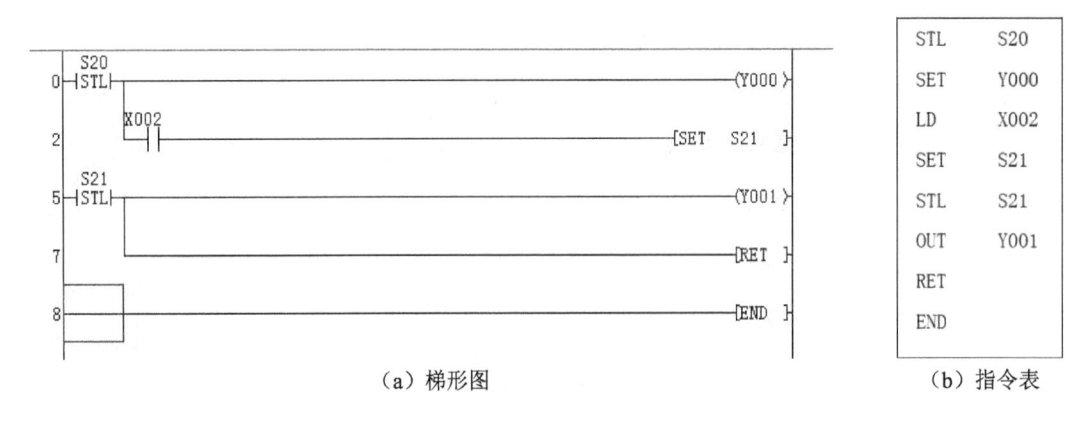

（a）梯形图　　　　　　　　　　　　（b）指令表

图 3-4-8　RET 指令应用

不需要在每条步进指令后面都加一条 RET 指令，只需在一系列步进指令的最后接一条 RET 指令即可。状态转移程序的结尾必须有 RET 指令。

5. 使用 STL 指令设计程序的注意事项

（1）状态三要素的表达要按先任务再转移的方式编程，顺序不能颠倒。

（2）STL 步进接入指令有建立新母线的功能，其后进行的输出及状态转移操作都在新母线上进行。

（3）运行同一元件的线圈在不同的 STL 节点后多次使用，但要注意，同一定时器不要在相邻的状态中使用，可以隔开一个状态使用。同一程序段中，同一状态继电器也只能使用一次。

## 二、单流程步进程序控制

所谓单流程，是指状态转移只可能有一种顺序。电动机顺序控制过程只有一种顺序，即启动 M1→启动 M2→启动 M3→停止 M3→停止 M2→停止 M1，没有其他的顺序控制过程，所以称为单流程。

下面仍以电动机顺序控制为例，说明运用状态编程思想编写步进顺序控制程序的方法和步骤。

### 1. 状态转移图设计

（1）将整个工作过程按任务要求分解，其中的每个工序均对应一个状态，并分配状态元件。

| | |
|---|---|
| ①准备（初始状态） | S0 |
| ②启动电动机 1 | S20 |
| ③启动电动机 2 | S21 |
| ④启动电动机 3 | S22 |
| ⑤停止电动机 3 | S23 |
| ⑥停止电动机 2 | S24 |
| ⑦停止电动机 1 | S25 |

注意：不同工序，状态继电器编号也不同。一个状态（步）用一个矩形框来表示，中间写上状态元件编号用以标识。一个步进顺控程序必须要有一个初始状态，一般状态和初始状态的符号，如图 3-4-9 所示。

（a）初始状态　　　　　　　（b）一般状态

图 3-4-9　状态（步）的符号

（2）弄清每个状态的状态任务（驱动负载）。

| | | |
|---|---|---|
| S0 | PLC 上电做好工作准备 | |
| S20 | 启动电动机 1 | （SET　Y0） |
| S21 | 启动电动机 2 | （SET　Y1） |
| S22 | 启动电动机 3 | （SET　Y2） |
| S23 | 停止电动机 3 | （RET　Y2） |
| S24 | 停止电动机 2 | （RET　Y1） |

S25　　　停止电动机1　　（RET　Y0）

用右边的一个矩形框表示该状态对应的状态任务，多个状态任务对应多个矩形框。各状态的功能是通过PLC驱动其各种负载来完成的。负载可由状态元件直接驱动，也可由其他软元件触点的逻辑组合驱动，负载的驱动如图3-4-10所示。

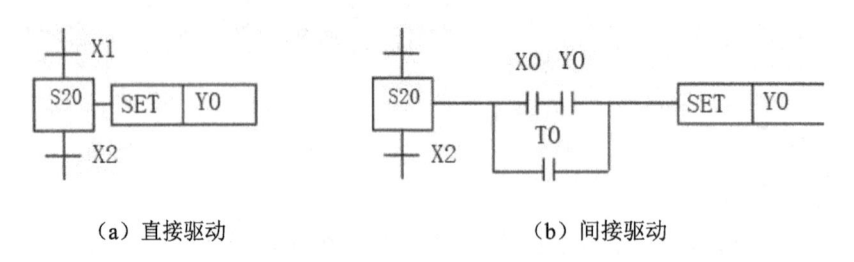

（a）直接驱动　　　　　　　　　（b）间接驱动

图3-4-10　负载的驱动

（3）找出每个状态的转移条件。

即在什么条件将下个状态"激活"。状态转移图就是状态和状态转移条件及转移方向构成的流程图，经分析可知，本例中各状态的转移条件如下。

　　　　S0　　　转移条件　　　　　　按下SB1
　　　　S20　　 转移条件　　　　　　按下SB2
　　　　S21　　 转移条件　　　　　　按下SB3
　　　　S22　　 转移条件　　　　　　按下SB4
　　　　S23　　 转移条件　　　　　　按下SB5
　　　　S24　　 转移条件　　　　　　按下SB6

用一个有向线段来表示状态转移的方向，从上向下画时可以省略箭头，当有向线段从下向上画时，必须画上箭头，以表示方向。状态之间的有向线段上再用一段横线表示这一转移的条件。状态的转移条件可以是单一的，也可以有多个元件的串、并联组合。状态的转移条件如图3-4-11所示。

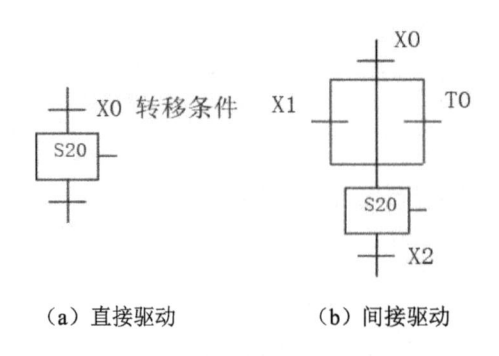

（a）直接驱动　　　　　　　　　（b）间接驱动

图3-4-11　状态的转移条件

经过以上三步，可得到三台电动机顺序控制的状态转移图，如图3-4-12所示。

## 2. 单流程状态转移图的编程要点

（1）状态编程的基本原则是：激活状态，先进行负载驱动，再进行状态转移，顺序不能颠倒。

（2）使用 STL 指令将某个状态激活，该状态下的负载驱动和转移才有可能。若对应状态是关闭的，则负载驱动和状态转移不可能发生。

（3）初始状态下，其他所有状态只有在其前一个状态被激活且转移条件满足时才能被激活，同时一旦下一个状态被激活，上一个状态自动关闭。因此，对于单流程状态转移图来说，同一时间，只有一个状态是激活的。

（4）若为顺序连续转移（即按状态继电器元件编号顺序向下），使用 SET 指令进行状态转移；若为顺序不连续转移，不能使用 SET 指令，应改用 OUT 指令进行状态转移。

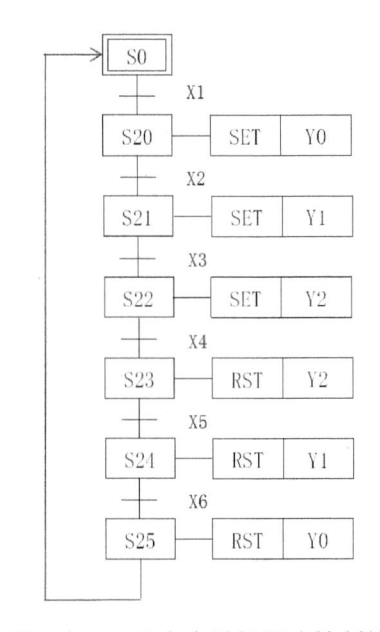

图 3-4-12 三台电动机顺序控制的状态转移图

（5）三台电动机顺序控制系统的 STL 编程如图 3-4-13 所示。

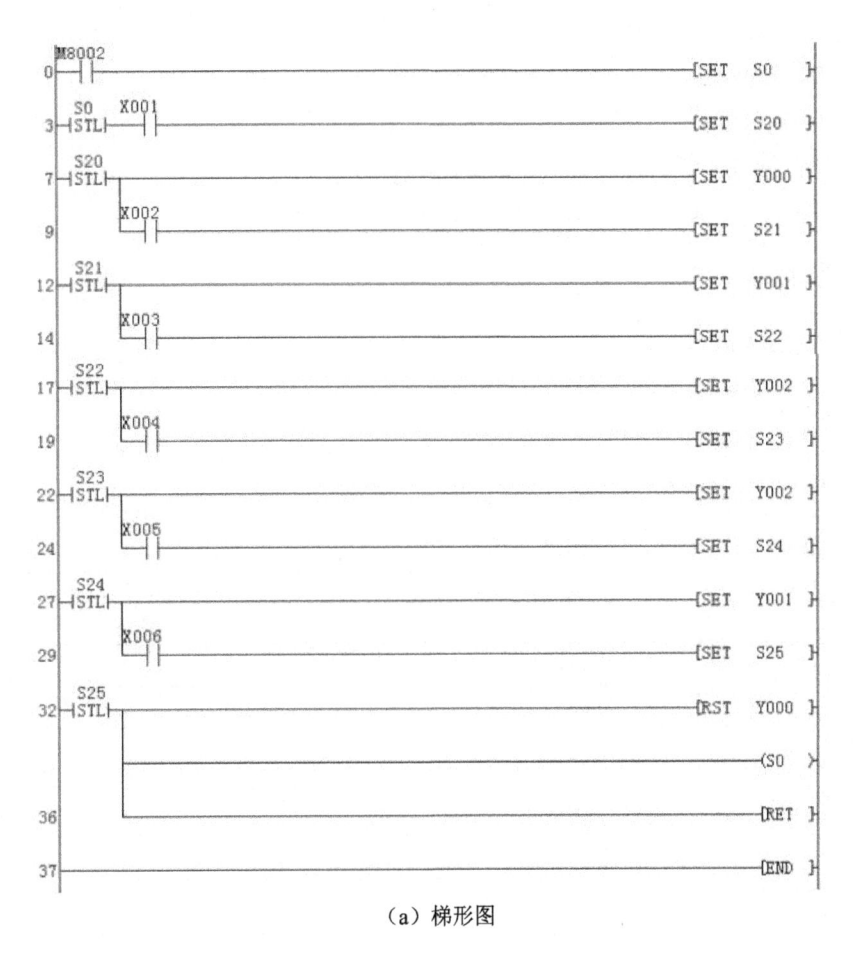

（a）梯形图

图 3-4-13 三台电动机顺序控制系统的 STL 编程

| LD  M8002 | 初始脉冲 | LDP X004 | 转移条件 X4 |
| SET S0 | 状态转移 S0 | SET S23 | 状态转移 S23 |
| STL S0 | 激活初始状态 S0 | STL S23 | 激活状态 S23 |
| LD  X001 | 转移条件 X1 | RST Y002 | 驱动负载 |
| SET S20 | 状态转移 S20 | LDP X005 | 转移条件 X5 |
| STL S20 | 激活状态 S20 | SET S24 | 状态转移 S24 |
| SET Y000 | 驱动负载 | STL S24 | 激活状态 S24 |
| LDP X002 | 转移条件 X2 | RST Y001 | 驱动负载 |
| SET S21 | 状态转移 S21 | LDP X006 | 转移条件 X6 |
| STL S21 | 激活状态 S21 | SET S25 | 状态转移 S25 |
| SET Y001 | 驱动负载 | STL S25 | 激活状态 S25 |
| LDP X003 | 转移条件 X3 | RST Y000 | 驱动负载 |
| SET S22 | 状态转移 S22 | OUT S0 | 状态转移 S0 |
| STL S22 | 激活状态 S22 | RET | 状态返回指令 |
| SET Y002 | 驱动负载 | END | 结束 |

(b) 指令表

图 3-4-13 三台电动机顺序控制系统的 STL 编程（续）

## 🚌 任务实施

### 步骤 1：任务分析。

此次任务是设计水果装箱控制程序，通过对步进编程指令的运用实现以下控制。

（1）点动 PB2，机器人把纸箱搬上输送带，输送带正转。

（2）纸箱到达装箱处停止，装满 3 个水果，运到托盘。

（3）自动重复装箱输送。

（4）点动 PB1，停止工作。

### 步骤 2：列出 I/O 分配表。

水果装箱控制 I/O 分配端口如表 3-4-1 所示。

表 3-4-1 水果装箱控制 I/O 分配端口

| 输入部分 || 输出部分 ||
|---|---|---|---|
| 输入元件 | PLC 编程元件 | 输出元件 | PLC 编程元件 |
| 原点位置 | X000 | 供给指令 | Y000 |
| 箱子在输送带上 | X001 | 输送带正转 | Y001 |
| 水果已供给 | X002 | 供给水果指令 | Y002 |
| 末端传感器 | X005 |  |  |
| 停止 | X020 |  |  |
| 启动 | X021 |  |  |

**步骤 3：绘制 PLC 的外部接线图。**

根据控制要求绘制水果装箱控制 PLC 外部接线图，如图 3-4-14 所示。

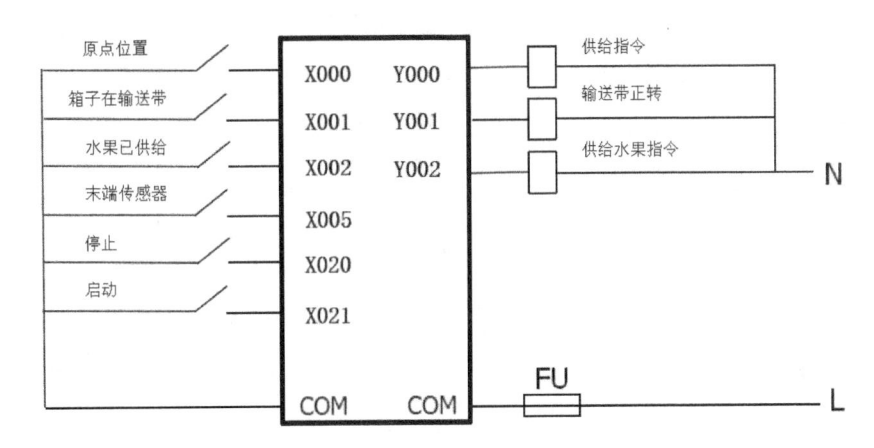

图 3-4-14 水果装箱控制 PLC 外部接线图

**步骤 4：设计工序流程图。**

根据控制要求绘制水果装箱工序流程图，如图 3-4-15 所示。

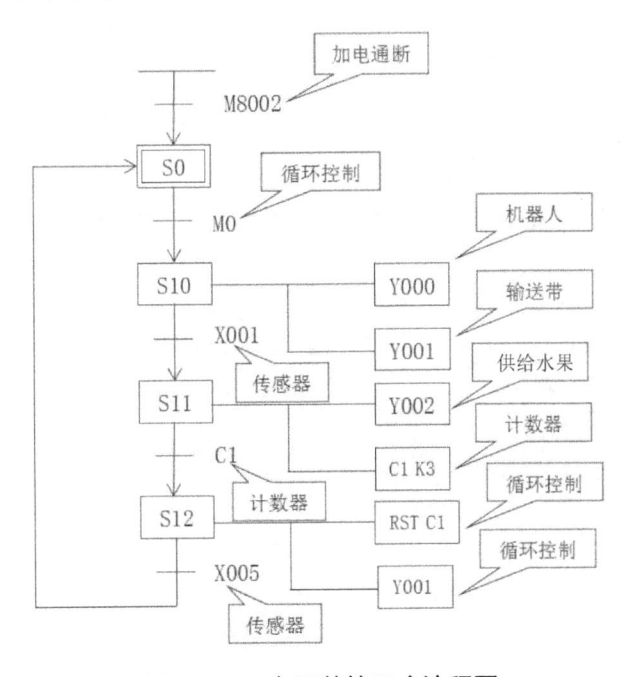

图 3-4-15 水果装箱工序流程图

**步骤 5：设计 PLC 梯形图程序。**

水果装箱控制梯形图及指令表如图 3-4-16 所示。

**步骤 6：上机实操。**

（1）启动 FX-TRN-BEG-C 仿真软件，进入仿真软件首页。

（2）在仿真软件首页，单击练习项目"E：中级挑战"，如图 3-4-17 所示。

# PLC技术基础及应用

(a) 梯形图

| 步序 | 指令 | 操作数 |
|---|---|---|
| 0 | LD | X021 |
| 1 | OR | M0 |
| 2 | ANI | X020 |
| 3 | OUT | M0 |
| 4 | ANI | M8034 |
| 5 | OUT | S0 |
| 7 | LD | M0 |
| 8 | SET | S10 |
| 10 | STL | S10 |
| 11 | LD | M0 |
| 12 | SET | S10 |
| 14 | STL | S10 |
| 15 | OUT | Y000 |
| 16 | OUT | Y010 |
| 17 | LD | T0 |
| 18 | SET | S11 |
| 20 | STL | S11 |
| 22 | LDF | X002 |
| 24 | OUT | C1 K3 |
| 27 | LD | C1 |
| 28 | SET | S12 |
| 30 | STL | S12 |
| 31 | OUT | Y002 |
| 32 | LD | X005 |
| 33 | RST | C0 |
| 34 | LD | X003 |
| 35 | SET | S0 |
| 36 | RET |  |
| 37 | END |  |

(b) 指令表

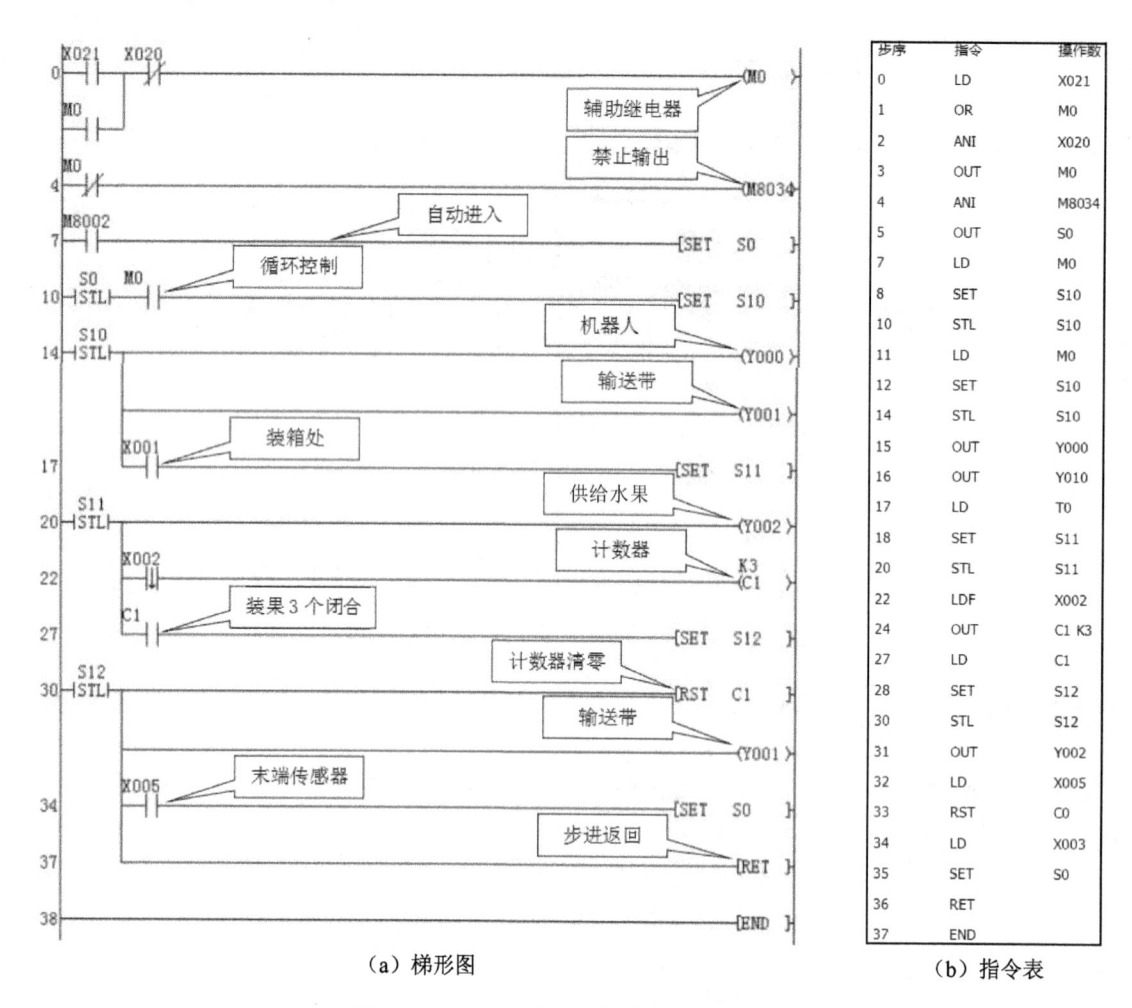

图 3-4-16 水果装箱控制梯形图及指令表

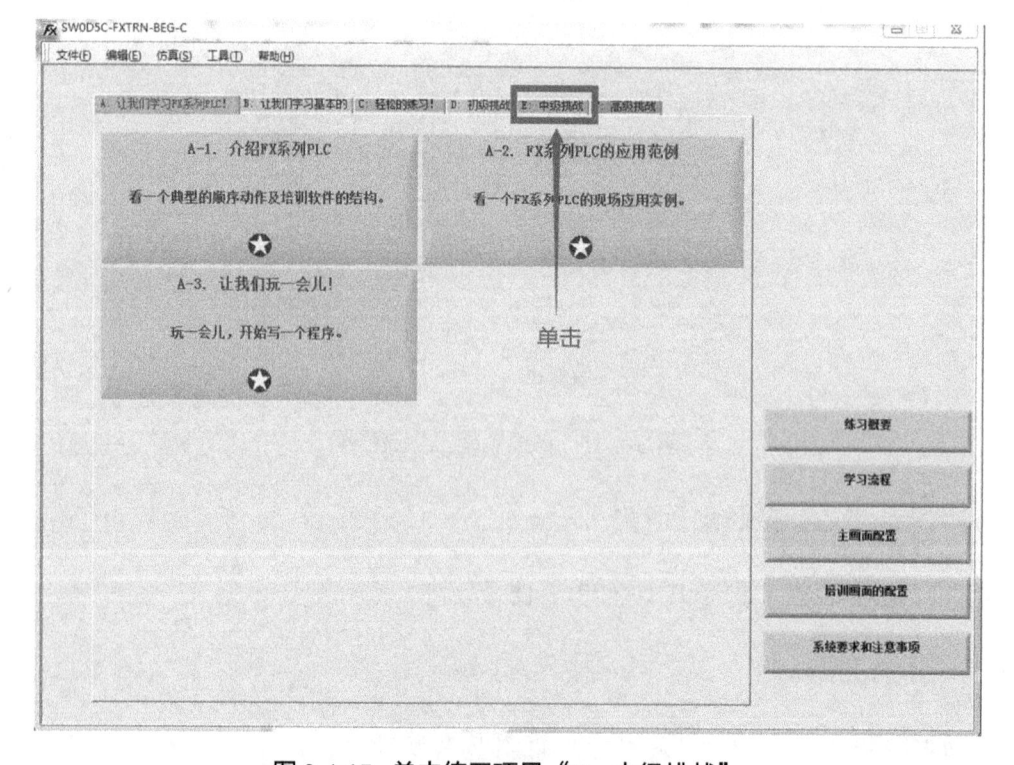

图 3-4-17 单击练习项目"E：中级挑战"

118

（3）在"E：中级挑战"界面中单击"E-5.部件供给控制"，如图3-4-18所示。

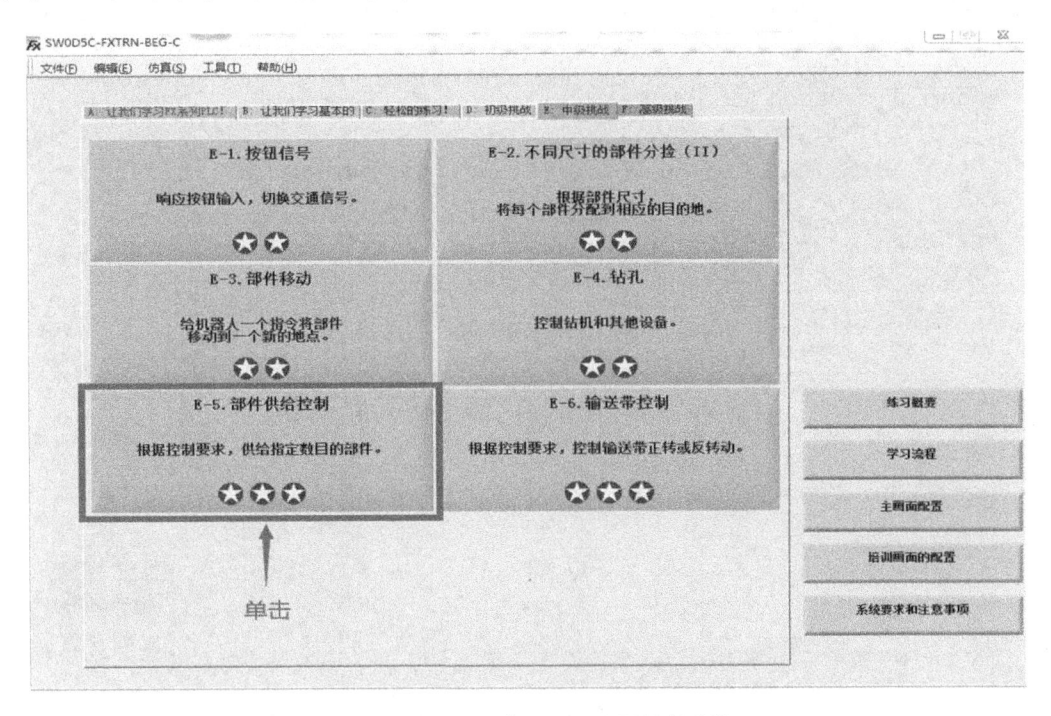

**图3-4-18 单击"E-5.部件供给控制"**

（4）进入"E-5.部件供给控制"仿真编程界面，如图3-4-19所示。

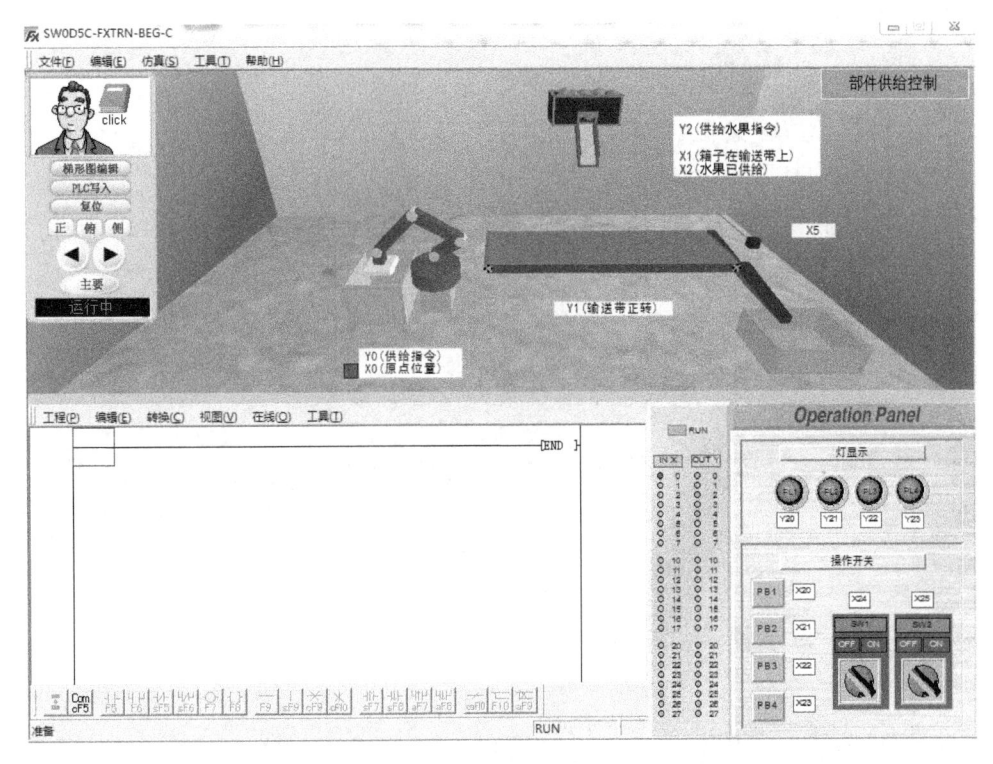

**图3-4-19 "E-5.部件供给控制"仿真编程界面**

（5）在"E-5.部件供给控制"仿真编程界面中单击"梯形图编辑"按钮，进入编程状态，如图3-4-20所示。

# PLC技术基础及应用

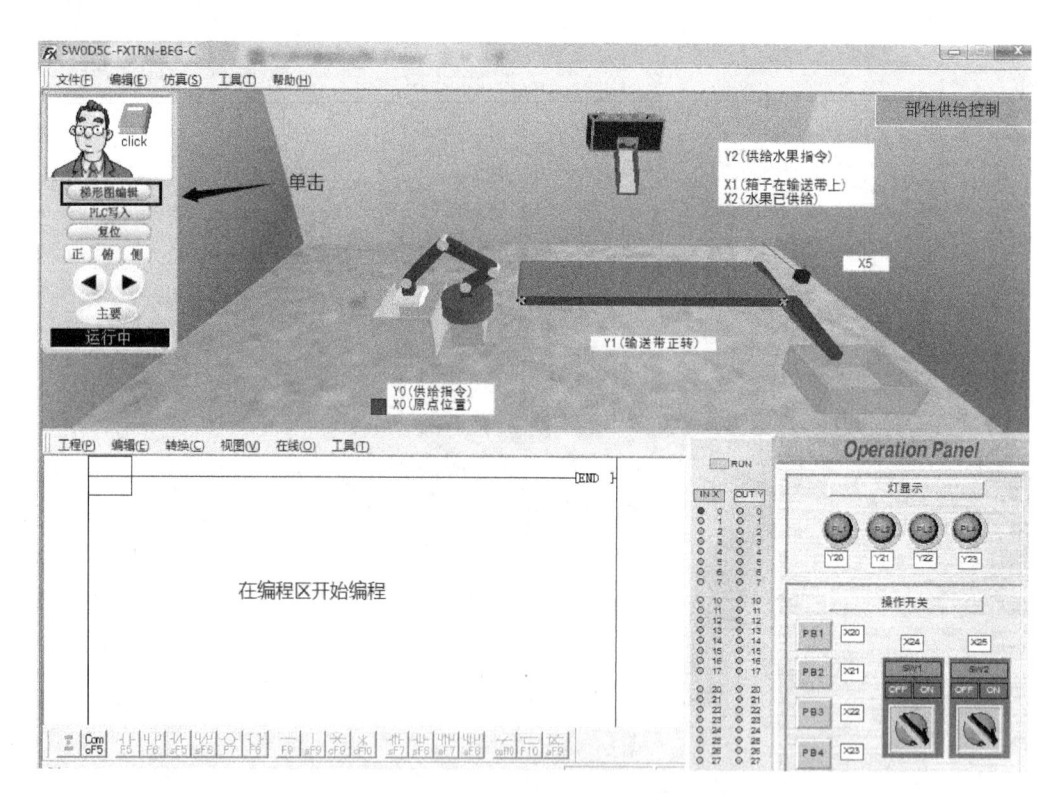

图 3-4-20 单击"梯形图编辑"按钮

（6）在"编程区域"输入"水果装箱控制"梯形图，单击菜单栏中的"转换（C） F4"，对输入的梯形图进行转换，如图 3-4-21 所示。

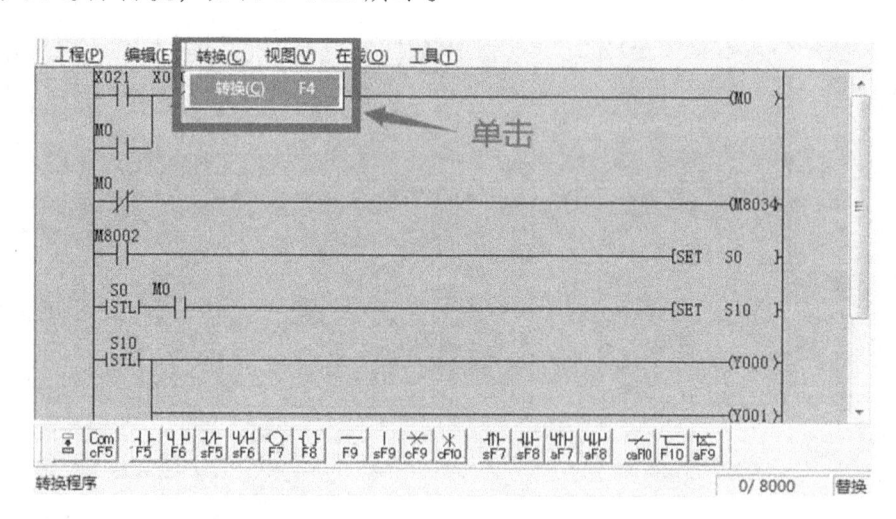

图 3-4-21 转换梯形图

（7）如果程序转换发现错误，软件会弹出一个"梯形图工具"错误提示窗口，如图 3-4-22 所示。

（8）修改程序中所有错误后，再次进行转换。完成转换的程序窗口，如图 3-4-23 所示。

（9）把完成转换的程序写入仿真 PLC，单击"PLC写入"按钮，如图 3-4-24 所示；程序写入中，如图 3-4-25 所示；程序写入完成，如图 3-4-26 所示。

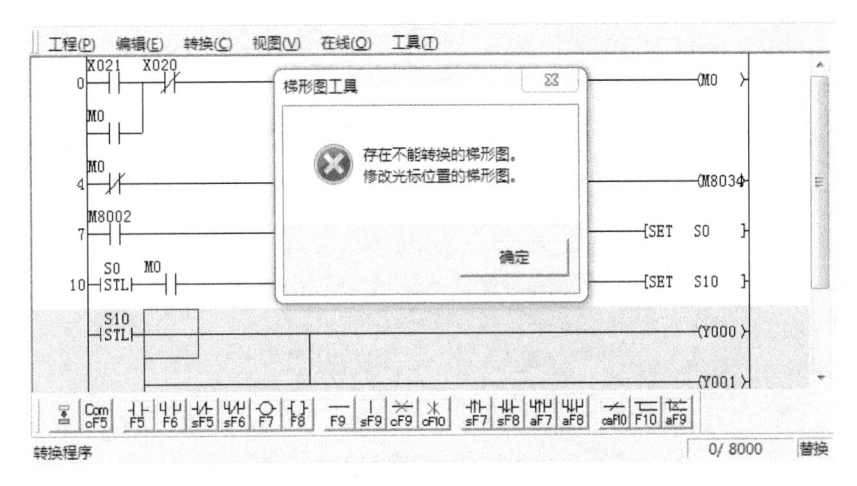

图 3-4-22 错误提示窗口

图 3-4-23 完成转换的程序窗口

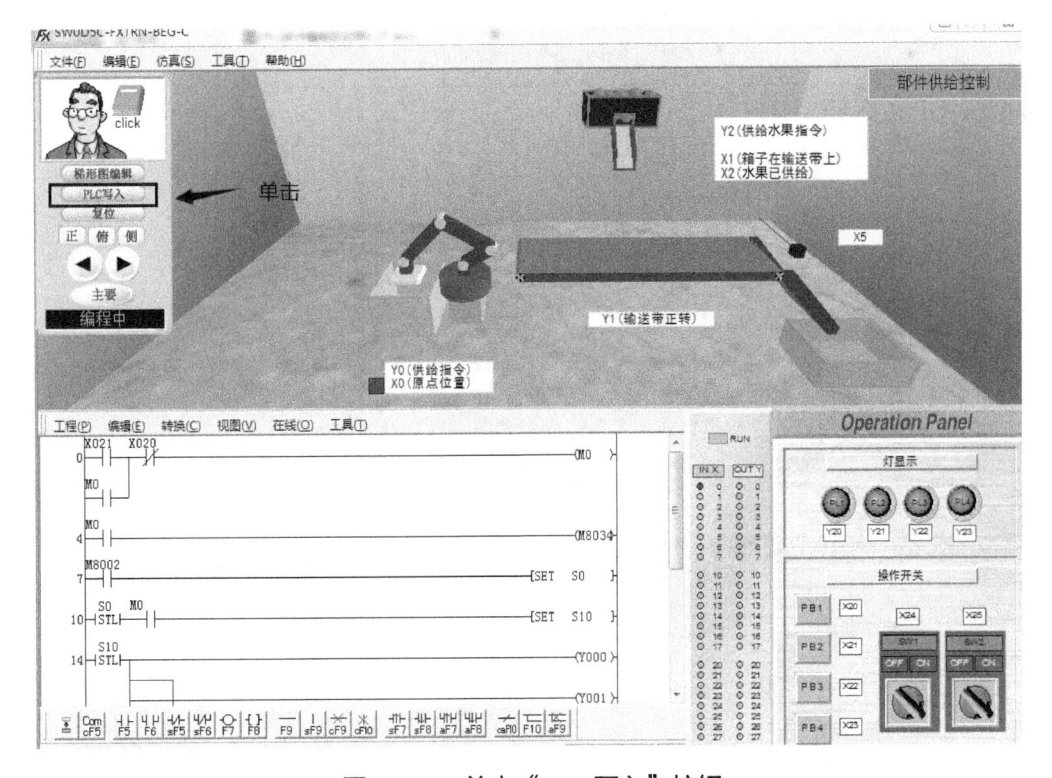

图 3-4-24 单击"PLC 写入"按钮

121

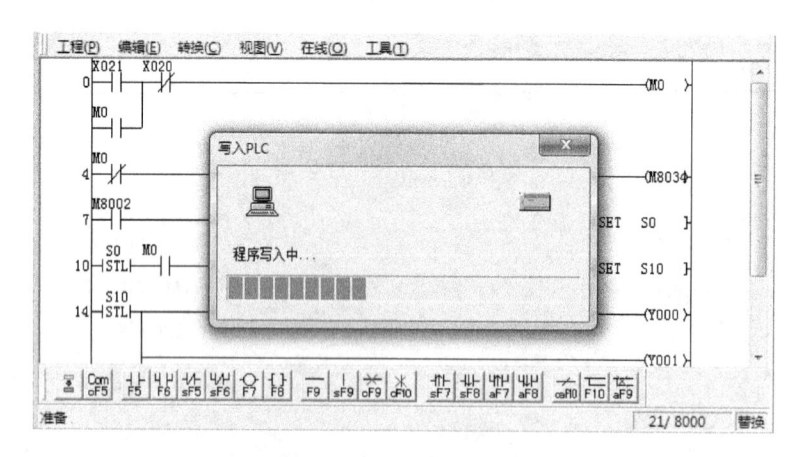

图 3-4-25　程序写入中

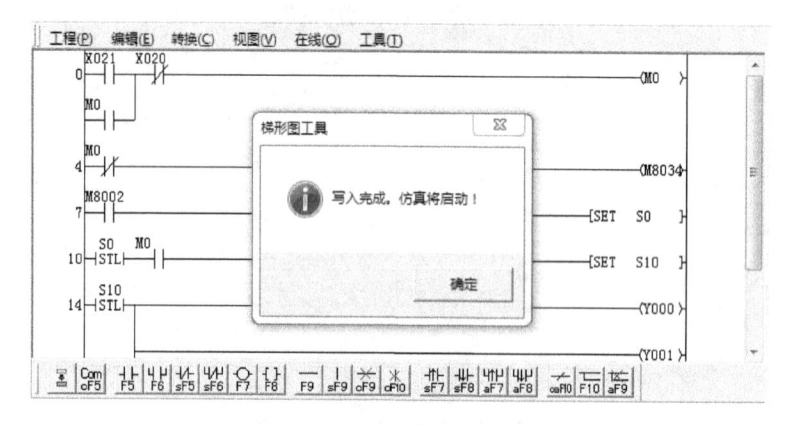

图 3-4-26　程序写入完成

（10）PLC 程序仿真运行界面如图 3-4-27 所示。

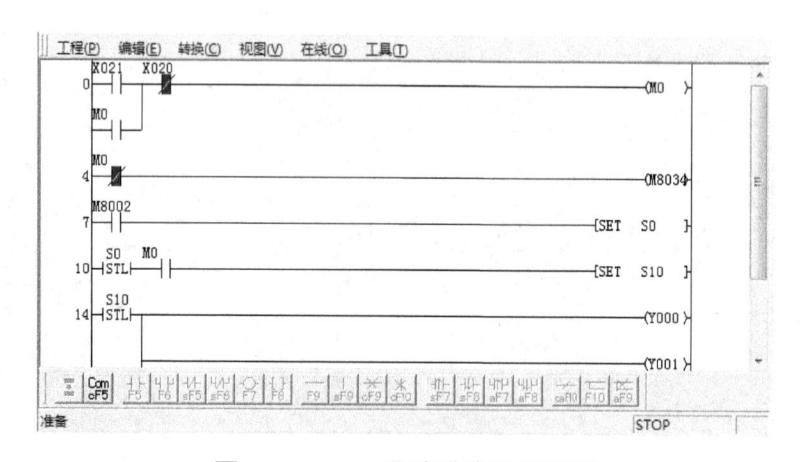

图 3-4-27　PLC 程序仿真运行界面

**步骤 6：运行、调试程序。**

（1）点动启动按钮 PB2，机器人把纸箱搬上输送带，输送带正转。

（2）纸箱到达装箱处停止，装 3 个水果，运到托盘。

（3）自动重复装箱输送。

（4）点动 PB1，停止工作。

项目三　学习 PLC 应用指令

# 任务五　设计与调试不同尺寸的部件分拣步进控制程序

## 学习目标

1. 掌握多流程工序流程图的设计方法。
2. 掌握多流程控制编程的步骤及方法。
3. 会用多流程步进编程方法设计与调试不同尺寸的部件分拣步进控制程序。

## 建议学时

**6** 学时：理论 **2** 学时，实训 **4** 学时

## 学习任务

本次学习任务是利用三菱 PLC 仿真软件（FX-TRN-BEG-C）开展的，在仿真软件"E：中级挑战"项目的"E-2.不同尺寸的部件分拣"界面完成不同尺寸的部件分拣控制程序的设计和调试。点动 PB1，机器人随机提供大、小号部件，输送带启动运送部件，部件经过由 X1、X2、X3 三个光电传感器组成的光电检测门后，根据部件规格大小，运送至不同的托盘；当部件传送到末端时，设备重复运行，共运送 5 个部件。PB2 为系统运行过程中的急停按钮。不同尺寸的部件分拣步进编程仿真界面如图 3-5-1 所示。

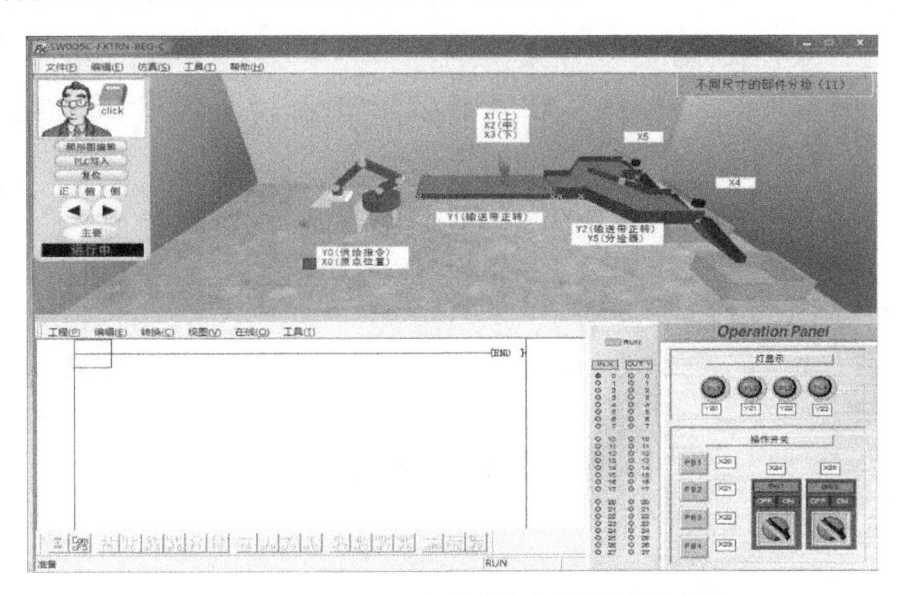

图 3-5-1　不同尺寸的部件分拣步进编程仿真界面

## 知识准备

多流程步进控制是指两个及两个以上分支步进动作的控制过程，其状态流程图也具有两条以上的状态转移支路。

### 一、多流程程序的特点

1. 多流程程序

多流程程序流程图如图 3-5-2 所示。

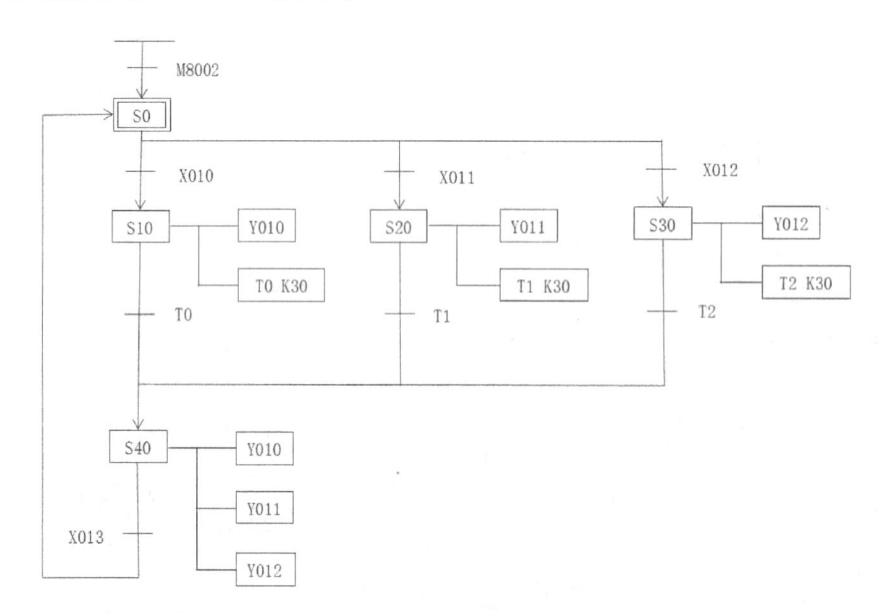

图 3-5-2 多流程程序流程图

2. 多流程程序的结构形式

（1）从三个流程中选择执行哪一个流程由转移条件 X010、X011、X012 决定。

（2）分支转移条件 X010、X011、X012 不能同时接通，哪个转移条件接通，就执行哪条分支。

（3）汇合状态 S40，可由 S10、S20、S30 中的任意一个工步驱动。

### 二、多流程编程

1. 多流程编程原则

先集中处理分支状态，然后再集中处理汇合状态。

2. 多流程控制的编程

多流程控制的编程与一般状态的编程一样，先进行驱动处理，然后进行转移处理，所有的转移处理按顺序执行，简称先驱动后转移。因此，首先对 S20 进行驱动处理（OUT Y0），然后按 S21、S31、S41 的顺序进行转移处理。选择性分支的程序如下。

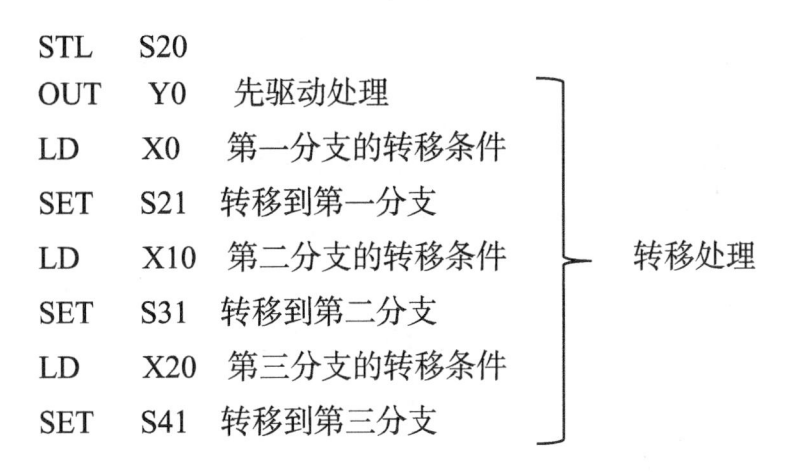

```
STL   S20
OUT   Y0    先驱动处理
LD    X0    第一分支的转移条件 ⎫
SET   S21   转移到第一分支      ⎪
LD    X10   第二分支的转移条件  ⎬ 转移处理
SET   S31   转移到第二分支      ⎪
LD    X20   第三分支的转移条件  ⎪
SET   S41   转移到第三分支      ⎭
```

3. 选择性汇合的编程

选择性汇合的编程是先进行汇合前状态的驱动处理，然后按顺序向汇合状态进行转移处理。因此，首先对第一分支（S21、S22）、第二分支（S31、S32）、第三分支（S41、S42）进行驱动处理，然后按 S22、S32、S42 的顺序向 S50 转移。选择性汇合的程序如下。

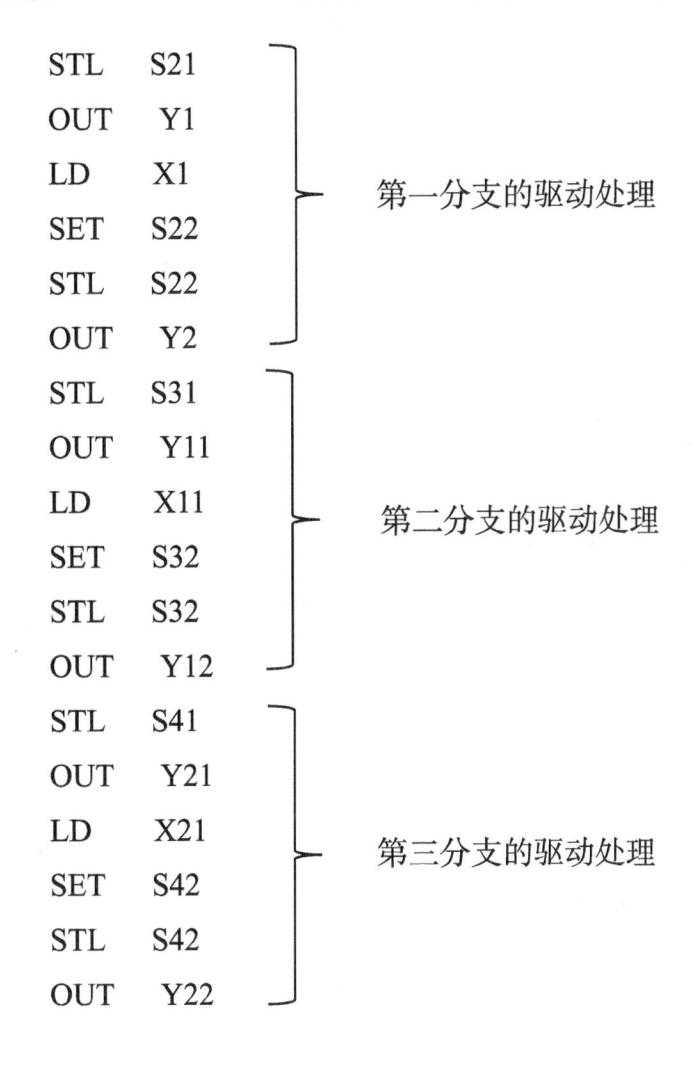

```
STL   S21   ⎫
OUT   Y1    ⎪
LD    X1    ⎪
SET   S22   ⎬ 第一分支的驱动处理
STL   S22   ⎪
OUT   Y2    ⎭

STL   S31   ⎫
OUT   Y11   ⎪
LD    X11   ⎪
SET   S32   ⎬ 第二分支的驱动处理
STL   S32   ⎪
OUT   Y12   ⎭

STL   S41   ⎫
OUT   Y21   ⎪
LD    X21   ⎪
SET   S42   ⎬ 第三分支的驱动处理
STL   S42   ⎪
OUT   Y22   ⎭
```

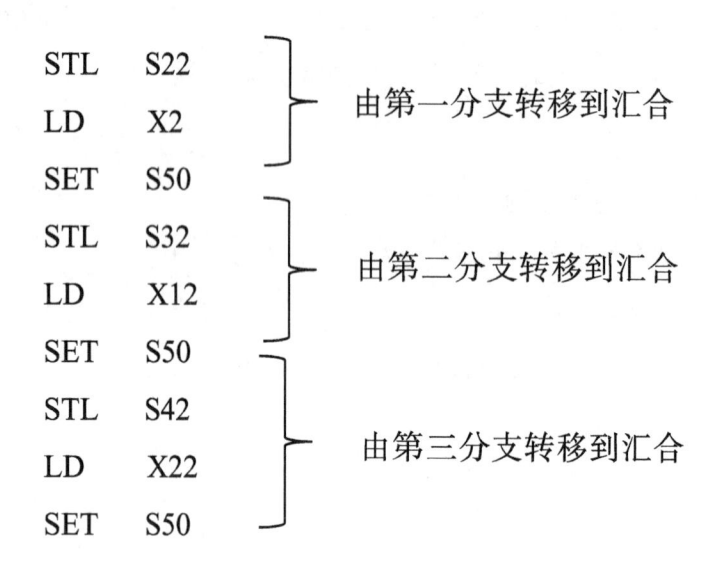

```
        STL   S22  ⎤
        LD    X2   ⎬  由第一分支转移到汇合
        SET   S50  ⎦
        STL   S32  ⎤
        LD    X12  ⎬  由第二分支转移到汇合
        SET   S50  ⎦
        STL   S42  ⎤
        LD    X22  ⎬  由第三分支转移到汇合
        SET   S50  ⎦
```

### 三、编程实例

例：用步进指令设计电动机正反转的控制程序。

控制要求：按正转启动按钮 SB1，电动机正转，按停止按钮 SB3，电动机停止；按反转启动按钮 SB2，电动机反转，按停止按钮 SB3，电动机停止；且热继电器具有保护功能。

（1）I/O 分配。

X000：停止按钮 SB3（常开）。

X001：正转启动按钮 SB1。

X002：反转启动按钮 SB2。

X003：热继电器 FR（常开）。

Y001：正转接触器 KM1。

Y002：反转接触器 KM2。

（2）状态转移图。

根据控制要求，电动机的正反转控制是一个具有两个分支的多流程。分支转移的条件是按下正转启动按钮 SB1 或按下反转启动按钮 SB2。汇合的条件是热继电器 FR 常开触点或停止按钮 SB3 的常开触点闭合。

初始状态 S0 可由初始脉冲 M8002 来驱动，其状态转移图及指令表，如图 3-5-3 所示。

（3）指令表。

根据图 3-5-3（a）所示的状态转移图，其指令表如图 3-5-3（b）所示。

（4）其梯形图如图 3-5-4 所示。

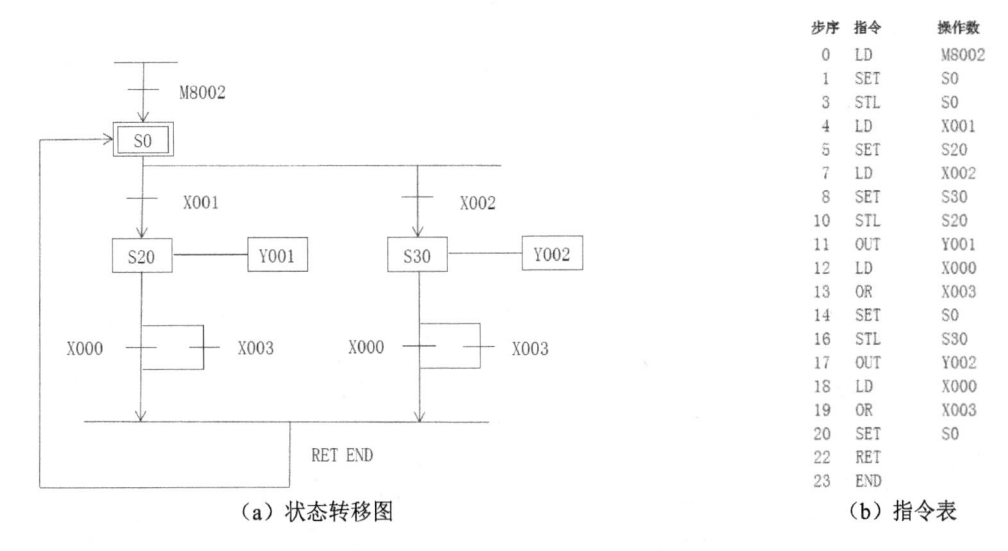

| 步序 | 指令 | 操作数 |
|---|---|---|
| 0 | LD | M8002 |
| 1 | SET | S0 |
| 3 | STL | S0 |
| 4 | LD | X001 |
| 5 | SET | S20 |
| 7 | LD | X002 |
| 8 | SET | S30 |
| 10 | STL | S20 |
| 11 | OUT | Y001 |
| 12 | LD | X000 |
| 13 | OR | X003 |
| 14 | SET | S0 |
| 16 | STL | S30 |
| 17 | OUT | Y002 |
| 18 | LD | X000 |
| 19 | OR | X003 |
| 20 | SET | S0 |
| 22 | RET | |
| 23 | END | |

(a) 状态转移图　　　　　　　　　　　　　　　(b) 指令表

**图 3-5-3　初始状态 S0 的状态转移图及指令表**

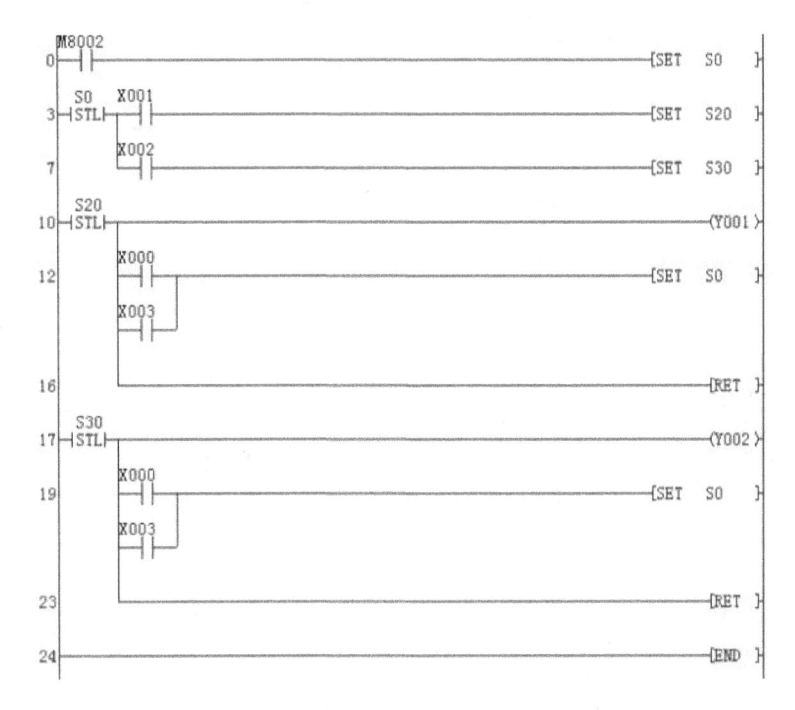

**图 3-5-4　梯形图**

## 🚌 任务实施

### 步骤 1：任务分析。

此次任务是设计不同尺寸的部件分拣控制程序，通过对定时器的运用实现以下控制。

（1）点动 PB1，机器人随机提供大号和小号部件，输送带正转。

（2）将大号部件输送到后部托盘，将小号部件输送到前部托盘。

（3）设备不断地将大、小号部件输送到相应的托盘，循环工作。

（4）PB2 为急停按钮，按下全部停机。

（5）机器人随机输送 5 个部件后停机。

### 步骤 2：列出 I/O 分配表。

不同尺寸的部件分拣控制 I/O 分配端口如表 3-5-1 所示。

表 3-5-1　不同尺寸的部件分拣控制 I/O 分配端口

| 输入部分 | | 输出部分 | |
|---|---|---|---|
| 输入元件 | PLC 编程元件 | 输出元件 | PLC 编程元件 |
| 原点位置 | X000 | 供给指令 | Y000 |
| 上端传感器 | X001 | 输送带正转 1 | Y001 |
| 中端传感器 | X002 | 输送带正转 2 | Y002 |
| 下端传感器 | X003 | 分拣器 | Y005 |
| 末端传感器 1 | X004 | | |
| 末端传感器 2 | X005 | | |
| 启动 | X020 | | |
| 停止 | X021 | | |

### 步骤 3：绘制 PLC 的外部接线图。

根据控制要求绘制不同尺寸的部件分拣 PLC 外部接线图，如图 3-5-5 所示。

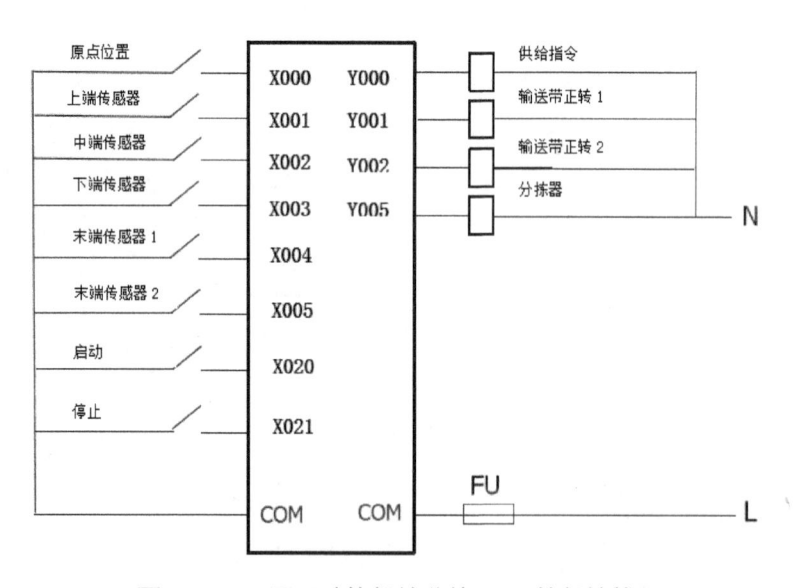

图 3-5-5　不同尺寸的部件分拣 PLC 外部接线图

### 步骤 4：设计 PLC 梯形图程序。

不同尺寸的部件分拣梯形图及指令表如图 3-5-6 所示。

### 步骤 5：上机实操。

（1）启动 FX-TRN-BEG-C 仿真软件，进入仿真软件首页。

（2）在仿真软件首页，单击练习项目"E：中级挑战"，如图3-5-7所示。

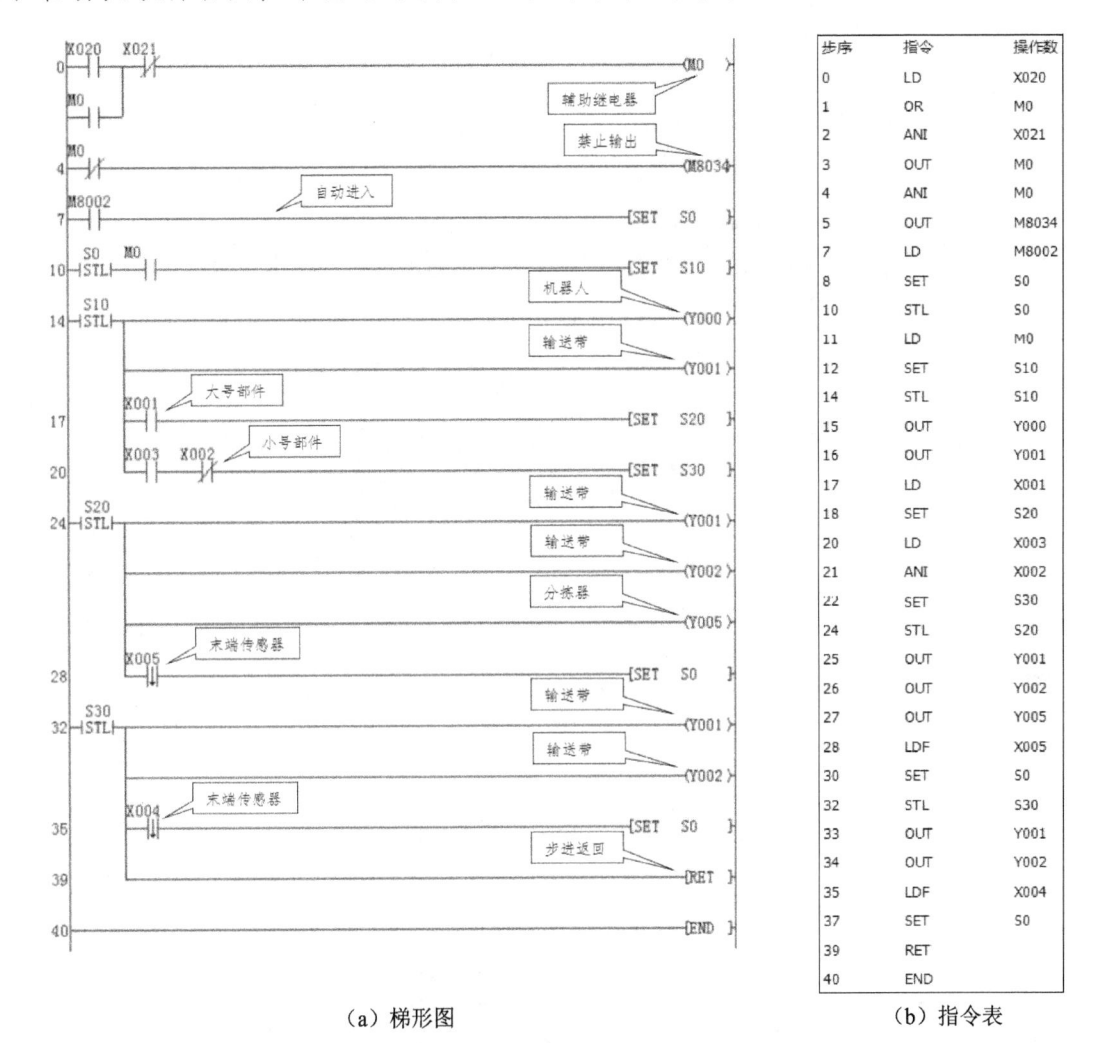

| 步序 | 指令 | 操作数 |
|---|---|---|
| 0 | LD | X020 |
| 1 | OR | M0 |
| 2 | ANI | X021 |
| 3 | OUT | M0 |
| 4 | ANI | M0 |
| 5 | OUT | M8034 |
| 7 | LD | M8002 |
| 8 | SET | S0 |
| 10 | STL | S0 |
| 11 | LD | M0 |
| 12 | SET | S10 |
| 14 | STL | S10 |
| 15 | OUT | Y000 |
| 16 | OUT | Y001 |
| 17 | LD | X001 |
| 18 | SET | S20 |
| 20 | LD | X003 |
| 21 | ANI | X002 |
| 22 | SET | S30 |
| 24 | STL | S20 |
| 25 | OUT | Y001 |
| 26 | OUT | Y002 |
| 27 | OUT | Y005 |
| 28 | LDF | X005 |
| 30 | SET | S0 |
| 32 | STL | S30 |
| 33 | OUT | Y001 |
| 34 | OUT | Y002 |
| 35 | LDF | X004 |
| 37 | SET | S0 |
| 39 | RET |  |
| 40 | END |  |

（a）梯形图　　　　　　　　　　　　（b）指令表

图 3-5-6　不同尺寸的部件分拣梯形图及指令表

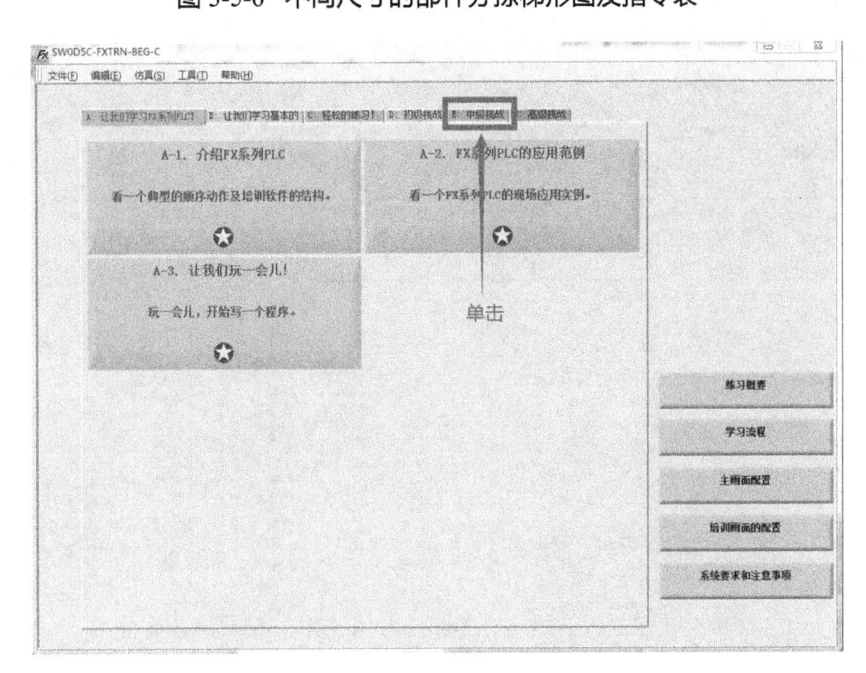

图 3-5-7　单击练习项目"E：中级挑战"

（3）在"E：中级挑战"界面单击"E-2.不同尺寸的部件分拣（Ⅱ）",如图3-5-8所示。

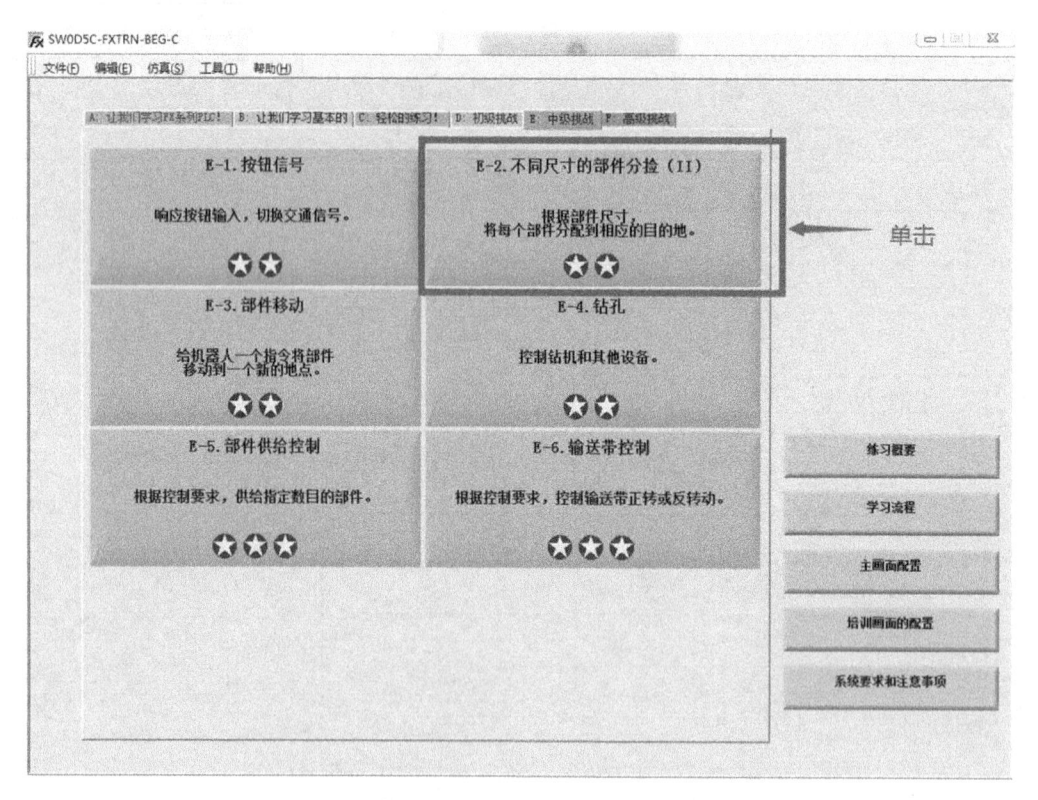

图3-5-8 单击"E-2.不同尺寸的部件分拣（Ⅱ）"

（4）进入"E-2.不同尺寸的部件分拣（Ⅱ）"仿真编程界面,如图3-5-9所示。

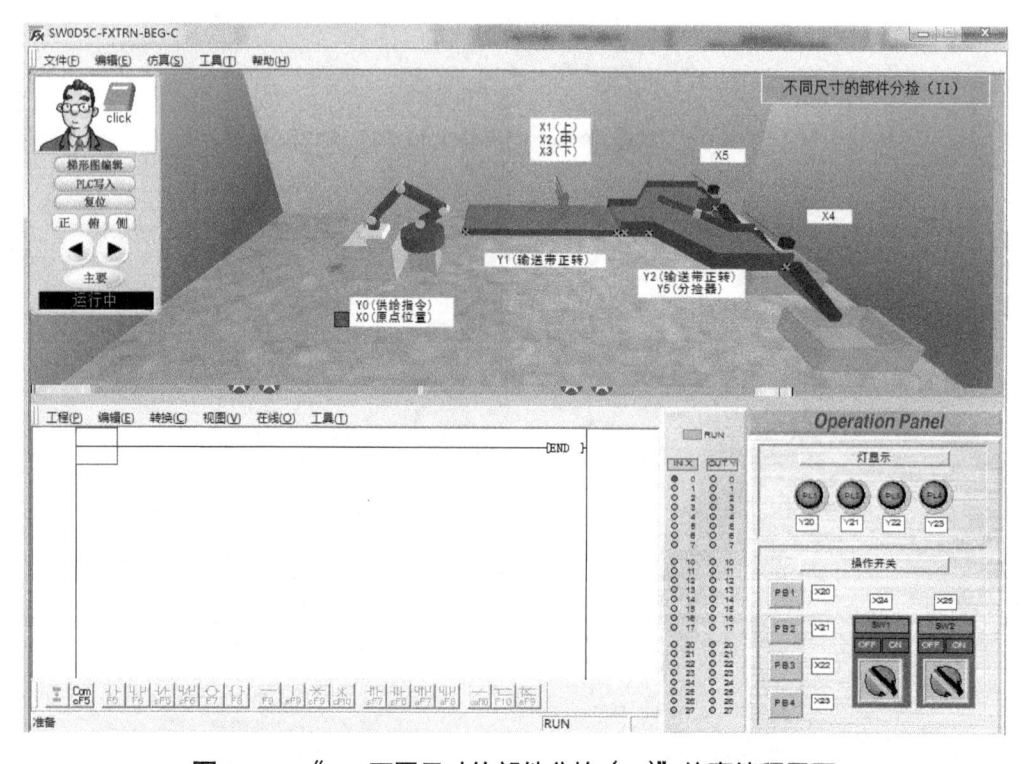

图3-5-9 "E-2.不同尺寸的部件分拣（Ⅱ）"仿真编程界面

（5）在"E-2.不同尺寸的部件分拣（Ⅱ）"仿真编程界面中单击"梯形图编辑"按钮，进入编程状态，如图 3-5-10 所示。

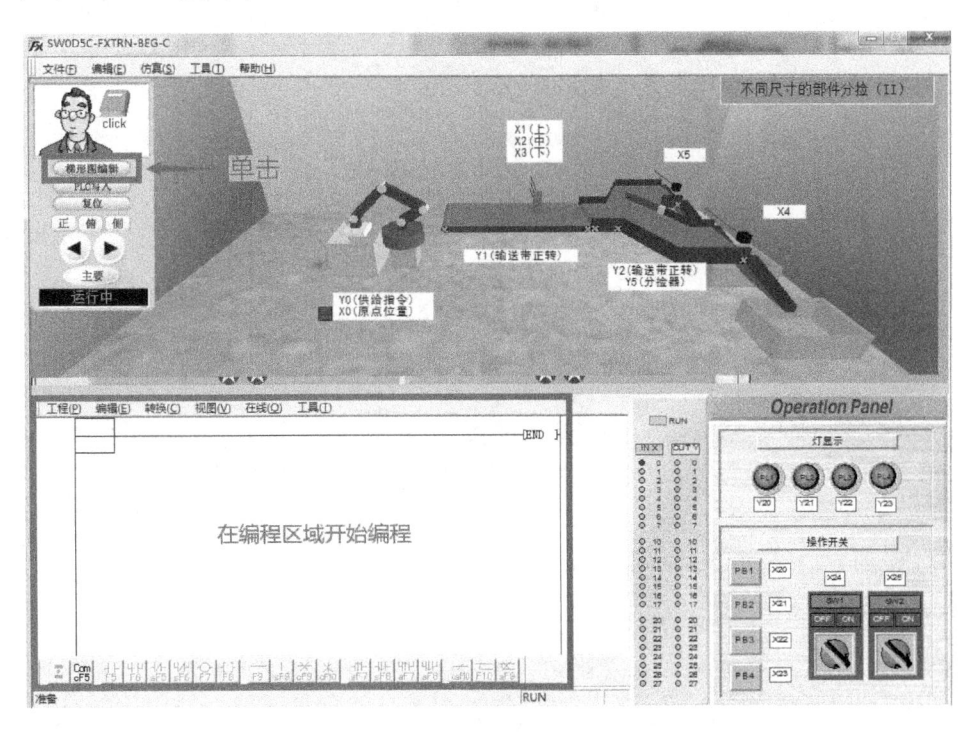

图 3-5-10　单击"梯形图编辑"按钮

（6）在"编程区域"输入"E-2.不同尺寸的部件分拣（Ⅱ）"梯形图，单击菜单栏中的"转换（C）　F4"，对输入的梯形图进行转换。转换得到的梯形图如图 3-5-11 所示。

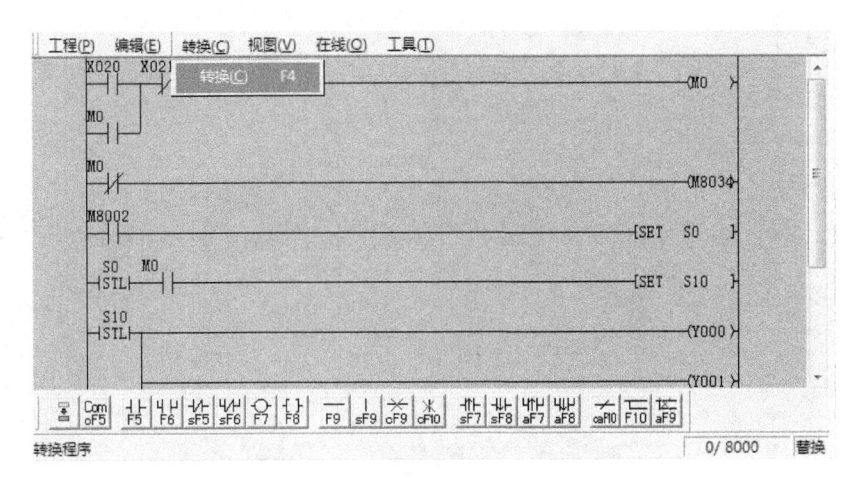

图 3-5-11　转换得到的梯形图

（7）如果程序转换发现错误，软件弹出一个"梯形图工具"错误提示窗口，如图 3-5-12 所示。

（8）修改程序中所有错误后，再次进行转换。完成转换的程序窗口如图 3-5-13 所示。

（9）把完成转换的程序写入仿真 PLC，单击"PLC 写入"按钮，如图 3-5-14 所示；程序写入中，如图 3-5-15 所示；程序写入完成，如图 3-5-16 所示。

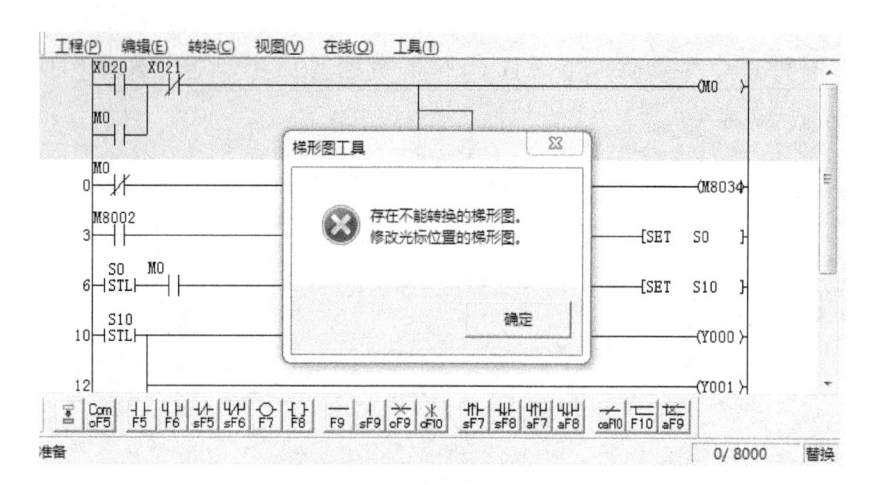

图 3-5-12　错误提示窗口

图 3-5-13　修改并完成转换的程序窗口

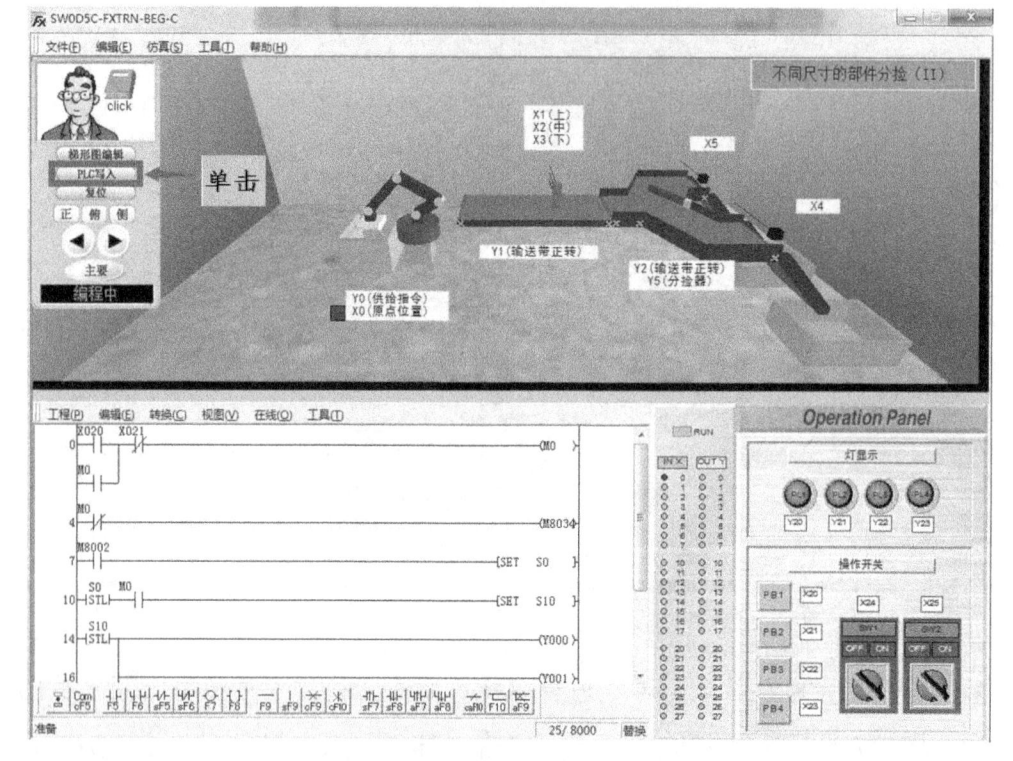

图 3-5-14　单击"写入 PLC"按钮

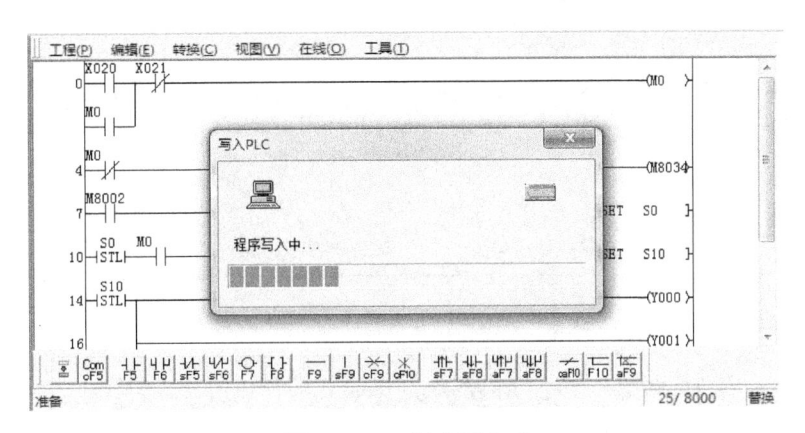

图 3-5-15 程序写入中

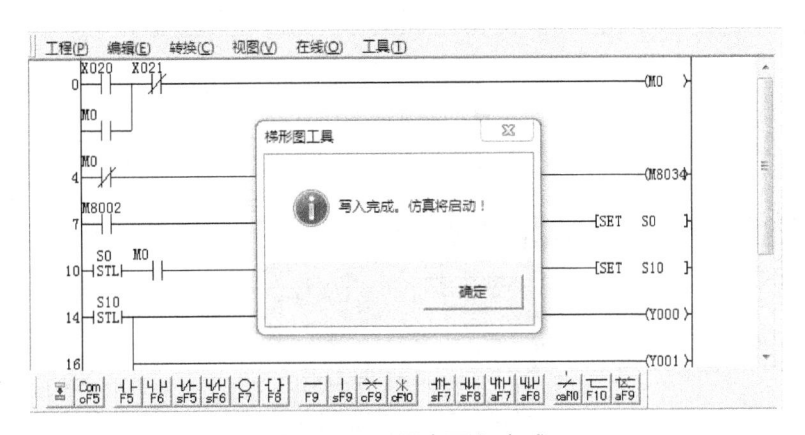

图 3-5-16 程序写入完成

（10）PLC 程序仿真运行界面如图 3-5-17 所示。

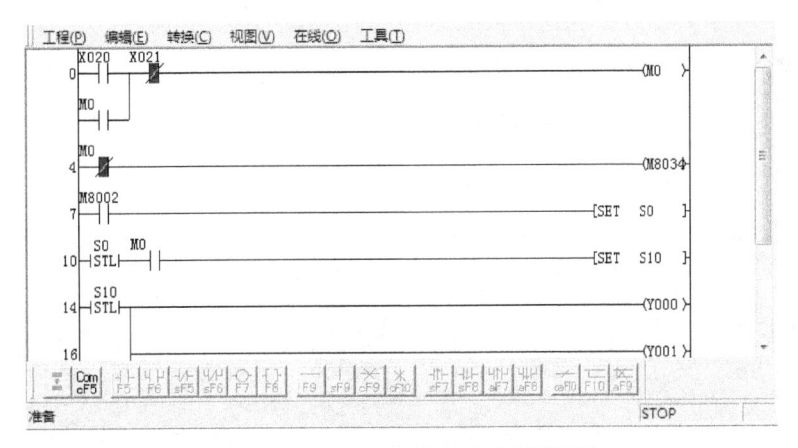

图 3-5-17 PLC 程序仿真运行界面

**步骤 6：运行、调试程序。**

（1）点动 PB1，机器人随机提供大号和小号部件，输送带正转。

（2）将大号部件输送到后部托盘，将小号部件输送到前部托盘。

（3）设备不断地将大、小部件输送到相应的托盘，循环工作。

（4）PB2 为急停按钮，按下全部停机。

（5）机器人随机输送 5 个部件后停机。

## 任务六  设计与调试部件分配步进程序

### 学习目标

1. 掌握多流程步进控制的编程方法。
2. 熟悉 PLC 边沿脉冲指令的使用方法。
3. 会用边沿脉冲指令设计部件分配步进控制程序和运行调试。

### 建议学时

**4** 学时：理论 **2** 学时，实训 **2** 学时

### 学习任务

本次学习任务是利用三菱 PLC 仿真软件（FX-TRN-BEG-C）开展的，在仿真软件 "F：高级挑战" 项目的 "F-3.部件分配" 界面完成部件分配步进控制程序的设计和调试，完成程序的编写。点动 PB2，机器人随机提供大、中、小三种部件，输送带正转；根据部件大小启动不同的输送带及推杆，将大小不同的部件推入各自的托盘，循环工作。点动 PB1，停止工作。部件分配步进编程仿真界面如图 3-6-1 所示。

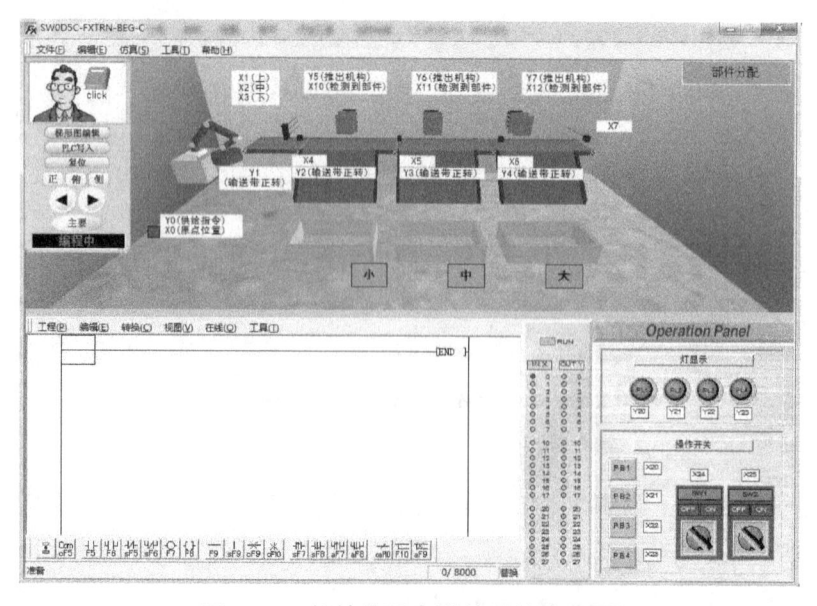

图 3-6-1  部件分配步进编程仿真界面

## 知识准备

### 一、边沿脉冲指令

上升沿等于是接通的瞬间给个瞬发信号，相当于通电信号。下降沿等于是断开的瞬间给个瞬发信号，相当于断电信号。

### 二、边沿脉冲指令的分类

边沿脉冲指令经常用于描述开关闭合（上升沿）和断开（下降沿）的一瞬间。

1. 上升沿脉冲触发指令（LDP）

LDP 对其之前逻辑运算结果的上升沿产生一个宽度为一个扫描周期的脉冲。

2. 下降沿脉冲触发指令（LDF）

LDF 对其之前的逻辑运算结果的下降沿产生一个宽度为一个扫描周期的脉冲。

例：检测传感器。

要求：人向前移动，触发 X0 上升沿触点，红灯（Y3）被点亮；人继续向前移动，触发 X1 下降沿触点，红灯（Y3）被熄灭，黄灯（Y5）被点亮；点动 PB1（X20），红灯和黄灯被熄灭。

（1）检测传感器仿真界面如图 3-6-2 所示。

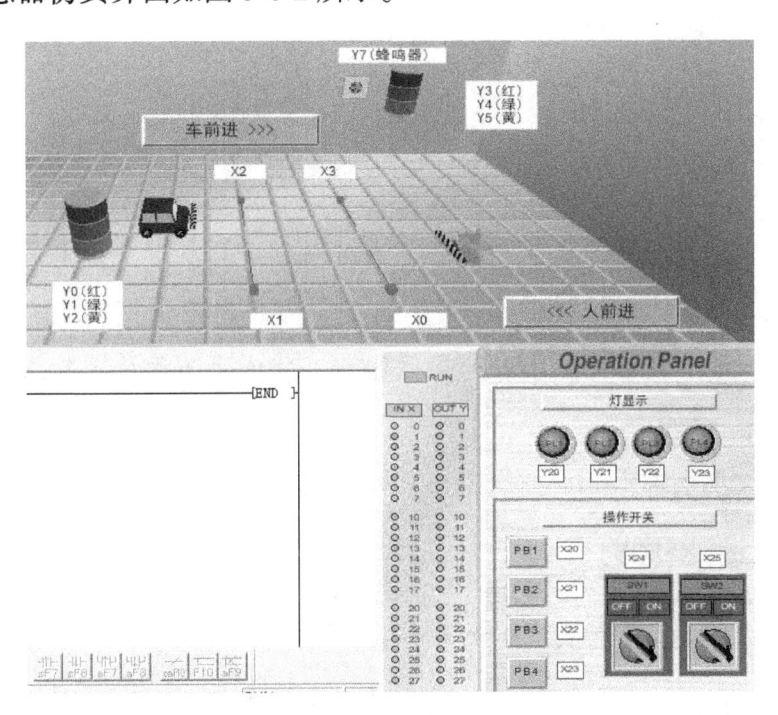

图 3-6-2 检测传感器仿真界面

（2）检测传感器位置图如图 3-6-3 所示。

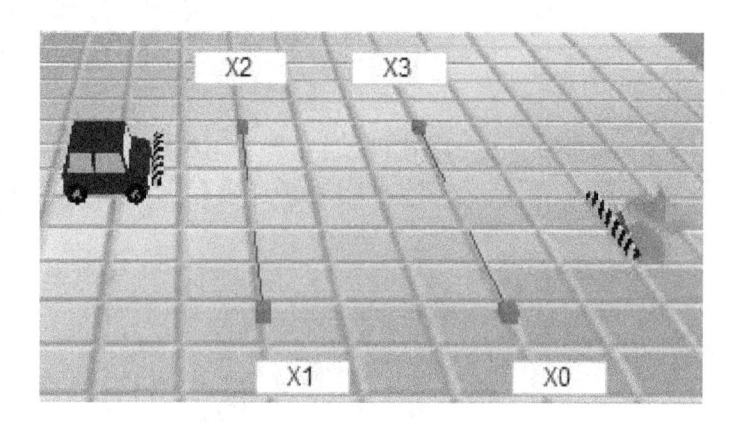

图 3-6-3 检测传感器位置图

（3）检测传感器编程梯形图如图 3-6-4 所示。

图 3-6-4 检测传感器编程梯形图

### 任务实施

**步骤 1：任务分析。**

此次任务是设计部件分配步进控制程序，通过对边沿脉冲指令的运用实现以下控制。

（1）点动 PB2，机器人随机提供大、中、小三种部件，输送带输送。

（2）根据部件大小，启动不同的输送带及推杆，将大小不同的部件推入各自的托盘，循环工作。

（3）点动 PB1，停止工作。

**步骤 2：列出 I/O 分配表。**

部件分配步进控制 I/O 分配端口如表 3-6-1 所示。

表 3-6-1　部件分配步进控制 I/O 分配端口

| 输入部分 | | 输出部分 | |
|---|---|---|---|
| 输入元件 | PLC 编程元件 | 输出元件 | PLC 编程元件 |
| 原点位置 | X000 | 原点位置供给指令 | Y000 |
| 上端传感器 | X001 | 输送带正转1 | Y001 |
| 中端传感器 | X002 | 输送带正转2 | Y002 |
| 下端传感器 | X003 | 输送带正转3 | Y003 |
| 边沿传感器1 | X004 | 输送带正转4 | Y004 |
| 边沿传感器2 | X005 | 小号部件推出机构 | Y005 |
| 边沿传感器3 | X006 | 中号部件推出机构 | Y006 |
| 末端传感器 | X007 | 大号部件推出机构 | Y007 |
| 压力传感器1 | X010 | | |
| 压力传感器2 | X011 | | |
| 压力传感器3 | X012 | | |
| 停止 | X020 | | |
| 启动 | X021 | | |

**步骤 3：绘制 PLC 的外部接线图。**

根据控制要求绘制部件分配步进 PLC 外部接线图，如图 3-6-5 所示。

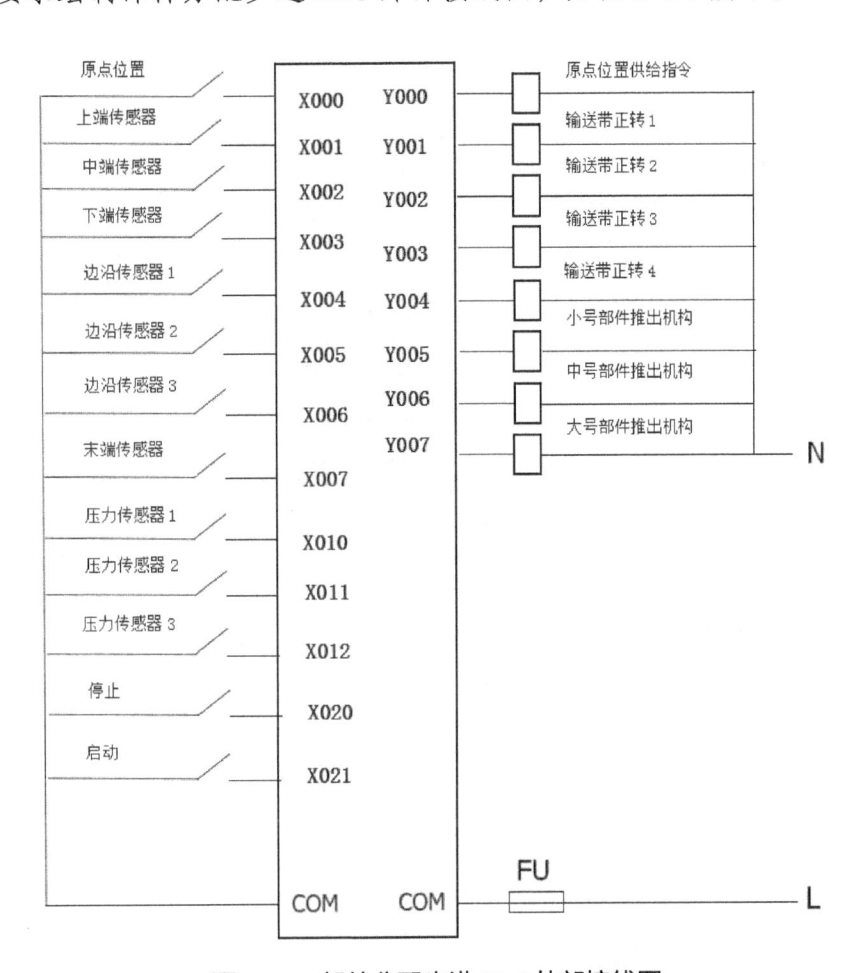

图 3-6-5　部件分配步进 PLC 外部接线图

### 步骤4：设计PLC梯形图。

部件分配步进控制梯形图及指令表如图3-6-6所示。

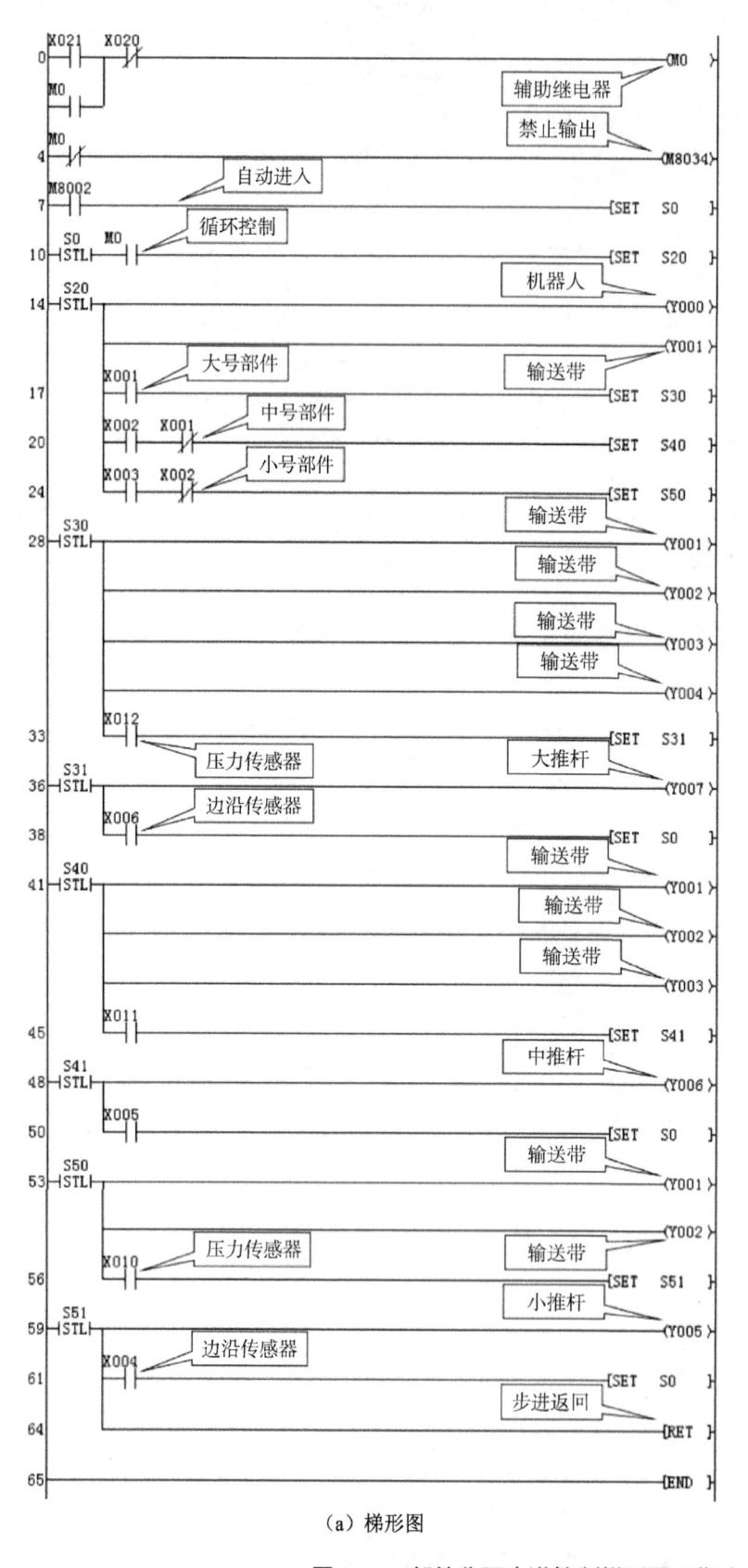

(a) 梯形图

| 步序 | 指令 | 操作数 |
|---|---|---|
| 0 | LD | X021 |
| 1 | OR | M0 |
| 2 | ANI | X020 |
| 3 | OUT | M0 |
| 4 | ANI | M0 |
| 5 | OUT | M8034 |
| 7 | LD | M8002 |
| 8 | SET | S0 |
| 10 | STL | S0 |
| 11 | LD | M0 |
| 12 | SET | S20 |
| 14 | STL | S20 |
| 15 | OUT | Y000 |
| 16 | OUT | Y001 |
| 17 | LD | X001 |
| 18 | SET | S30 |
| 20 | LD | X002 |
| 21 | ANI | X001 |
| 22 | SET | S40 |
| 24 | LD | X003 |
| 25 | ANI | X002 |
| 26 | SET | S50 |
| 28 | STL | S30 |
| 29 | OUT | Y001 |
| 30 | OUT | Y002 |
| 31 | OUT | Y003 |
| 32 | OUT | Y004 |
| 33 | LD | X012 |
| 34 | SET | S31 |
| 36 | STL | S31 |
| 37 | OUT | Y007 |
| 38 | LD | X006 |
| 39 | SET | S0 |
| 41 | STL | S40 |
| 42 | OUT | Y001 |
| 43 | OUT | Y002 |
| 44 | OUT | Y003 |
| 45 | LD | X011 |
| 46 | SET | S41 |
| 48 | STL | S41 |
| 49 | OUT | Y006 |
| 50 | LD | X005 |
| 51 | SET | S0 |
| 53 | STL | S50 |
| 54 | OUT | Y001 |
| 55 | OUT | Y002 |
| 56 | LD | X010 |
| 57 | SET | S51 |
| 59 | STL | S51 |
| 60 | OUT | Y005 |
| 61 | LD | X004 |
| 62 | SET | S0 |
| 64 | RST | |
| 65 | END | |

(b) 指令表

图3-6-6 部件分配步进控制梯形图及指令表

**步骤 5：上机实操。**

（1）启动 FX-TRN-BEG-C 仿真软件，进入仿真软件首页。

（2）在仿真软件首页单击练习项目"F：高级挑战"，如图 3-6-7 所示。

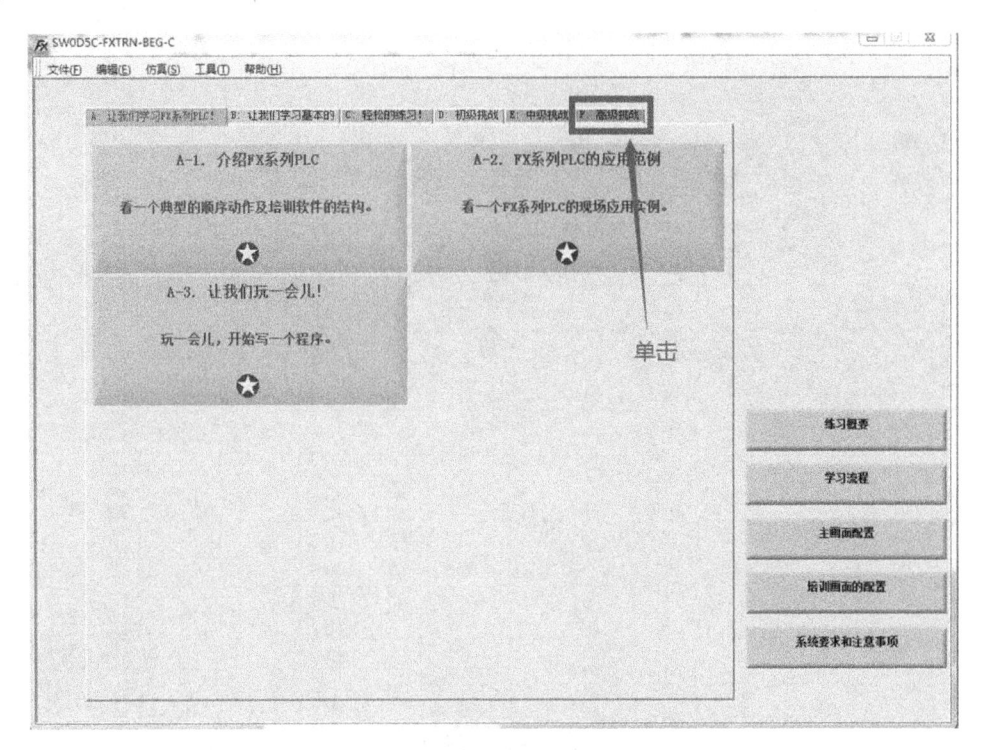

图 3-6-7　单击练习项目"F：高级挑战"

（3）在"F：高级挑战"界面单击"F-3.部件分配"，如图 3-6-8 所示。

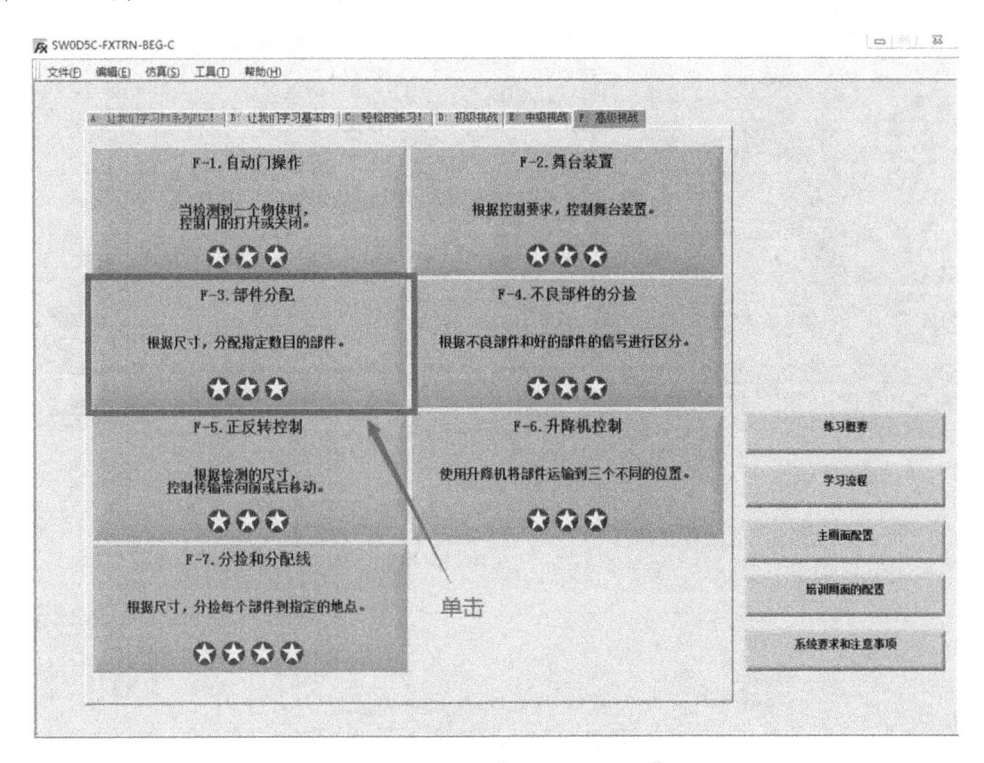

图 3-6-8　单击"F-3.部件分配"

（4）进入"F-3.部件分配"仿真编程界面，如图3-6-9所示。

（5）在"F-3.部件分配"仿真编程界面中单击"梯形图编辑"按钮，进入编程状态，如图3-6-10所示。

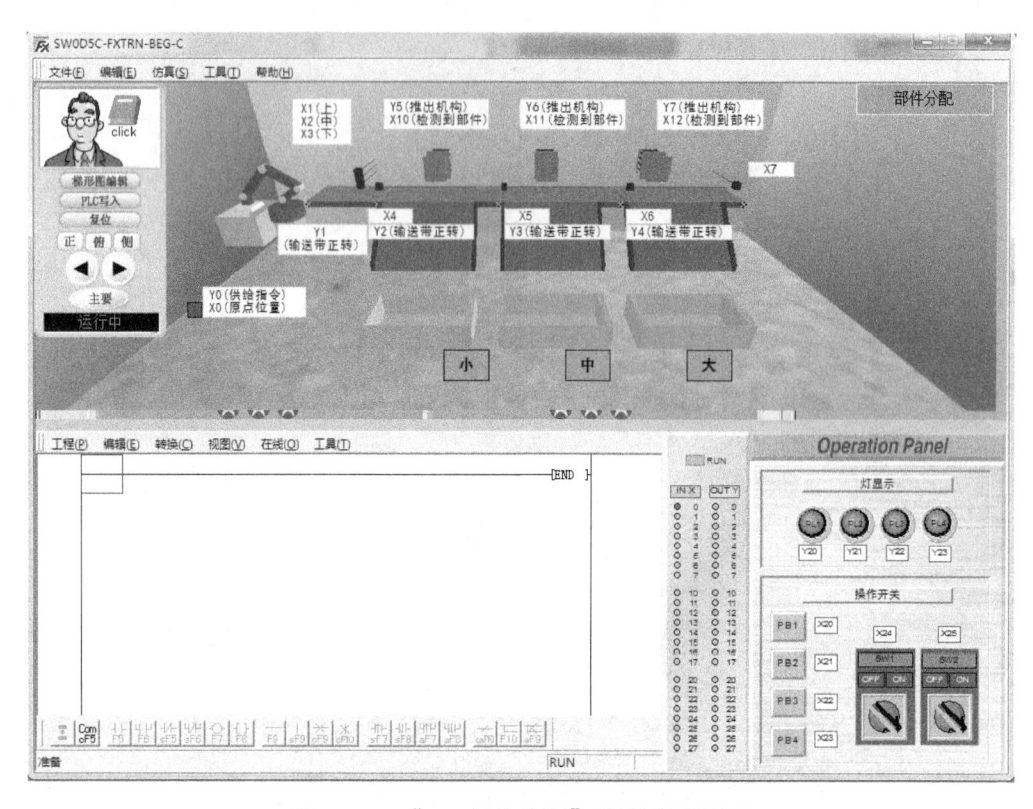

图3-6-9 "F-3.部件分配"仿真编程界面

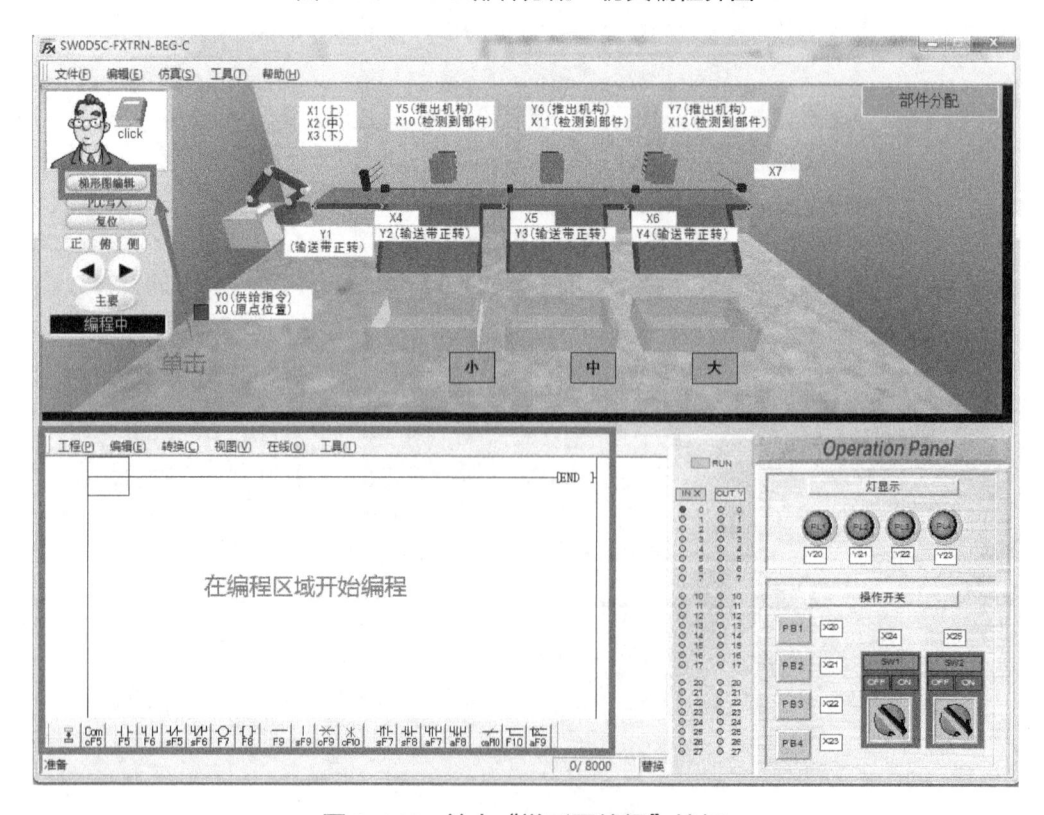

图3-6-10 单击"梯形图编辑"按钮

（6）在"编程区域"输入部件分配步进控制梯形图，单击菜单栏中的"转换（C） F4"，对输入的梯形图进行转换，如图 3-6-11 所示。

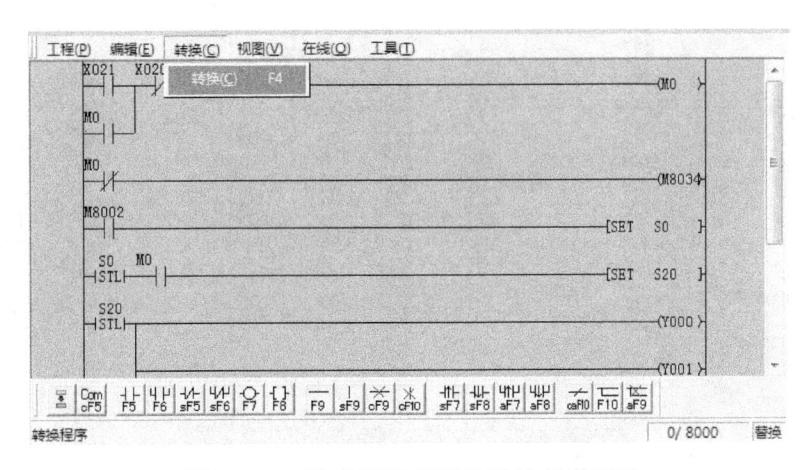

图 3-6-11 转换部件分配步进控制梯形图

（7）如果程序转换时发现错误，软件就会弹出一个"梯形图工具"错误提示窗口，如图 3-6-12 所示。

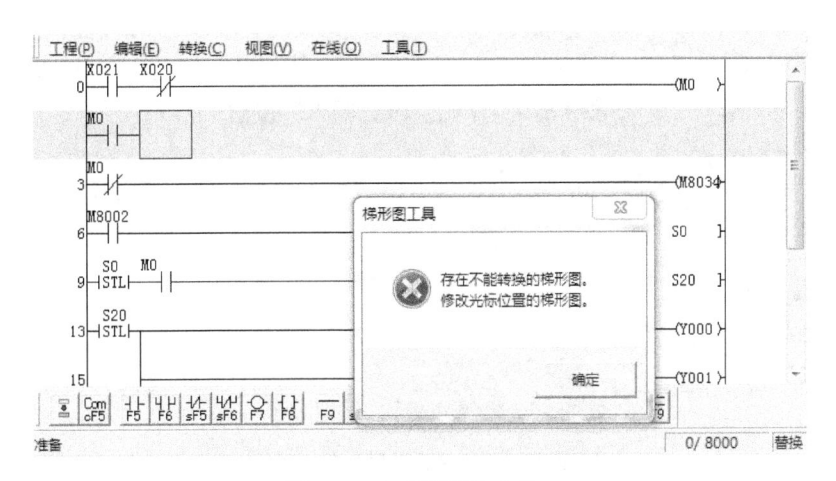

图 3-6-12 错误提示窗口

（8）修改程序中所有错误后，再次进行转换，完成转换的程序窗口，如图 3-6-13 所示。

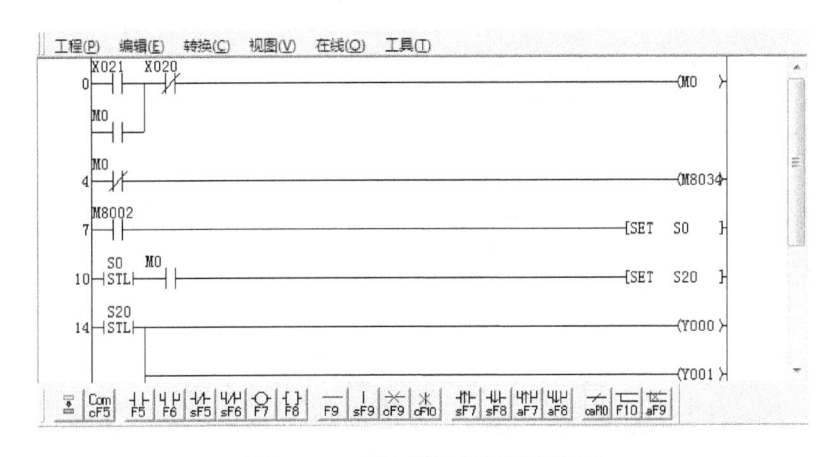

图 3-6-13 完成转换的程序窗口

（9）把完成转换的程序写入仿真PLC，单击"PLC写入"按钮，如图3-6-14所示；程序写入中，如图3-6-15所示；程序写入完成，如图3-6-16所示。

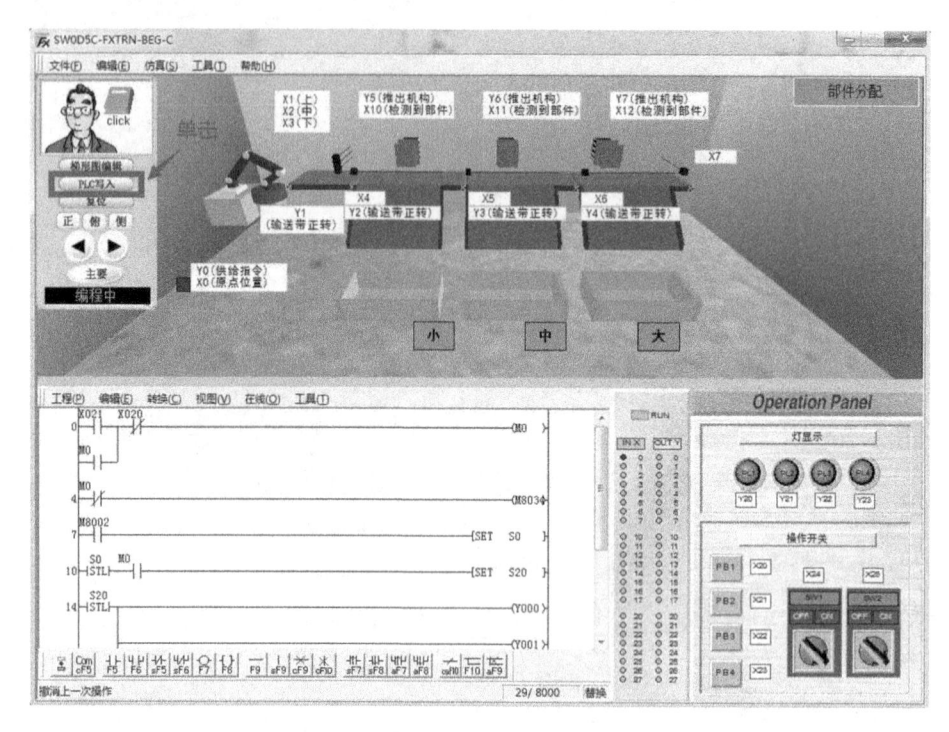

图 3-6-14  单击"PLC写入"按钮

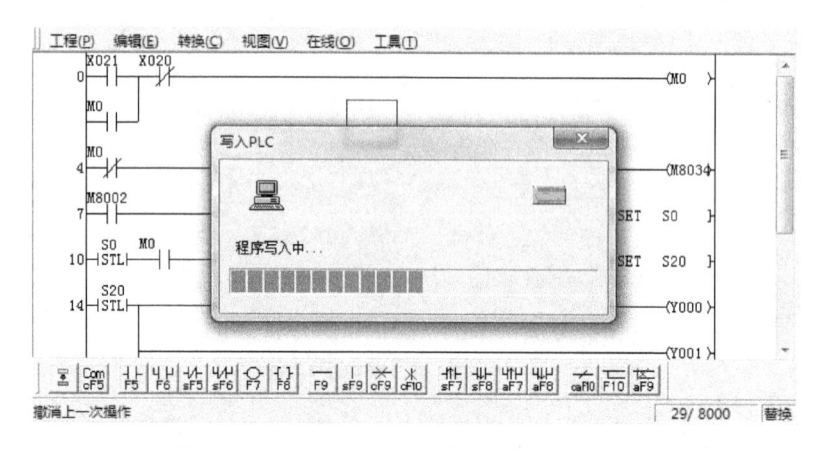

图 3-6-15  程序写入中

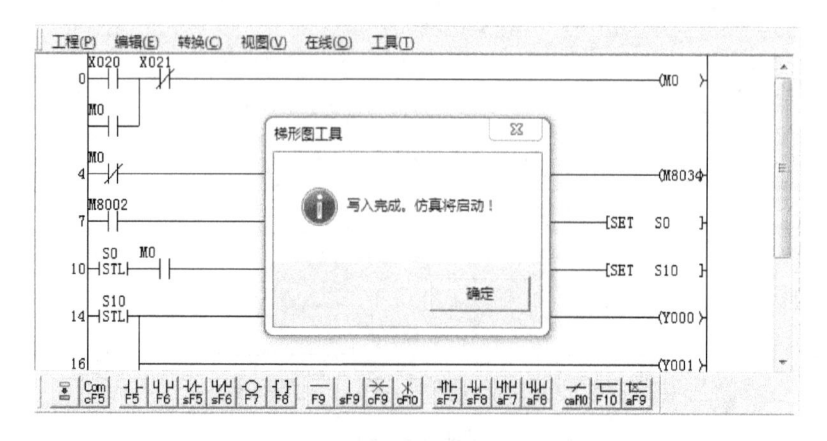

图 3-6-16  程序写入完成

（10）PLC 程序仿真运行界面如图 3-6-17 所示。

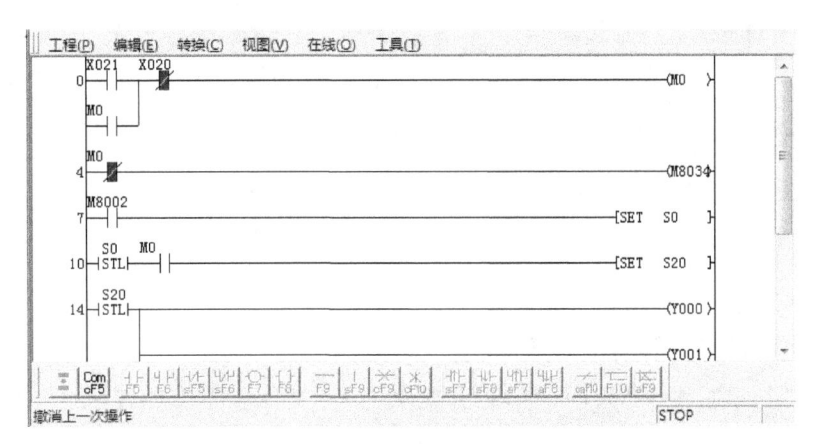

图 3-6-17　PLC 程序仿真运行界面

**步骤 6：运行、调试程序。**

（1）点动 PB2，机器人随机提供大、中、小三种部件，输送带输送。

（2）根据部件大小启动不同的输送带及推杆，将大小不同的部件推入各自的托盘，循环工作。

（3）点动 PB1，停止工作。

# 项 目 练 习

## 一、判断题

1．一个步进程序至少应该有一个初始步。（　　）

2．RET 指令称为"步进返回"指令，其功能是返回到原来左母线位置。（　　）

3．边沿脉冲指令包含上升沿脉冲触发指令和下降沿脉冲触发指令。（　　）

4．每个定时器都有常开触点和常闭触点，这些触点可以使用无数次。（　　）

5．普通计数器无断电保护功能，掉电计数器具有断电保护功能。（　　）

6．32 位增减计数器其计数方式由特色辅助继电器 M8200～M8235 的状态决定，当特色辅助继电器状态为 OFF 时，32 位增减计数器为减计数器。（　　）

## 二、选择题

1．状态流程图（顺序功能图）由步、动作、有向线段和（　　）组成。

A．转换　　　　　B．转换条件　　　　C．初始步　　　　D．触点

2．在顺序功能图中，步之间实现转换应该具备的条件是转换条件满足和（　　）。

A．一个前级步为活动步　　　　　　　B．所有前级步为活动步

C. 前一步为活动步　　　　　　　　D. 后一步为活动步

3. 计数器除了计数端，还需要一个（　　）端。

A. 置位　　　　　B. 输入　　　　　C. 输出　　　　　D. 复位

4. 运行监控的特殊辅助继电器是（　　）。

A. M8002　　　　B. M8001　　　　C. M8000　　　　D. M8011

### 三、填空题

1. T1 设定值为 K10，设定时间是_____s。

2. RST 指令和 SET 指令在任何情况下都是_____指令优先执行。

3. 步进指令的特点是_____。

4. 步进指令中的 STL 对_____有效。

### 四、简答题

1. 如何实现一盏灯的断电延时？如当按下启动按钮 PB2 时，绿灯马上得电；当按下停止按钮 PB1 时，绿灯延时 2s 断电。

2. 图 3-3-7（a）中的程序控制设备运行，运料到第五个，设备停机，最后一个工件是停留在输送带末端，还是掉落地面？黄灯和蜂鸣器是否停止？

3. 三段输送带的顺序控制。用一只启动按钮（SB1）和一只停止按钮（SB3）实现三段输送带的顺序启停控制，每按一次按钮能顺序启停一段输送带。I/O 配置和仿真界面参考仿真软件的 D-6 界面。

4. 图 3-3-7（a）中的程序，若想在最后一个工件掉落地面、黄灯和蜂鸣器停止后设备再停机，可采取什么措施？

### 五、编程题

1. 在仿真软件的 E-4 界面，完成钻孔控制程序的设计及调试。

任务要求如下。

（1）全体控制。

① 操作面板上的 PB1（X20）被按下以后，漏斗上的供给指令（Y0）变为 ON。当松开 PB1（X20）以后，供给指令（Y0）变为 OFF。当供给指令（Y0）变为 ON 时，漏斗补给一个部件。

② 当操作面板上的 SW1（X24）变为 ON 以后，输送带正转。当 SW1（X24）变为 OFF 时，输送带停止。

（2）钻洞控制。

① 当转头中的部件在钻机下（X1）的传感器变为 ON 时，输送带停止。

② 当开始钻孔（Y2）被置为ON时，钻洞开始。开始钻孔（Y2）在钻孔（X0）为ON时被置为OFF。

③ 当开始钻孔（Y2）被置为ON以后，并且在钻机启动一个完整的周期后钻孔正常（X2）或钻孔异常（X3）中的一个将被置为ON。（钻机动作不能被中断。）

④ 在确认钻孔正常（X2）或钻孔异常（X3）之后，机件被送到右边的碟子。钻了多个洞以后，钻孔异常（X3）被置为ON。

2. 在仿真软件F-2界面，完成舞台装置控制程序的设计及调试。

任务要求：

（1）自动控制规格。

① 当操作面板上的"开始"（X16）按钮被按下时，蜂鸣器（Y5）拉响5s。仅仅当台幕关闭和舞台降到最低点时，"开始"（X16）按钮可以被置为ON。

② 当警报器停止后，窗帘打开指令（Y0）被置为ON而且台幕会被拉开到左右端（X2和X5）。

③ 在台幕被完全拉开后，在舞台上升指令（Y2）为ON时舞台开始上升，当舞台到达上升极限（X6）时舞台停止。

④ 当按下操作面板上的"结束"（X17）按钮以后，窗帘关闭指令（Y1）被置为ON，而且台幕完全关闭（左右两片台幕的最小距离限制为X2和X5）。

（2）手动控制规格。

① 接下来的操作仅在以上自动操作停止时有效。

② 台幕仅在操作面板上的"窗帘开"（X10）按钮被按下时拉开。台幕会在它们到达极限（X2及X5）时停止打开。

③ 台幕仅在操作面板上的"窗帘关"（X11）被按下时关闭。台幕会在它们到达极限（X0及X3）时停止关闭。

④ 只有按下操作面板上的"▲舞台上升"（X12）按钮以后舞台才开始上升。当舞台到达上升极限（X6）时停止。

⑤ 只有按下操作面板上的"▼舞台下降"（X13）按钮以后舞台才开始下降。当舞台到达下降极限（X7）时停止。

⑥ 根据台幕和舞台的动作，操作面板上的指示灯会点亮或熄灭

# 项目四

# 学习 PLC 功能指令

## 任务一　认识功能指令

### 学习目标

1. 了解功能指令的基础知识。
2. 了解 FX3U 系列 PLC 功能指令的格式。
3. 熟悉功能指令的操作元件和使用规则。
4. 学会功能指令的编程方法。

### 建议学时

**2** 学时：理论 **1** 学时，实训 **1** 学时

### 学习任务

本次学习任务是利用三菱 PLC 仿真软件（FX-TRN-BEG-C）开展的，在"B：让我们学习基础的"项目的"B-3.控制优先程序"界面完成常用的功能指令输入，如 MOV 传送指令、ADD 加法指令。功能指令编程练习仿真界面如图 4-1-1 所示。

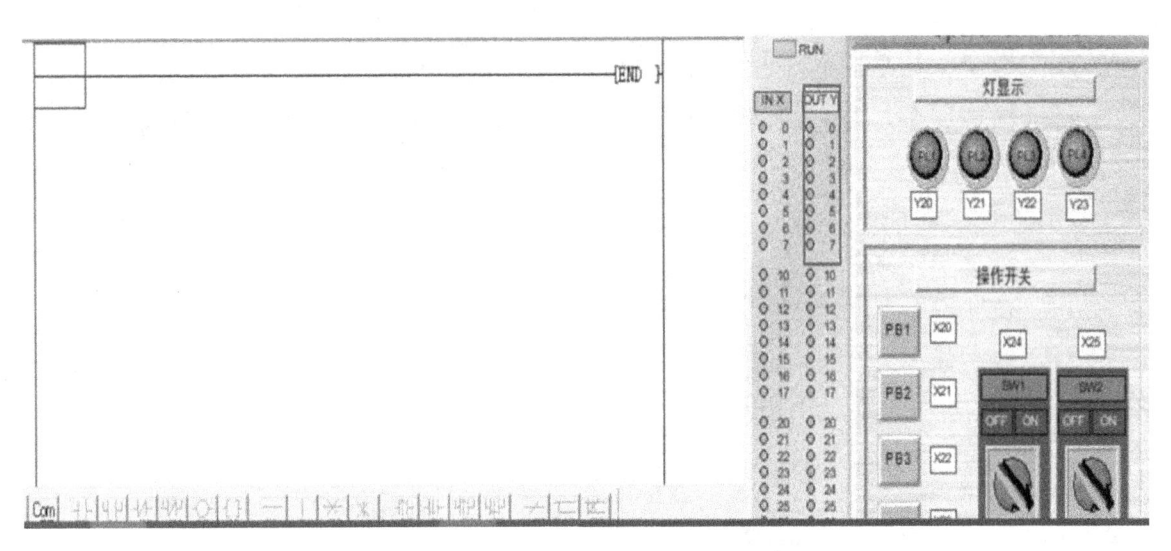

图 4-1-1　功能指令编程练习仿真界面

## 🔬 知识准备

在 PLC 程序设计中，基本逻辑指令主要用于逻辑量的处理，功能指令则用于对数字量的处理，功能指令（又称应用指令）是对基本逻辑指令的扩充，它的出现使 PLC 的应用从逻辑顺序控制扩展到模拟量控制、运动控制和通信控制。三菱 PLC 功能指令有数据计算、移位、传送、脉冲输出、高速计数、数据转换等。

### 一、三菱 PLC 功能指令的分类

三菱 PLC 的功能指令虽然有很多，但基本可以分为以下几类。

（1）基本功能指令：其是常用的功能指令，包括程序流程控制指令、传送与比较指令、移位指令等。

（2）数值运算指令：其是对数值进行各种运算的指令，包括二进制运算指令、浮点运算指令、逻辑位运算指令等。

（3）数据处理指令：其是对数据进行转换、复位等处理的指令，包括码制转换、编码译码、信号报警及各种数据处理指令等。

（4）外部设备指令：其是 PLC 与外围设备进行联系和控制应用的外围设备指令，如通信、特殊模块读/写、PID 运算及变频器通信控制指令等。

（5）高速处理指令：该指令包括 PLC 内置高速计数器的处理指令和影响 PLC 操作系统处理的 PLC 控制指令。

（6）脉冲输出和定位指令：其是与定位控制有关的指令，包括脉冲输出控制指令、定位控制指令等。

（7）方便指令：其是以简单指令形式完成复杂的控制功能的指令。

（8）时钟运算指令：其是对时间和实时时钟数据进行运算、比较等处理的指令。

## 二、功能指令的格式

三菱 FX 系列 PLC 功能指令的格式如图 4-1-2 所示：

```
     X000                [S(.)] [n]   [D(.)]
    ─┤├──────────[ (D)ADD(P)  D0   K10   K1Y000 ]─
                      ↑                ↑
                    助记符            操作元件
```

**图 4-1-2　三菱 FX 系列 PLC 功能指令的格式**

功能指令主要由助记符和操作元件组成。

（1）助记符：表示指令的功能，如 MEAN、ADD、MOV 等。

（2）操作元件：指明参与操作的对象，包括源操作元件、目标操作元件和其他操作元件。

① S（.）表示源操作元件，其内容不随指令执行而变化。

② D（.）表示目标操作元件，其内容随指令执行而改变。

③ n 表示其他操作元件，常用来表示常数或作为源操作元件或目标操作元件的补充说明，可用十进制的 K、十六进制的 H 和数据寄存器 D 来表示。

## 三、功能指令的规则

### 1. 功能指令中数据长度的指示

三菱 FX 系列 PLC 功能指令可处理 16 位数据或 32 位数据，指令助记符前无"D"，表示处理 16 位数据；指令助记符前加上"D"，则表示处理 32 位数据。在如图 4-1-3 所示的功能指令数据长度指示示例中，第一条指令处理 16 位数据，即 D0 和 D10 分别表示 16 位数据寄存器；第二条指令处理 32 位数据，即指令中标出的源操作元件 D100 表示低 16 位数据寄存器，还隐含了一个源操作元件 D101，表示高 16 位数据寄存器，而目标操作元件 D200 表示低 16 位数据寄存器，D201 表示高 16 位数据寄存器。

```
     X020
0   ─┤├──────────────────────────[ MOV   D0    D10  ]─
     X021
6   ─┤├──────────────────────────[ DMOV  D100  D200 ]─
```

**图 4-1-3　功能指令数据长度指示示例**

2. 功能指令的执行方式

图 4-1-2 中指令助记符 ADD 的后面有一个符号"P",表示功能指令的执行方式。三菱 FX 系列 PLC 的功能指令执行方式有连续执行和脉冲执行两种方式,指令助记符后无"P",表示连续执行方式;指令助记符后加上"P"则表示脉冲执行方式。

在如图 4-1-4 所示的功能指令的连续执行方式示例中,当 X021 为 ON 时,DMOV 指令每个扫描周期都要执行一次。在如图 4-1-5 所示的功能指令的脉冲执行方式示例中,MOVP 指令只在 X020 由 OFF 变为 ON 的第一个扫描周期被执行一次。

P 和 D 可同时使用,如 DMOVP 表示 32 位数据的脉冲执行方式。

```
X021
――| |――――――――――――――――――――――[DMOV  D100  D200]
```

图 4-1-4 功能指令的连续执行方式

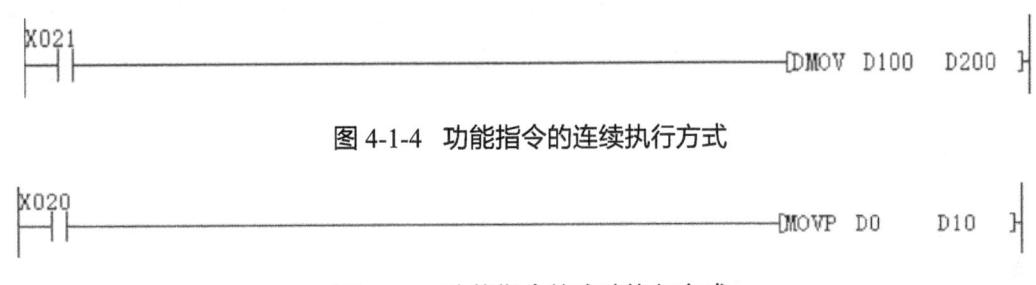

```
X020
――| |――――――――――――――――――――――[MOVP  D0    D10]
```

图 4-1-5 功能指令的脉冲执行方式

3. 功能指令的适用软元件

(1)位元件。只具有接通(ON 或 1)或断开(OFF 或 0)两种状态的元件称为位元件。

(2)字元件。字元件是位元件的有序集合。FX 系列的字元件最少 4 位,最多 32 位。字元件的范围如表 4-1-1 所示。

表 4-1-1 字元件的范围

| 符号 | 表示内容 |
| --- | --- |
| K$n$X | 输入继电器位元件组合的字元件,也称为输入位组件 |
| K$n$Y | 输出继电器位元件组合的字元件,也称为输出位组件 |
| K$n$M | 辅助继电器位元件组合的字元件,也称为辅助位组件 |
| K$n$S | 状态继电器位元件组合的字元件,也称为状态位组件 |
| T | 定时器 T 的当前值寄存器 |
| C | 计数器 C 的当前值寄存器 |
| D | 数据寄存器 |
| V、Z | 变址寄存器 |

(3)位组件。多个位元件按一定规律的组合称为位组件。例如,输出位组件 K$n$Y0,K 表示十进制,$n$ 表示组数,$n$ 的取值为 1~8,每组有 4 个位元件,Y0 是输出位组件的最低位。K$n$Y0 的全部组合及适用指令范围如表 4-1-2 所示。

表 4-1-2　KnY0 的全部组合及适用指令范围

| 指令适用范围 | | 位组件 | 包含的位元件最高位～最低位 | 位元件个数 |
| --- | --- | --- | --- | --- |
| n 取值为 1～8 的指令 | n 取值为 1～4 只适用于 16 位指令 | K1Y0 | Y3～Y0 | 4 |
| | | K2Y0 | Y7～Y0 | 8 |
| | | K3Y0 | Y13～Y0 | 12 |
| | | K4Y0 | Y17～Y0 | 16 |
| | n 取值为 5～8 只适用于 32 位指令 | K5Y0 | Y23～Y0 | 20 |
| | | K6Y0 | Y27～Y0 | 24 |
| | | K7Y0 | Y33～Y0 | 28 |
| | | K8Y0 | Y37～Y0 | 32 |

其中 K 与 H 是常数，在 PLC 中作为软元件处理；KnH、KnY、KnM、KnS 是组合位元件。

## 任务实施

### 步骤 1：任务分析。

利用仿真软件，输入常见的功能指令，如 MOV、ADD 指令。功能指令编程练习界面如图 4-1-6 所示。

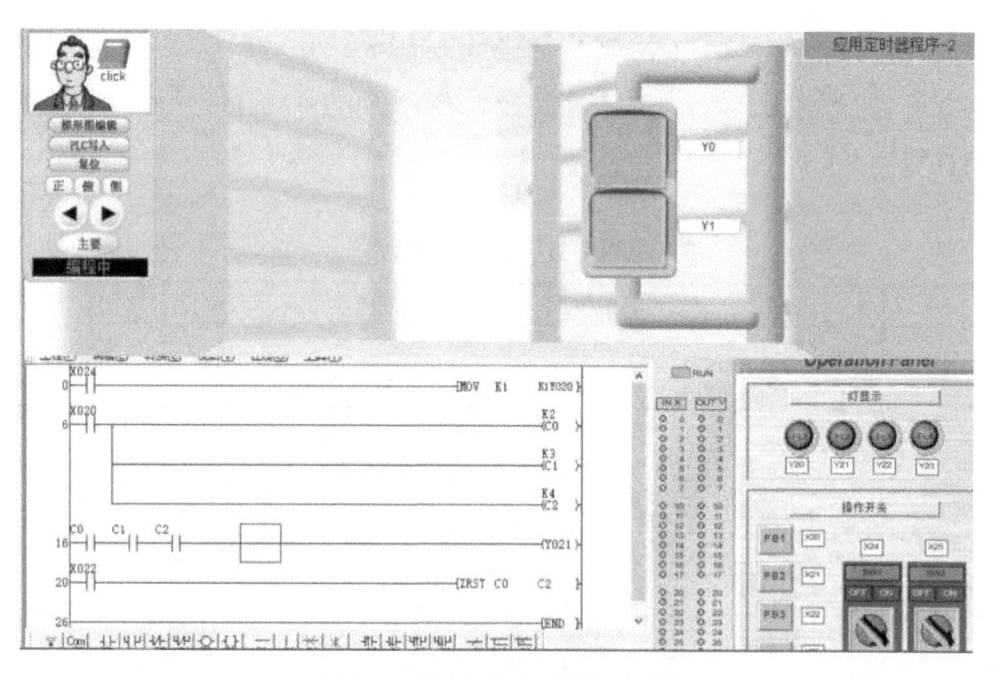

图 4-1-6　功能指令编程练习界面

### 步骤 2：上机实操。

（1）启动 FX-TRN-BEG-C 仿真软件，进入仿真软件首页。

（2）在仿真软件首页，单击练习项目"B：让我们学习最基本的"，然后单击"B-3.控制优先程序"如图 4-1-7 所示。

项目四 学习PLC功能指令

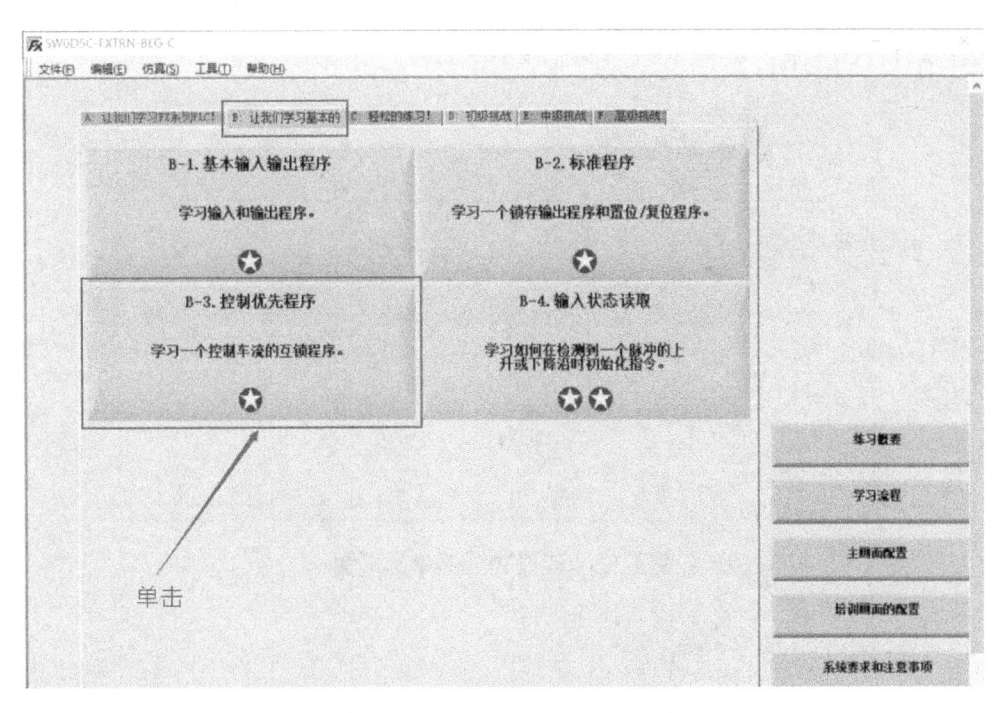

图 4-1-7 单击"B-3.控制优先程序"

(3)进入"B-3.控制优先程序"仿真编程界面,单击"梯形图编辑"按钮,进入编程状态,如图 4-1-8 所示。

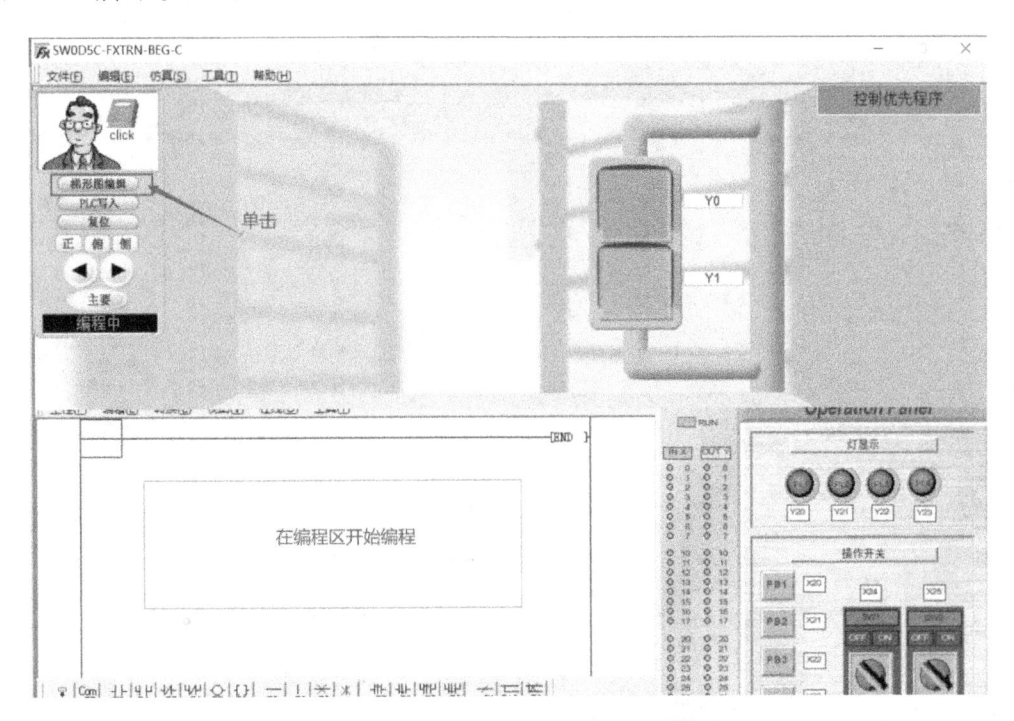

图 4-1-8 "B-3.控制优先程序"仿真编程界面

(4)在"编程区域"输入功能指令梯形图,单击菜单栏中的"转换(C) F4",对输入的梯形图进行转换,如图 4-1-9 所示。

(5)把完成转换的程序写入仿真 PLC,单击"PLC 写入"按钮,如图 4-1-10 所示;程序

151

写入中，如图 4-1-11 所示；程序写入完成，如图 4-1-12 所示。

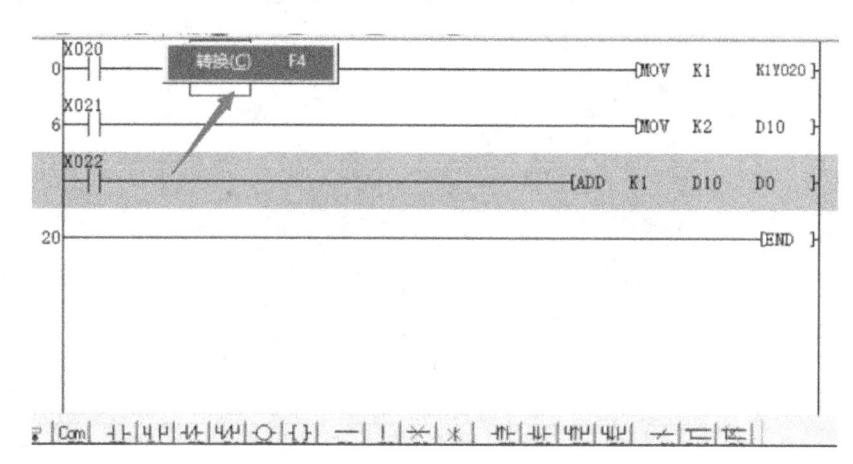

图 4-1-9 转换功能指令梯形图

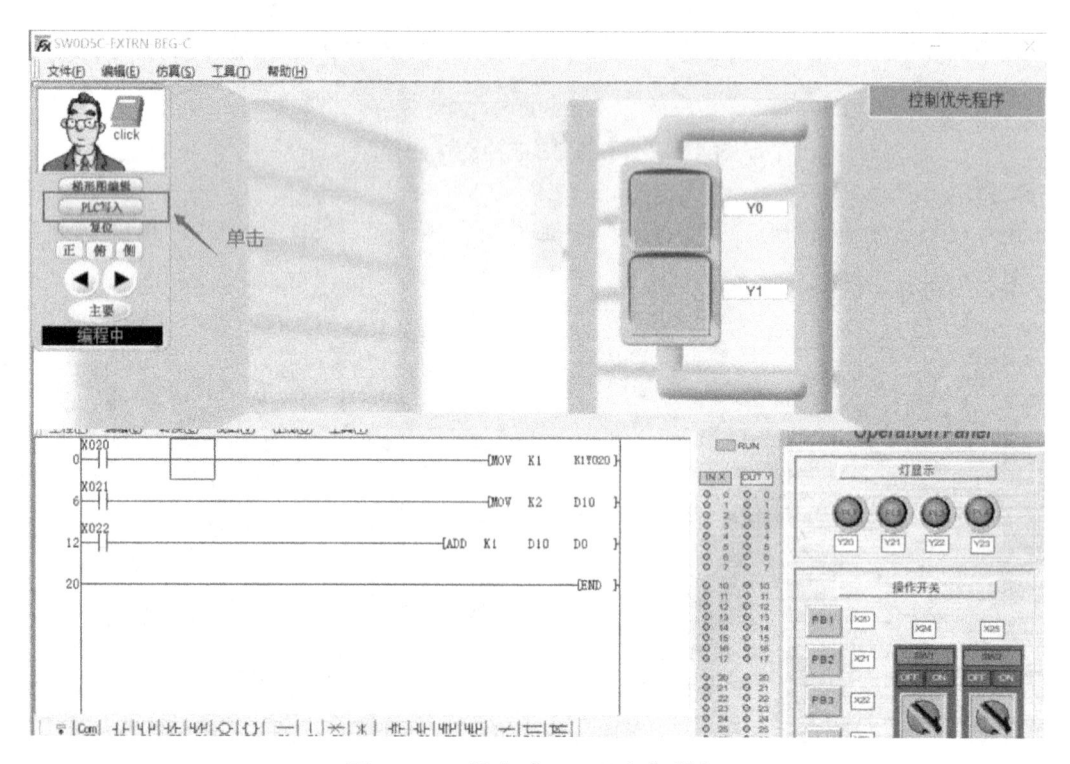

图 4-1-10 单击"PLC 写入"按钮

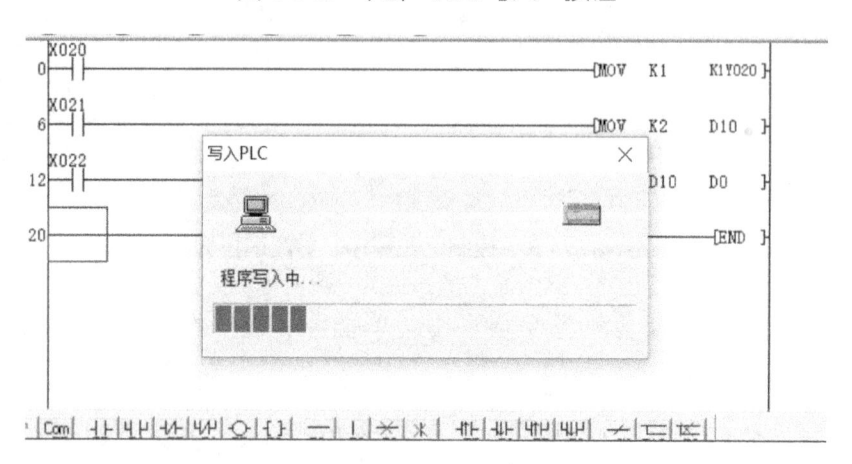

图 4-1-11 程序写入中

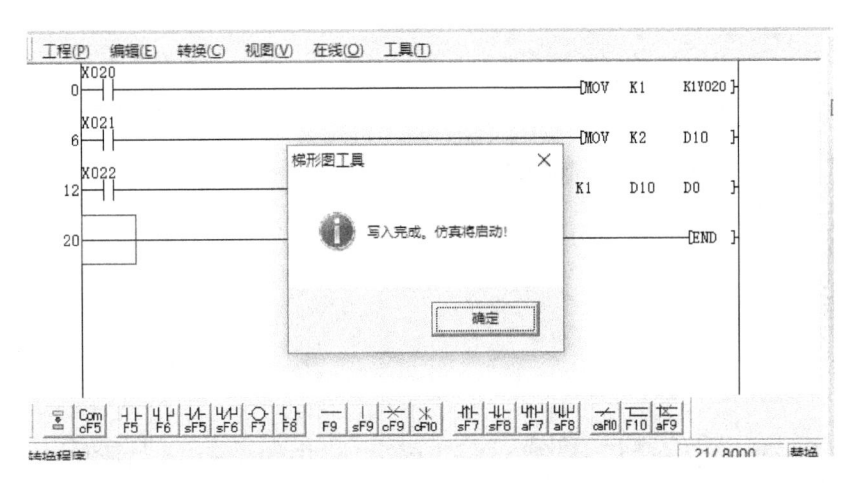

图 4-1-12 程序写入完成

（6）PLC 程序仿真运行界面如图 4-1-13 所示。

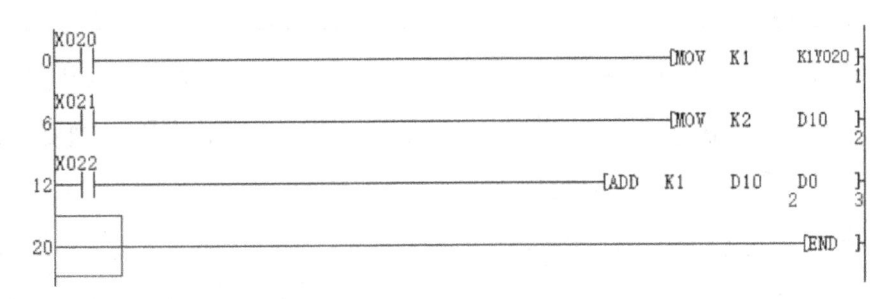

图 4-1-13 PLC 程序仿真运行界面

### 步骤 3：运行、调试程序。

（1）点动 PB1，程序执行传送指令，将常数 K1 传送至 K1Y020 组。

（2）点动 PB2，程序执行传送指令，将常数 K2 传送至 D10 寄存器中。

（3）点动 PB3，程序执行相加指令，将常数 K1 与寄存器 D10 中的数值相加并存至 D0 中。

# 任务二　设计与调试彩灯控制程序

## 学习目标

1. 了解数据传送指令、移位指令的格式和功能。
2. 掌握数据传送指令、移位指令使用方法。
3. 会用数据传送指令、移位指令完成彩灯控制的 PLC 控制程序和运行调试。

## 建议学时

**4** 学时：理论 **1** 学时，实训 **3** 学时

## 学习任务

本次学习任务是利用三菱 PLC 仿真软件（FX-TRN-BEG-C）开展的，在仿真软件 "D：初级挑战" 项目的 "D-1.呼叫单元" 界面完成彩灯控制程序的设计和调试。任务内容及要求：现有 HL1 ~ HL8 共 8 盏彩灯，要求当按下启动按钮后，系统开始工作。工作方式如下：①按下启动按钮后，彩灯 HL1 ~ HL8（利用 PLC 中的 OUT 输出端子，Y0 ~ Y7 的八个输出状态指示灯来模拟）以正序（从左到右）每隔 1s 依次点亮；②当第八盏彩灯 HL8 点亮后，再反向逆序（从右到左）每隔 1s 依次点亮；③当第一盏彩灯 HL1 再次点亮后，重复循环上述过程；④当按下停止按钮后，彩灯控制系统停止工作。

彩灯控制仿真界面如图 4-2-1 所示。

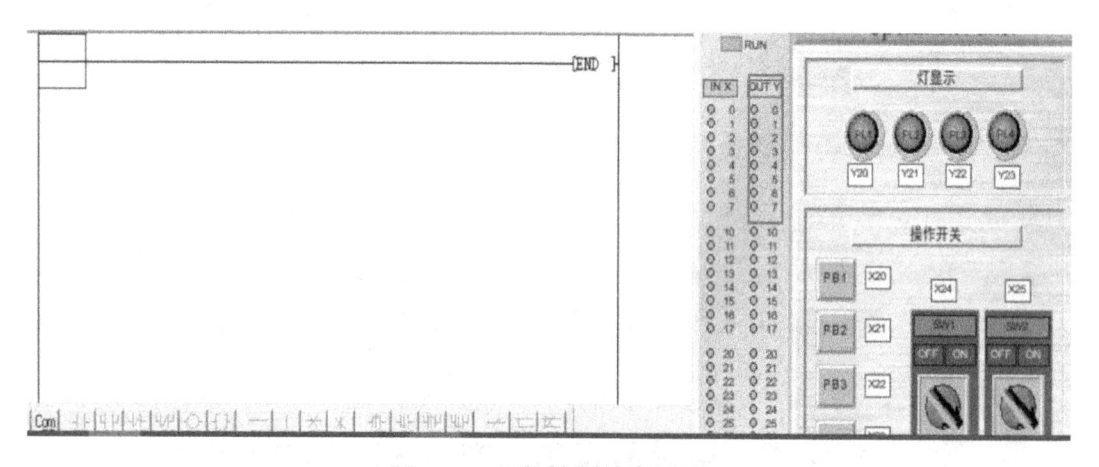

图 4-2-1 彩灯控制仿真界面

## 知识准备

1. 传送指令 MOV

传送指令的功能是将源操作元件 S 中的数据传送到指定的目标操作元件 D 中。格式为 FNC12 MOV[S.][D.]。

传送指令（MOV）的使用实例如图 4-2-2 所示。当 X000 为 ON 时，常数 K100 被传送到 D10（K、H 为常数，K 表示十进制数，H 表示十六进制数），也就是十进制数 100 传送到 D10；如果 X000 为 OFF 时，目标元件中的数据不变。

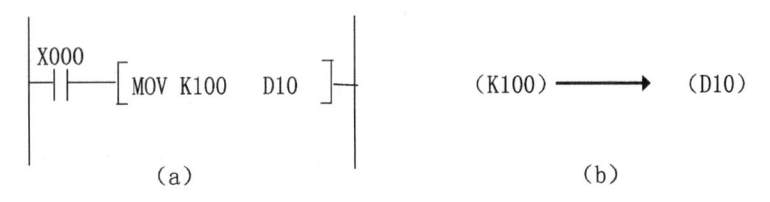

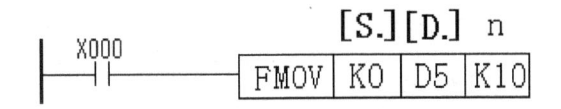

```
    X000
    ├─┤ ├──[MOV  K100  D10]─          (K100) ──────▶ (D10)
         (a)                                    (b)
```

图 4-2-2 传送指令的使用实例

传送指令的使用要素如表 4-2-1 所示。

表 4-2-1 传送指令的使用要素

| 助记符 | 指令代码 位数 | 操作元件范围 [S.] | 操作元件范围 [D.] | 程序步 |
|---|---|---|---|---|
| MOV  MOV（P） | FNC12（16/32） | K、H<br>KnX、KnY、KnM、KnS<br>T、C、D、V、Z | KnY、KnM、KnS<br>T、C、D、V、Z | MOV、MOVP  5步<br>DMOV、DMOVP  9步 |

2. 多点传送指令

多点传送指令的使用要素如表 4-2-2 所示。

表 4-2-2 多点传送指令的使用要素

| 助记符 | 指令代码位数 | 操作元件范围 [S.] | 操作元件范围 [D.] | n | 程序步 |
|---|---|---|---|---|---|
| FMOV  FMOV（P） | FNC16（16/32） | K、H<br>KnX、KnY、KnM、KnS<br>T、C、D、V、Z | KnY、KnM、KnS<br>T、C、D、V、Z | $n \leqslant 512$ | FMOV、FMOVP  7步<br>DFMOV、DFMOVP  13步 |

多点传送指令（FMOV）是将源操作元件中的数据送到目标操作元件指定地址开始的 $n$ 个元件中，指令执行后 $n$ 个元件中的数据完全相同。该指令常用于初始化程序中对某一批数据寄存器清零或置相同数的场合。

多点传送指令的使用实例如图 4-2-3 所示。

```
                      [S.][D.] n
    X000
    ├─┤ ├──────[FMOV K0 D5 K10]
```

图 4-2-3 多点传送指令的使用实例

程序功能解释：当 X000 为 ON 时，将常数 0 送到 D4～D14 这 10 个（$n=10$）数据寄存器中。

3. 循环移位指令

（1）循环左移指令 ROL。

循环左移指令为 ROL，其指令操作表如表 4-2-3 所示。

表 4-2-3 ROL 指令操作表

| 助记符 | 指令代码位数 | 操作元件范围 [D.] | 操作元件范围 n | 程序步 |
|---|---|---|---|---|
| ROL ROL（P） | FNC31（16/32） | KnY、KnM、KnS T、C、D、V、Z | K、H 移位量 n≤16（16位） n≤32（32位） | ROL、ROLP 5步 DROL、DROLP 9步 |

例 1：设（D0）循环前为 H1302，则执行"ROLP D0 K4"指令后，（D0）为 H3021，进位标志位（M8022）为 1。循环左移指令 ROL 的执行过程如图 4-2-4 所示。各位状态的变化如表 4-2-4 所示。

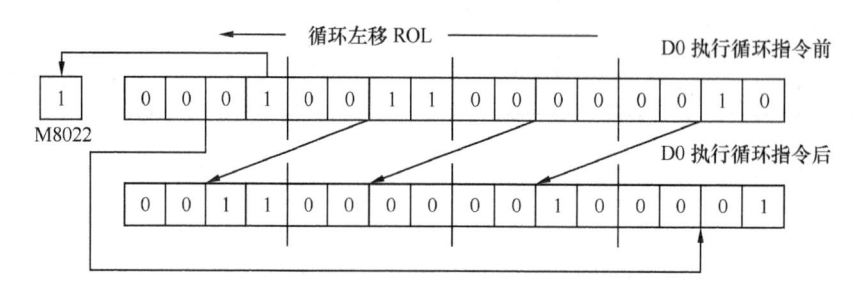

图 4-2-4 循环左移指令 ROL 的执行过程

表 4-2-4 例 1 各位状态的变化

| 进位 M8022 | Y17 | Y16 | Y15 | Y14 | Y13 | Y12 | Y11 | Y10 | Y7 | Y6 | Y5 | Y4 | Y3 | Y2 | Y1 | Y0 | 次数 |
|---|---|---|---|---|---|---|---|---|---|---|---|---|---|---|---|---|---|
| | | | | | | | | | | | | | | ● | | ● | 0 |
| | | | | | | | | | | ● | | ● | | | | | 1 |
| | | | | | | ● | | ● | | | | | | | | | 2 |
| | | ● | | ● | | | | | | | | | | | | | 3 |
| ● | | | | | | | | | | | | | | ● | | ● | 4 |
| | | | | | | | | | | ● | | ● | | | | | 5 |
| ... | | | | | | ... | | | | | | | | | | | ... |

例 2：循环左移指令 ROL 的应用举例如图 4-2-5 所示。输出位组件 K4Y000 在一个循环周期中各位状态的变化如表 4-2-5 所示。

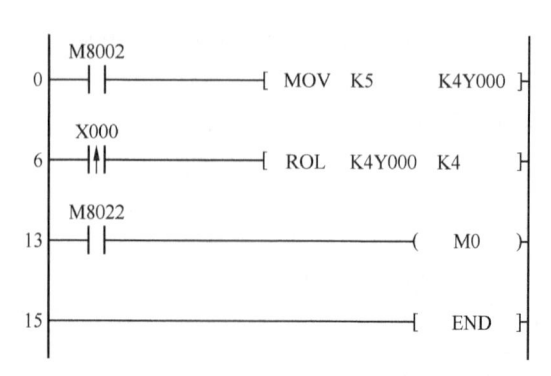

```
      M8002
0     ├─┤├─────────────────[ MOV  K5    K4Y000 ]
      X000
6     ├─↑├─────────────────[ ROL  K4Y000  K4   ]
      M8022
13    ├─┤├─────────────────────────────( M0 )
15    ────────────────────────────────[ END ]
```

图 4-2-5 循环左移指令 ROL 的应用程序

表 4-2-5　例 2 各位状态的变化

| 进位 M8022 | Y17 | Y16 | Y15 | Y14 | Y13 | Y12 | Y11 | Y10 | Y7 | Y6 | Y5 | Y4 | Y3 | Y2 | Y1 | Y0 | 次数 |
|---|---|---|---|---|---|---|---|---|---|---|---|---|---|---|---|---|---|
|  |  |  |  |  |  |  |  |  |  |  |  |  |  | ● |  | ● | 0 |
|  |  |  |  |  |  |  |  |  |  | ● |  | ● |  |  |  |  | 1 |
|  |  |  |  |  |  | ● |  | ● |  |  |  |  |  |  |  |  | 2 |
|  |  | ● |  | ● |  |  |  |  |  |  |  |  |  |  |  |  | 3 |
| ● |  |  |  |  |  |  |  |  |  |  |  |  |  | ● |  | ● | 4 |
|  |  |  |  |  |  |  |  |  |  | ● |  | ● |  |  |  |  | 5 |
| … |  |  |  |  |  | ● |  | ● |  |  |  |  |  |  |  |  | … |

（2）循环右移指令 ROR。

循环右移指令为 ROR，其指令操作表如表 4-2-6 所示。

表 4-2-6　ROR 指令

| 助记符 | 指令代码位数 | 操作元件范围 [D.] | n | 程序步 |
|---|---|---|---|---|
| ROR　ROR（P） | FNC30（16/32） | KnY、KnM、KnS<br>T、C、D、V、Z | L、H<br>移位量<br>$n≤16$（16 位）<br>$n≤32$（32 位） | ROR、RORP　5 步<br>DROR、DRORP　9 步 |

循环右移指令 ROR 的执行过程如图 4-2-6 所示。

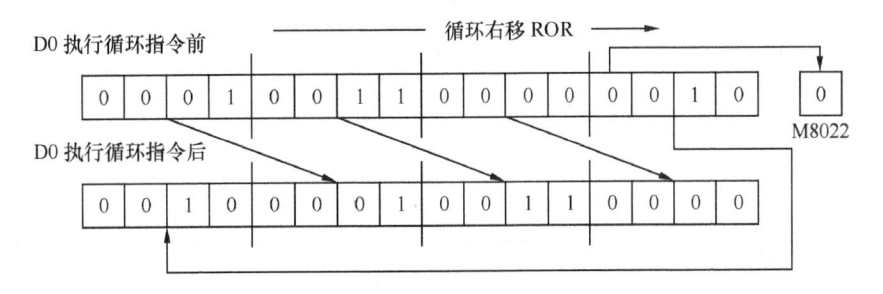

图 4-2-6　循环右移指令 ROR 的执行过程

例 3：循环右移指令 ROR 的应用举例如图 4-2-7 所示。输出位组件 K4Y000 在一个循环周期中各位状态的变化如表 4-2-7 所示。

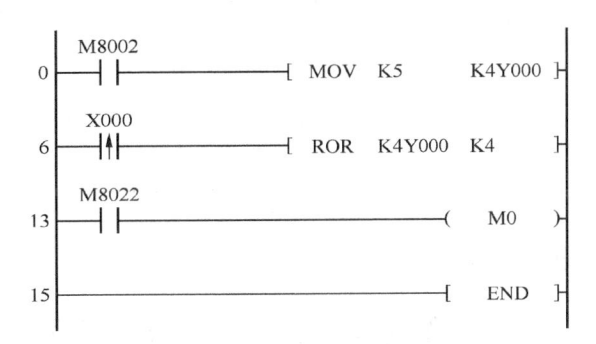

图 4-2-7　ROR 的应用程序举例

表 4-2-7　例 3 各位状态的变化

| 进位 M8022 | Y17 | Y16 | Y15 | Y14 | Y13 | Y12 | Y11 | Y10 | Y7 | Y6 | Y5 | Y4 | Y3 | Y2 | Y1 | Y0 | 次数 |
|---|---|---|---|---|---|---|---|---|---|---|---|---|---|---|---|---|---|
|  |  |  |  |  |  |  |  |  |  |  |  |  |  | ● |  | ● | 0 |
|  |  | ● |  | ● |  |  |  |  |  |  |  |  |  |  |  |  | 1 |
|  |  |  |  |  |  | ● |  | ● |  |  |  |  |  |  |  |  | 2 |
|  |  |  |  |  |  |  |  |  |  | ● |  | ● |  |  |  |  | 3 |
|  |  |  |  |  |  |  |  |  |  |  |  |  |  | ● |  | ● | 4 |
|  |  | ● |  | ● |  |  |  |  |  |  |  |  |  |  |  |  | 5 |
| ... |  |  |  |  |  |  | ... |  |  |  |  |  |  |  |  |  | ... |

## 任务实施

### 步骤 1：任务分析。

此次任务是通过移位、数据传送等简单的功能指令实现彩灯的控制。通过 PLC 的程序实现以下控制。

（1）按下启动按钮后，彩灯 HL1～HL8 以正序（从左到右）每隔 1s 依次点亮。

（2）当第八盏彩灯 HL8 点亮后，再反向逆序（从右到左）每隔 1s 依次点亮。

（3）当第一盏彩灯 HL1 再次点亮后，重复循环上述过程。

（4）当按下停止按钮后，彩灯控制系统停止工作。

### 步骤 2：列出 I/O 分配表。

彩灯的控制 I/O 分配端口如表 4-2-8 所示。

表 4-2-8　彩灯的控制 I/O 分配端口

| 输入 |  |  | 输出 |  |  |
|---|---|---|---|---|---|
| 元件代号 | 作用 | 输入继电器 | 元件代号 | 作用 | 输出继电器 |
| SB1 | 启动按钮 | X020 | HL1 | 第一盏彩灯 | Y000 |
| SB2 | 停止按钮 | X021 | HL2 | 第二盏彩灯 | Y001 |
|  |  |  | HL3 | 第三盏彩灯 | Y002 |
|  |  |  | HL4 | 第四盏彩灯 | Y003 |
|  |  |  | HL5 | 第五盏彩灯 | Y004 |
|  |  |  | HL6 | 第六盏彩灯 | Y005 |
|  |  |  | HL7 | 第七盏彩灯 | Y006 |
|  |  |  | HL8 | 第八盏彩灯 | Y007 |

### 步骤 3：绘制 PLC 的外部接线图。

根据控制要求绘制彩灯 PLC 控制电路原理图，并按原理图进行接线，如图 4-2-8 所示。

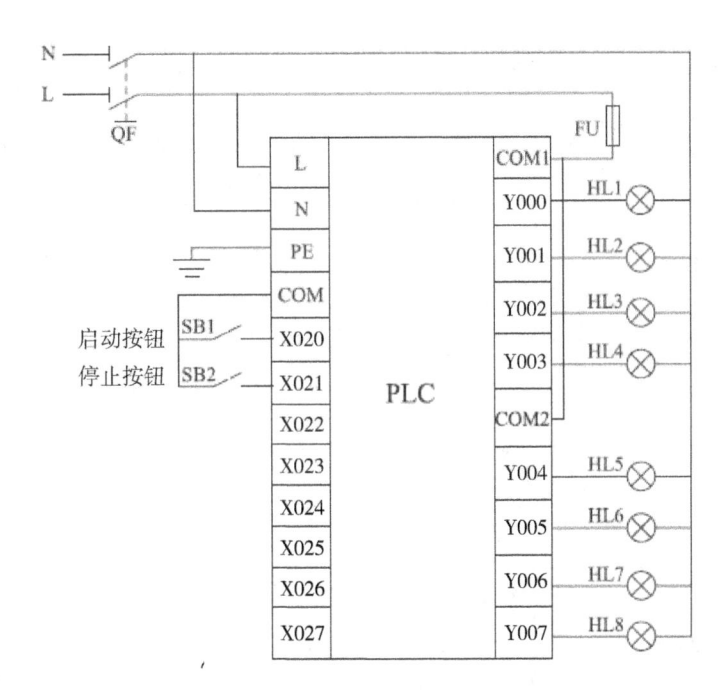

图 4-2-8　彩灯 PLC 控制电路原理图

## 步骤 4：设计 PLC 梯形图。

PLC 程序梯形图及指令表如图 4-2-9 所示。

（1）单击远程控制中的"梯形图编辑"按钮。

（2）在编程区输入一个程序。

（3）按下 F4 键或单击"转换"菜单键进行转换程序。

（4）依次选中"在线""写入 PLC"，将梯形图区域中的程序写入 PLC。

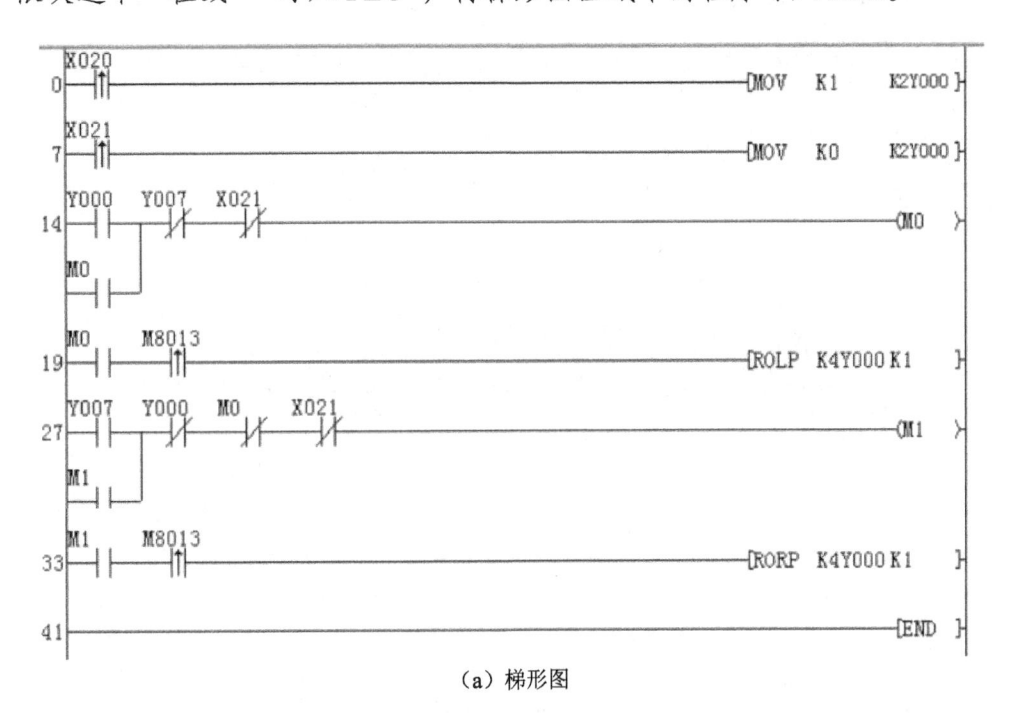

（a）梯形图

图 4-2-9　PLC 程序梯形图及指令表

| 步序 | 指令语句 | 操作元件 | 步序 | 指令语句 | 操作元件 |
|---|---|---|---|---|---|
| 0 | LDP | X020 | 12 | ROLP | K4Y000 K1 |
| 1 | MOV | K1 K2Y000 | 13 | LD | Y007 |
| 2 | LDP | X021 | 14 | OR | M1 |
| 3 | MOV | K0 K2Y000 | 15 | ANI | Y000 |
| 4 | LD | Y000 | 16 | ANI | M0 |
| 5 | OR | M0 | 17 | ANI | X021 |
| 6 | ANI | Y007 | 18 | OUT | M1 |
| 7 | ANI | M0 | 19 | LD | M1 |
| 8 | ANI | X021 | 20 | ANDP | M8013 |
| 9 | OUT | M0 | 21 | RORP | K4Y000 K1 |
| 10 | LD | M0 | 22 | END | |
| 11 | ANDP | M8013 | | | |

(b) 指令表

图 4-2-9　PLC 程序梯形图及指令表（续）

### 步骤 5：上机实操。

（1）启动 FX-TRN-BEG-C 仿真软件，进入仿真软件编程界面，如图 4-2-10 所示。

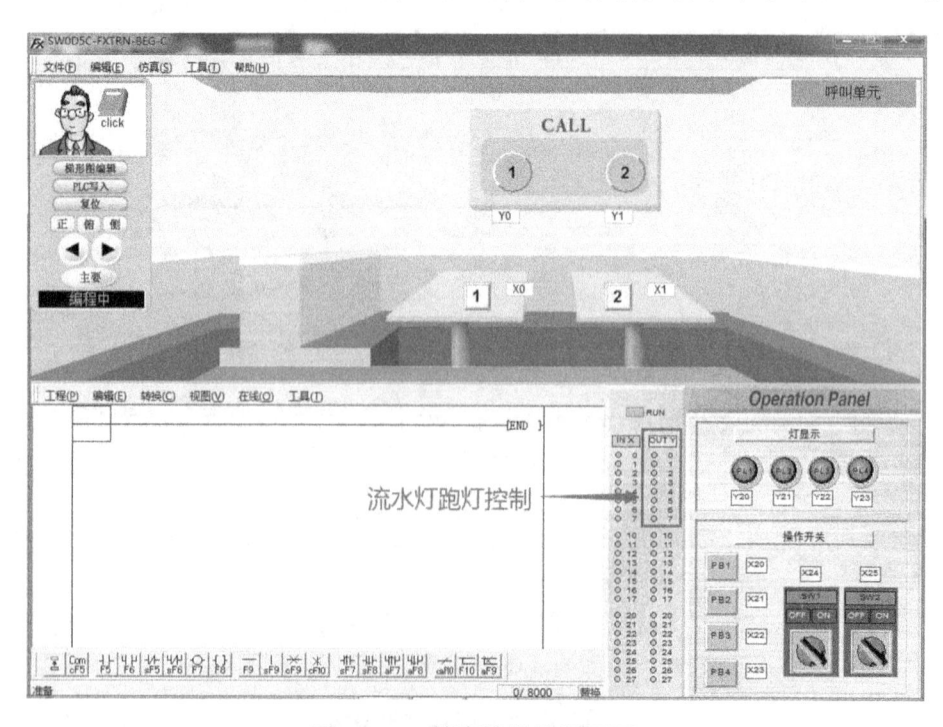

图 4-2-10　仿真软件编程界面

（2）在仿真编程界面单击"梯形图编辑"按钮，进入编程状态，将程序编辑好之后，进行转换和运行，梯形图转换、运行图如图 4-2-11 所示。

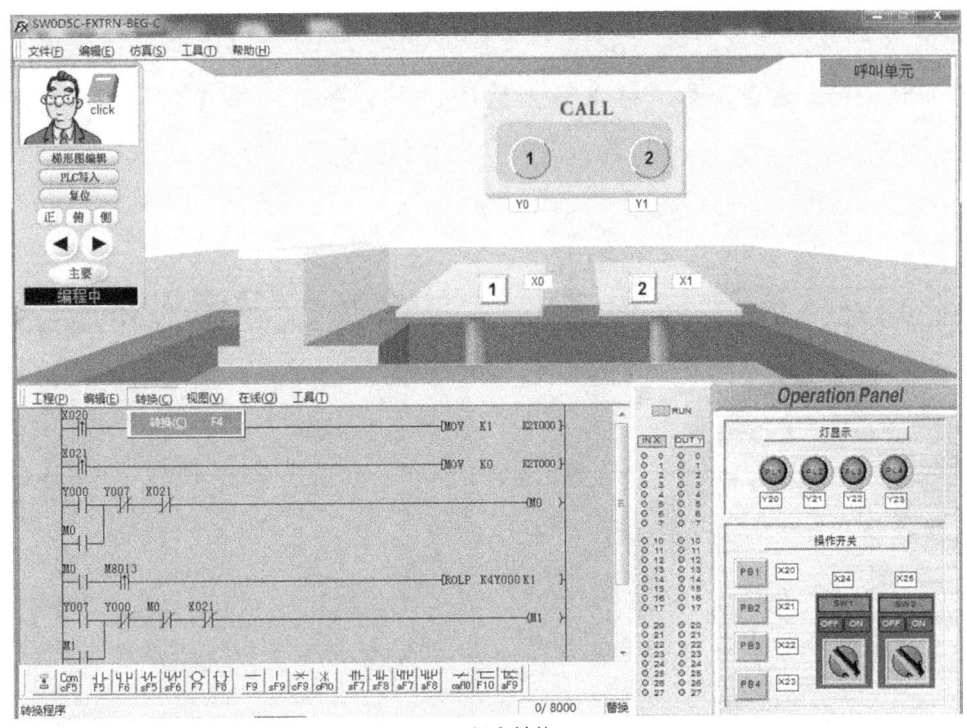

(a) 程序转换

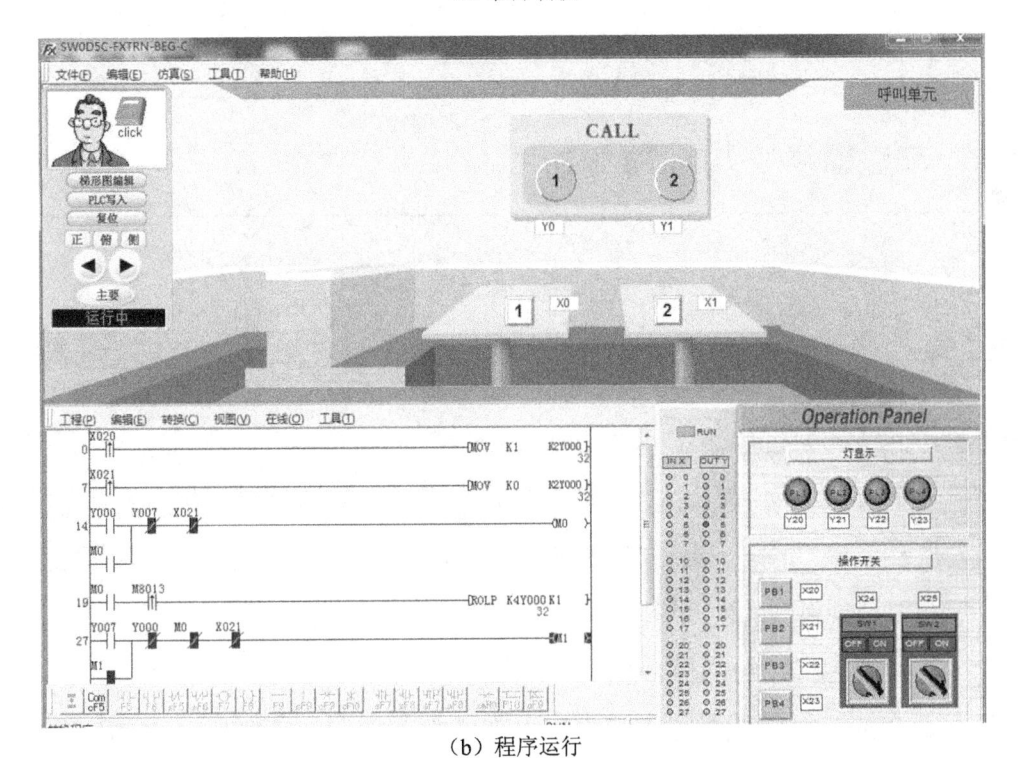

(b) 程序运行

图 4-2-11 梯形图转换、运行图

（3）启动模拟仿真，调试程序。

**步骤 6：运行、调试程序。**

工作要点分析：X020 置 1，上升沿置初值，Y000=1，停止工作时，使 Y000=0，关灯程序启动运行循环再开始正序，每秒亮灯左移 1 位，Y007 置 1，正序停止循环；M1 置 1 且 Y000 置 1 时，M0 置 1，反序右移停止反序，每秒亮灯右移 1 位，以实现彩灯的控制要求。

## 任务三  设计与调试部件供给计数显示控制程序

### 学习目标

1. 了解比较指令的格式和功能。
2. 掌握比较指令的使用方法。
3. 会用比较指令完成部件供给计数显示的 PLC 控制程序和运行调试。

### 建议学时

**4** 学时：理论 **1** 学时，实训 **3** 学时

### 学习任务

本次学习任务是利用三菱 PLC 仿真软件（FX-TRN-BEG-C）开展的，在仿真软件"C: 轻松的练习！"项目的"C-4.基本计数器程序"界面完成部件供给计数显示控制程序的设计和调试。任务内容及要求：用一条部件供给输送带将部件输送至打包箱中。控制要求如下：打开操作面板中的供给部件（X2）开关和运行输送带（X3）开关，部件开始供给；当部件供给数量小于 3 个时，黄色指示灯点亮；当部件供给数量达到 3 个时，绿色指示灯点亮；当部件供给数量大于 3 个时，红色指示灯点亮。3 个部件全部送至打包箱后，皮带机和部件供给机构自动停止工作，系统自动复位。

部件供给计数显示控制界面如图 4-3-1 所示。

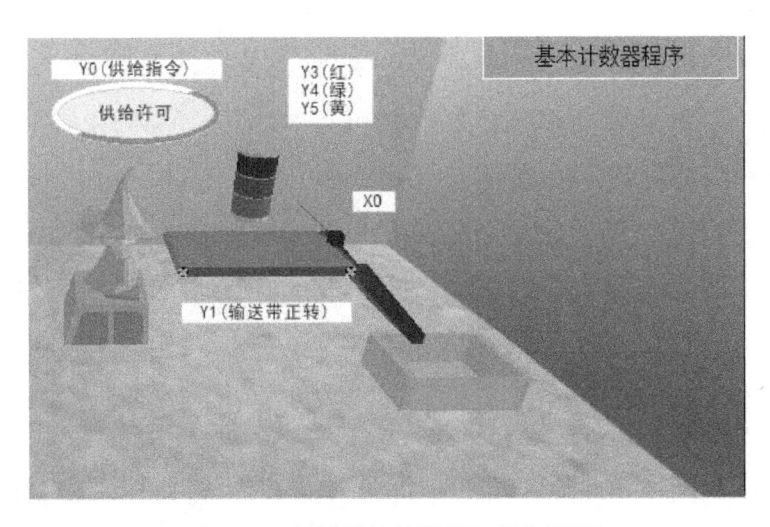

图 4-3-1  部件供给计数显示控制界面

### 知识准备

1. 比较指令 CMP

其格式为：FNC10 CMP [S1.][S2.][D.]。

该指令是将源操作元件[S1.]和源操作元件[S2.]的数据进行比较，比较结果用目标元件[D.]的状态来表示。

该指令的使用要素如表 4-3-1 所示。

表 4-3-1  比较指令 CMP 的使用要素

| 助记符 | 指令代码位数 | [S1.] | [S2.] | [D.] | 程序步 |
|---|---|---|---|---|---|
| CMP  CMP（P） | FNC10（16/32） | K、H<br>KnX、KnY、KnM、KnS<br>T、C、D、V、Z | | Y、M、S | CMP、CMP（P）  7 步<br>DCMP、DCMP（P）  13 步 |

比较指令的使用实例如图 4-3-2 所示。

```
 X000             [S1.][S2.][D.]
──┤├──────[ CMP  K100  C20  M0 ]
   M0
──┤├────── K100>C20的当前值时ON
   M1
──┤├────── K100=C20的当前值时ON
   M2
──┤├────── K100<C20的当前值时ON
```

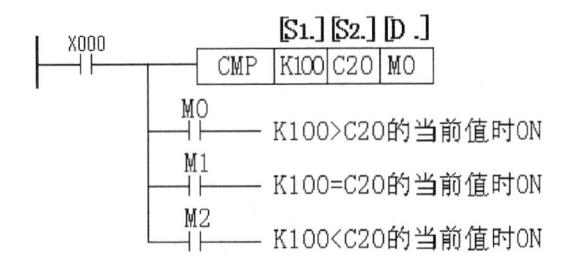

图 4-3-2  比较指令的使用实例

程序解释：

当控制条件 X000 为 ON 时，执行比较指令，将源操作元件[S1.]内的数与源操作元件[S2.]

内的数作代数比较，比较的结果驱动目标操作元件中的位元件 M0、M1、M2。

当 K100>C20 的当前值时，M0 接通（M0=1）；

当 K100=C20 的当前值时，M1 接通（M1=1）；

当 K100<C20 的当前值时，M2 接通（M2=1）。

当 X000 为 OFF 时，比较指令 CMP 不执行，M0、M1、M2 的状态保持不变。

2. 区间比较指令 ZCP

其格式为：FNC11 ZCP[S1.][S2.][S3.][D.]。

该指令的功能是源操作元件[S1]与[S2.]和[S3.]的内容进行比较，[S1]与[S2.]为区间起点和终点，[S3.]为另一比组件，并将比较结果送到目标操作元件[D.]中。区间比较指令的使用要素如表 4-3-2 所示。

表 4-3-2 区间比较指令的使用要素

| 助记符 | 指令代码位数 | 操作元件范围 ||||程序步 |
|---|---|---|---|---|---|---|
| | | [S1.] | [S2.] | [S3.] | [D.] | |
| ZCP ZCP（P） | FNC10（16/32） | K、H KnX、KnY、KnM、KnS T、C、D、V、Z ||| Y、M、S | CMP、CMP（P） 7 步 DCMP、DCMP（P） 13 步 |

区间比较指令的使用实例如图 4-3-3 所示。

程序解释：

当控制条件 X000 为 ON 时，执行 ZCP 指令；

当 K100>C30 的当前值时，M3 接通（M3=1）；

当 K100≤C30 的当前值≤K200 时，M4 接通（M4=1）；

当 C30 的当前值>K200 时，M5 接通（M5=1）；

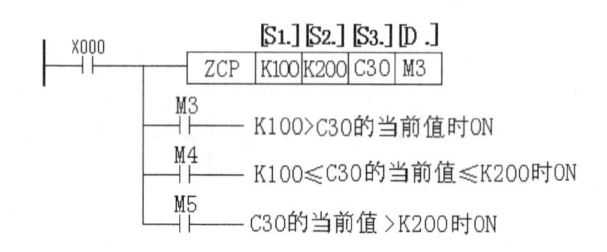

图 4-3-3 区间比较指令的使用实例

当 X000 为 OFF 时，M3、M4、M5 的状态保持不变。

## 任务实施

**步骤 1：任务分析。**

此次任务是通过比较指令实现部件供给计数显示的控制。通过 PLC 的程序实现以下控制。

（1）打开操作面板中的供给部件（X2）开关和运行输送带（X3）开关，部件开始供给。

（2）当部件供给数量小于3个时，黄红色指示灯点亮。

（3）当部件供给数量达到3个时，绿色指示灯点亮。

（4）当部件供给数量大于3个时，红色指示灯点亮。

（5）5个部件全部送至打包箱后，皮带机和部件供给机构自动停止工作，系统自动复位。

### 步骤2：列出 I/O 分配表。

部件供给计数显示控制 I/O 分配端口如表 4-3-3 所示。

表 4-3-3　部件供给计数显示控制 I/O 分配端口

| 输入 | | | 输出 | | |
| --- | --- | --- | --- | --- | --- |
| 元件代号 | 作用 | 输入继电器 | 元件代号 | 作用 | 输出继电器 |
| SB3 | 复位计数器 | X001 | KM1 | 供给许可 | Y000 |
| SB1 | 供给部件 | X002 | KM2 | 输送带正转 | Y001 |
| SB2 | 运行输送带 | X003 | HL1 | 红灯 | Y003 |
| SB4 | 输送带末端传感器 | X000 | HL2 | 绿灯 | Y004 |
| | | | HL3 | 黄灯 | Y005 |
| | | | HL4 | 计数上升显示 | Y006 |

### 步骤3：绘制 PLC 的外部接线图。

根据控制要求绘制部件供给计数显示 PLC 控制电路原理图，并按原理图进行接线，如图 4-3-4 所示。

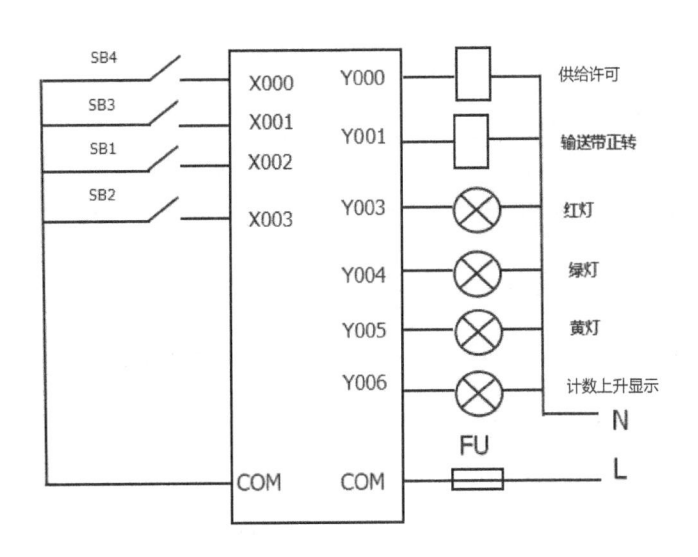

图 4-3-4　部件供给计数显示 PLC 控制电路原理图

### 步骤4：设计 PLC 梯形图。

PLC 梯形图及指令表如图 4-3-5 所示。

（1）单击远程控制中的"梯形图编辑"按钮。

（2）在编程区输入一个程序。

（3）按下 F4 键或单击"转换"菜单键进行程序转换。

（4）依次选中"在线""写入 PLC"，将梯形图区域中的程序写入 PLC。

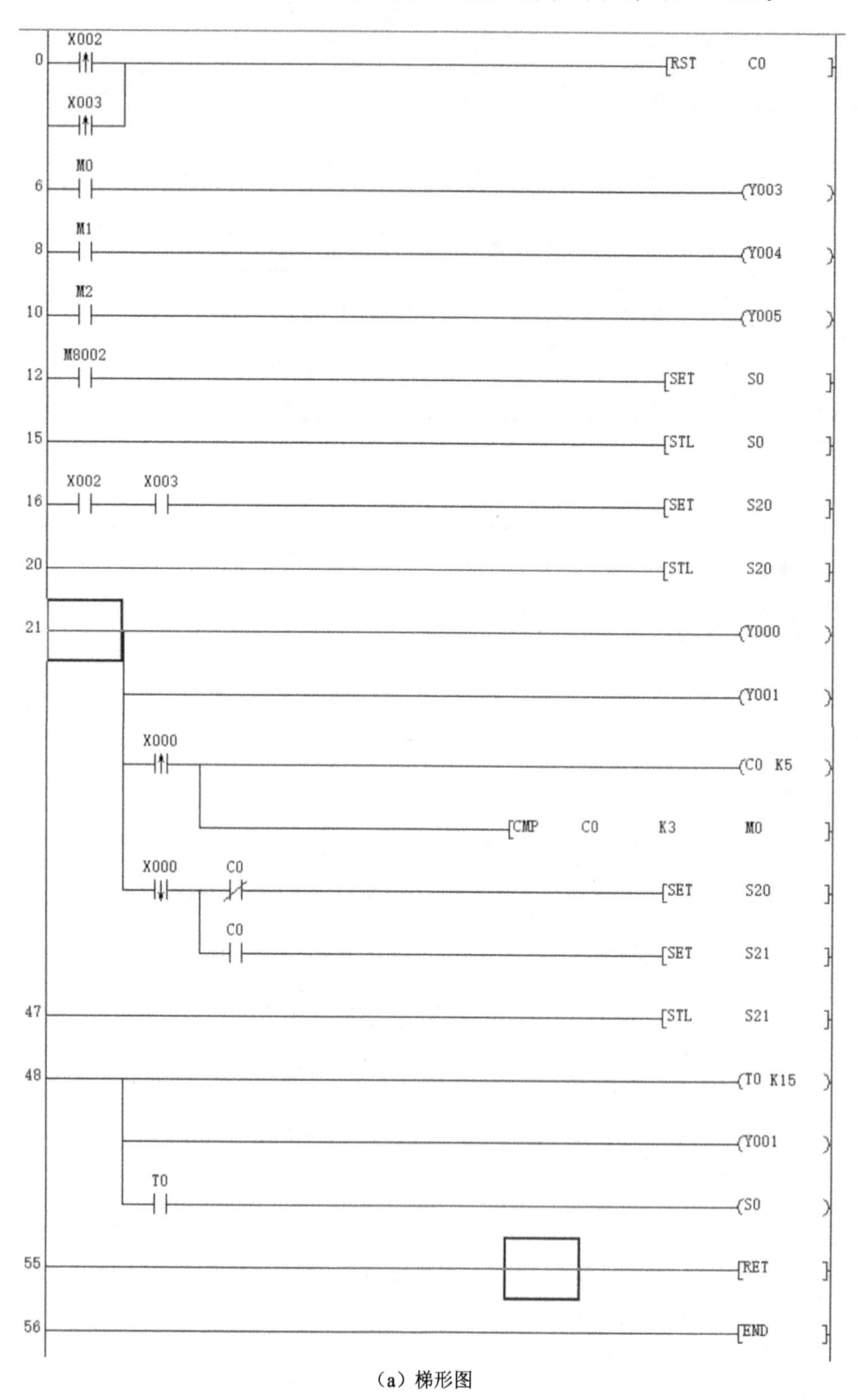

```
 0  ─┤X002├─┬────────────────────────────────────[RST  C0 ]
    ─┤X003├─┘
 6  ─┤ M0 ├──────────────────────────────────────( Y003 )
 8  ─┤ M1 ├──────────────────────────────────────( Y004 )
10  ─┤ M2 ├──────────────────────────────────────( Y005 )
12  ─┤M8002├─────────────────────────────────────[SET  S0 ]
15  ─────────────────────────────────────────────[STL  S0 ]
16  ─┤X002├─┤X003├───────────────────────────────[SET  S20]
20  ─────────────────────────────────────────────[STL  S20]
21  ─┬───────────────────────────────────────────( Y000 )
     ├───────────────────────────────────────────( Y001 )
     ├─┤X000├─┬─────────────────────────────────( C0  K5 )
     │        └──────────────────[CMP  C0   K3   M0 ]
     └─┤X000├─┤/C0├──────────────────────────────[SET  S20]
              ─┤C0├───────────────────────────────[SET  S21]
47  ─────────────────────────────────────────────[STL  S21]
48  ─┬───────────────────────────────────────────( T0  K15)
     ├───────────────────────────────────────────( Y001 )
     └─┤T0├─────────────────────────────────────( S0 )
55  ──────────────────────────────────────□──────[RET ]
56  ─────────────────────────────────────────────[END ]
```

（a）梯形图

图 4-3-5　PLC 梯形图及指令表

| 步序 | 指令 | 操作数 | 步序 | 指令 | 操作数 |  |  |
|---|---|---|---|---|---|---|---|
| 0 | LDP | X002 | 24 | ANDP | X000 |  |  |
| 2 | ORP | X003 | 26 | OUT | C0 K5 |  |  |
| 4 | RST | C0 | 29 | CMP | C0 | K3 | M0 |
| 6 | LD | M0 | 36 | MPP |  |  |  |
| 7 | OUT | Y003 | 37 | ANDF | X000 |  |  |
| 8 | LD | M1 | 39 | MPS |  |  |  |
| 9 | OUT | Y004 | 40 | ANI | C0 |  |  |
| 10 | LD | M2 | 41 | SET | S20 |  |  |
| 11 | OUT | Y005 | 43 | MPP |  |  |  |
| 12 | LD | M8002 | 44 | AND | C0 |  |  |
| 13 | SET | S0 | 45 | SET | S21 |  |  |
| 15 | STL | S0 | 47 | STL | S21 |  |  |
| 16 | LD | X002 | 48 | OUT | T0 | K15 |  |
| 17 | AND | X003 | 51 | OUT | Y001 |  |  |
| 18 | SET | S20 | 52 | AND | T0 |  |  |
| 20 | STL | S20 | 53 | OUT | S0 |  |  |
| 21 | OUT | Y000 | 55 | RET |  |  |  |
| 22 | OUT | Y001 | 56 | END |  |  |  |
| 23 | MPS |  |  |  |  |  |  |

(b)指令表

**图 4-3-5 PLC 梯形图及指令表（续）**

## 步骤 5：上机实操。

（1）启动 FX-TRN-BEG-C 仿真软件，进入仿真编程界面，如图 4-3-6 所示。

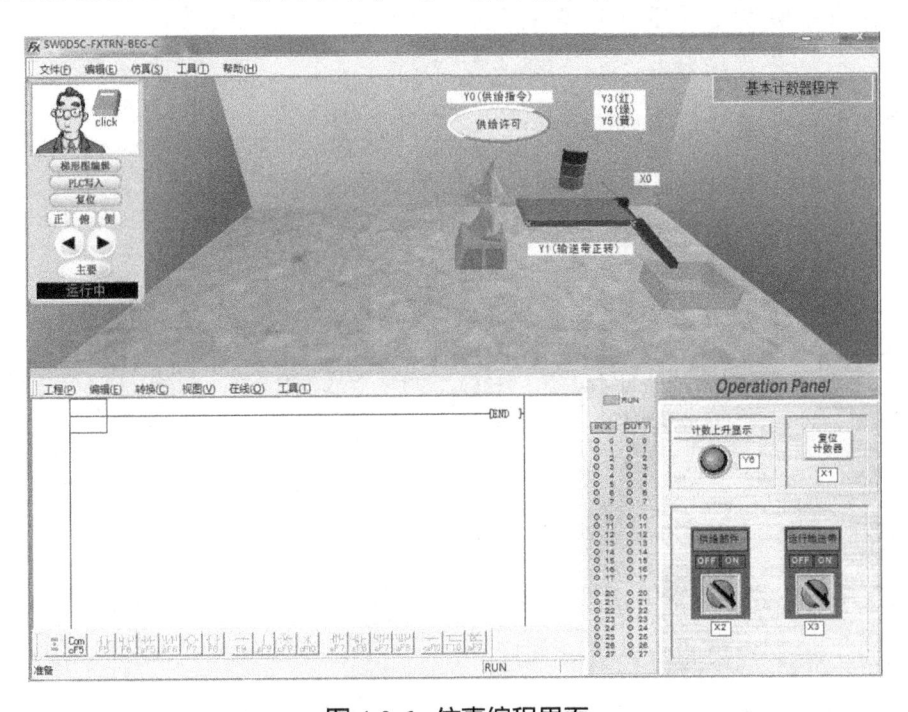

**图 4-3-6 仿真编程界面**

（2）在仿真编程界面，单击"梯形图编辑"按钮，进入编程状态，将程序编辑好之后，进行转换和写入，并运行程序，如图 4-3-7 所示。

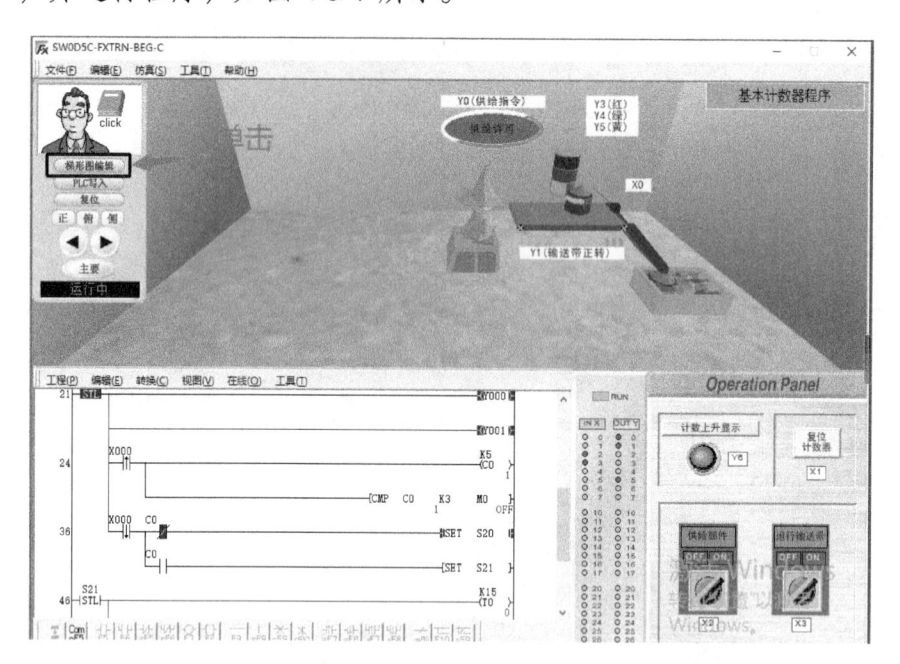

图 4-3-7 转换"部件供给计数显示"梯形图并运行

（3）启动模拟仿真，调试程序。

### 步骤 6：运行、调试程序。

工作要点分析：

（1）打开操作面板中的供给部件开关和运行输送带开关，部件开始供给。

（2）当部件供给数量小于 3 个时，黄色指示灯点亮。

（3）当部件供给数量达到 3 个时，绿色指示灯点亮。

（4）当部件供给数量大于 3 个时，红色指示灯点亮。

（5）3 个部件全部送至打包箱后，皮带机和部件供给机构自动停止工作，系统自动复位，实现部件供给计数显示的控制要求。

## 任务四　设计与调试产品生产数量统计的控制程序

### 学习目标

1. 了解程序流程指令、加 1 指令、减 1 指令、加法和减法指令的功能，格式及使用方法。
2. 掌握加法指令的使用方法。
3. 会用加法指令完成产品生产数量统计的 PLC 控制程序和运行调试。

## 建议学时

**4** 学时：理论 **1** 学时，实训 **3** 学时

## 学习任务

本次学习任务是利用三菱 PLC 仿真软件（FX-TRN-BEG-C）开展的，在仿真软件"E：中级挑战"项目的"E-2.不同尺寸的部件分拣（II）"界面完成产品生产数量统计的控制程序设计和调试。任务内容及要求：机械手在原点位置时，当按下操作面板上的启动按钮（X20），机械手开始搬运产品；产品有大或小部件，大部件将会被放到后部的输送带上，而小部件被放到前部的输送带上；当搬运的产品总数量达到 4 个时，系统自动停机；再次按下启动按钮时，数据清除，可以再次启动；设备在运行中按下停止按钮（X21），当前产品被搬运完成后设备停止。

产品生产数量统计控制界面如图 4-4-1 所示。

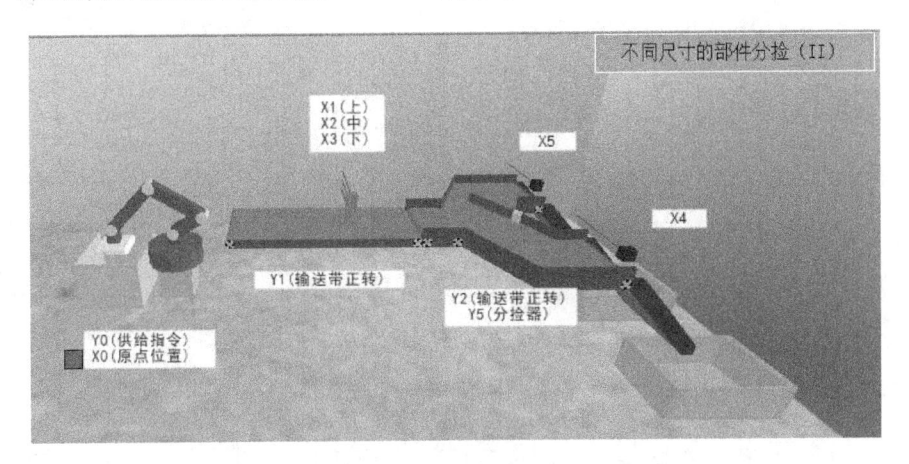

图 4-4-1　产品生产数量统计控制界面

## 知识准备

### 一、程序流程指令

1. 条件跳转指令

条件跳转指令（CJ）FNC00 的功能是当跳转条件满足时，在每个扫描周期中，PLC 将不执行从跳转指令到跳转指针 P*间的程序，而跳到以指针 P*为入口的程序段中执行。当跳转条件不满足时，则不执行跳转，程序按原顺序执行。执行条件跳转指令后，对于不被执行的指

令，即使输入零件状态发生改变，输出元件的状态也维持不变。

指令可用的有效指针范围为 P0～P127。

条件跳转指令应用示例如图 4-4-2 所示，当 X000 为 ON 时，条件跳转指令 CJ P8 执行条件满足。程序将从 CJ P8 指令处跳至标号 P8 处，仅执行该梯形图中最后三行程序。当 X000 为 OFF 时，不进行跳转，按顺序执行下面的指令。

条件跳转指令使用中应注意以下几点。

（1）由于条件跳转指令具有选择程序段的功能，在同一程序且位于因跳转而不会被同时执行的程序段中的同一线圈不被视为双线圈，如图 4-4-2 中的 Y001。

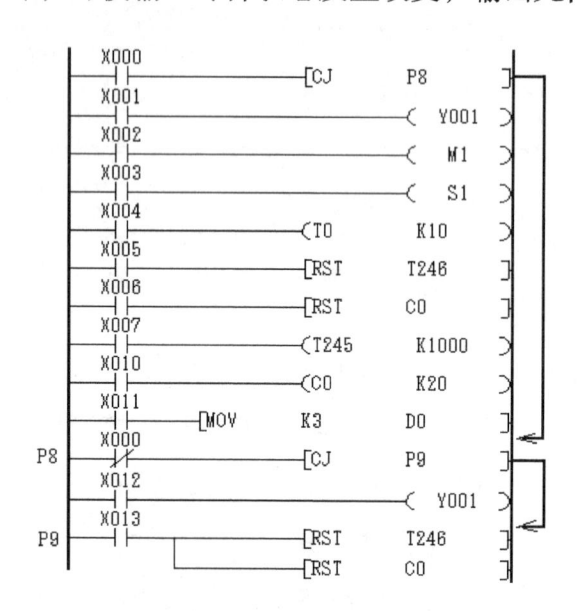

图 4-4-2 条件跳转指令应用示例

（2）多条条件跳转指令可以使用相同的指针，但一个跳转指针标号在程序中只能出现一次，如出现多于一次就会出错。

（3）CJP 指令表示为脉冲执行方式，当 X000 由 OFF 变成 ON 时执行条件跳转指令。

（4）在编写指令表时，指针标号需占一行。

2. 子程序调用指令

子程序调用指令（CALL）FNC01 的操作数为 P0～P127，占用三个程序步，须与子程序返回指令 SRET（无操作数）配合使用，如图 4-4-3 所示。

若 X000 接通，则转到标号 P10 处去执行子程序。当执行到子程序结束 SRET 指令时，返回到 CALL 指令的下一步执行。使用子程序调用与返回指令时应注意转移标号不能重复，也不可与跳转指令的标号重复。子程序调用指令可以嵌套调用，最多可嵌套 5 级。

FEND 是主程序结束指令，无操作数，占用一个程序步，表示主程序结束。当执行到 FEND 时，PLC 进行输入/输出处理，监视定时器刷新，完成后返回起始步。

图 4-4-3 子程序调用指令示例

## 二、加 1 指令及减 1 指令

1. 加 1 指令

加 1 指令（INC）的编号为 FNC24，如图 4-4-4 所示，当 X000 为 ON 时，(D10) +1→ (D10)。

2. 减 1 指令

减 1 指令（DEC）的编号为 FNC25，如图 4-4-4 所示，当 X001 为 ON 时，(D11)-1→(D11)。

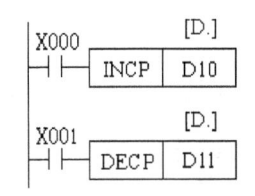

图 4-4-4　加 1 指令及减 1 指令示例

### 三、加法指令、减法指令

1. 加法指令

加法指令 ADD（FNC20）功能：将指定的源元件中的二进制数相加，结果送到指定的目标元件中去。加法指令如图 4-4-5 所示。

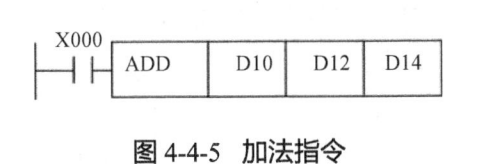

图 4-4-5　加法指令

加法指令使用说明：当执行条件 X000 由 OFF → ON 时，[D10]+[D12] → [D14]。运算是代数运算，如 5+(-8)=-3。

加法指令的三个常用标志：

（1）M8020 为零标志，如果运算结果为 0，则零标志 M8020 置 1。

（2）M8021 为借位标志，如果运算结果小于-32 767 或-2 147 483 647，则借位标志 M8021 置 1。

（3）M8022 为进位标志，如果运算结果超过 32 767 或 2 147 483 647，则进位标志 M8022 置 1。

2. 减法指令

减法指令 SUB（FNC21）功能：将指定的源元件中的二进制数相减，结果送到指定的目标元件中去。减法指令如图 4-4-6 所示。

SUB 减法指令使用说明：当执行条件 X000 由 OFF → ON 时，[D10]-[D12] → [D14]；运算是代数运算，如 4-(-8)=13。

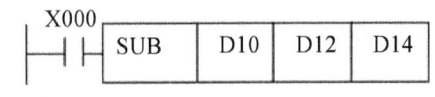

图 4-4-6　减法指令

在减法指令中，各种标志的动作、32 位运算中软元件的指定方法、连续执行型和脉冲执行型的差异均与加法指令相同。

### 任务实施

**步骤 1：任务分析。**

此次任务是通过比较指令实现产品生产数量统计的控制。通过PLC的程序实现以下控制。

（1）机械手在原点位置时，当按下操作面板上的启动按钮 X20，机械手开始搬运产品。

产品有大或小部件。

（2）大部件将会被放到后部的输送带上，而小部件被放到前部的输送带上。

（3）当搬运的产品总数量达到 4 个时，系统自动停机。

（4）再次按下启动按钮时，数据清除，可以再次启动。

（5）设备在运行中按下停止按钮 X21，当前产品被搬运完成后设备停止。

**步骤 2：列出 I/O 分配表。**

产品生产数量统计控制 I/O 分配端口如表 4-4-1 所示。

表 4-4-1　产品生产数量统计控制 I/O 分配端口

| 输入 | | | 输出 | | |
|---|---|---|---|---|---|
| 元件代号 | 作用 | 输入继电器 | 元件代号 | 作用 | 输出继电器 |
| PB1 | 启动按钮 | X020 | KM1 | 产品供给 | Y000 |
| PB2 | 停止按钮 | X021 | KM2 | 输送带正转 | Y001 |
|  | 原点位置检测 | X000 | KM3 | Y 形输送带正转 | Y002 |
|  | 上位置检测 | X001 | KM4 | 分拣器 | Y005 |
|  | 中位置检测 | X002 |  |  |  |
|  | 下位置检测 | X003 |  |  |  |
|  | 前部输送带物料检测 | X004 |  |  |  |
|  | 后部输送带物料检测 | X005 |  |  |  |

**步骤 3：绘制 PLC 的外部接线图。**

根据控制要求绘制产品生产数量统计 PLC 控制电路原理图（见图 4-4-7），并按原理图进行接线。

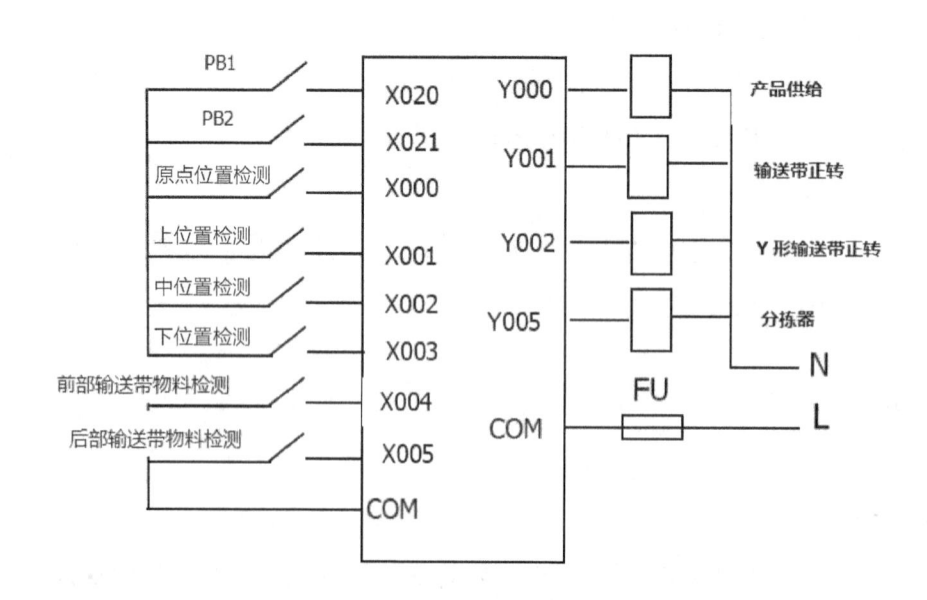

图 4-4-7　产品生产数量统计 PLC 控制电路原理图

**步骤 4：设计 PLC 梯形图。**

PLC 梯形图和指令表如图 4-4-8 所示。

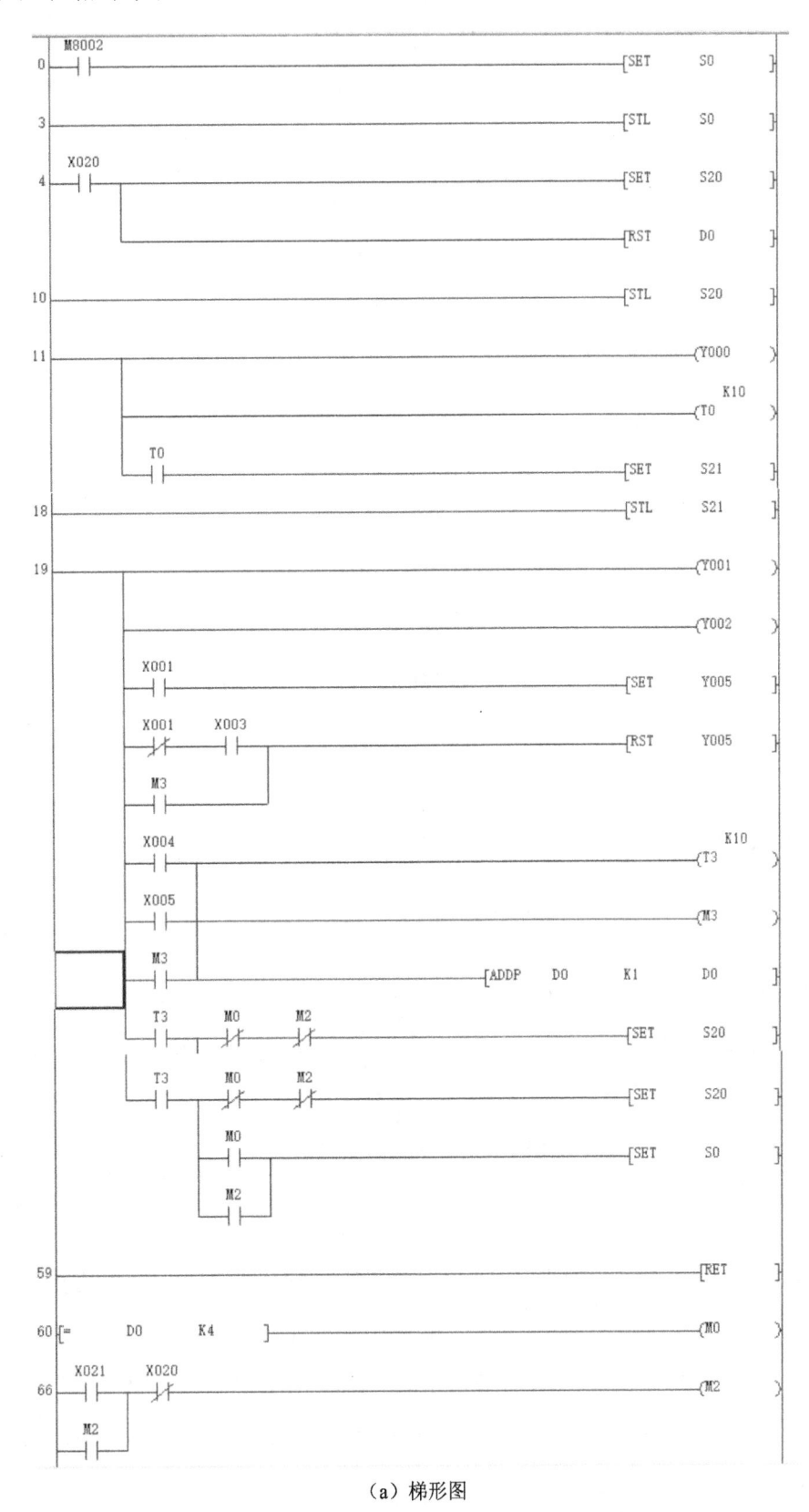

(a) 梯形图

图 4-4-8 PLC 梯形图和指令表

| 步序 | 指令 | 操作数 | 步序 | 指令 | 操作数 | 步序 | 指令 | 操作数 |
|---|---|---|---|---|---|---|---|---|
| 0 | LD | M8002 | 27 | OR | M3 | 56 | ANB | |
| 1 | SET | S0 | 28 | ANB | | 57 | SET | S0 |
| 3 | STL | S0 | 29 | RST | Y005 | 59 | RET | |
| 4 | LD | X020 | 30 | MRD | | 60 | LD= | D0  K4 |
| 5 | SET | S20 | 31 | LD | X004 | 65 | OUT | M0 |
| 7 | RST | D0 | 32 | OR | X005 | 66 | LD | X021 |
| 10 | STL | S20 | 33 | OR | M3 | 67 | OR | M2 |
| 11 | OUT | Y000 | 34 | AMB | | 68 | ANI | X020 |
| 12 | OUT | T0 | 35 | OUT | | 69 | OUT | M2 |
| 15 | AND | T0 | 38 | OUT | | 70 | END | |
| 16 | SET | S21 | 39 | ADDP | D0  K1 | | | |
| 18 | STL | S21 | 46 | MPP | | | | |
| 19 | OUT | Y001 | 47 | AND | T3 | | | |
| 20 | OUT | Y002 | 48 | MPS | | | | |
| 21 | MPS | | 49 | ANI | M0 | | | |
| 22 | AND | X001 | 50 | ANI | M3 | | | |
| 23 | SET | Y005 | 51 | SET | S20 | | | |
| 24 | MRD | | 53 | MPP | | | | |
| 25 | LDI | X001 | 54 | LD | M0 | | | |
| 26 | AND | X003 | 55 | OR | M2 | | | |

(b) 指令表

图 4-4-8　PLC 梯形图和指令表（续）

（1）单击远程控制中的"梯形图编辑"按钮。

（2）在编程区输入一个程序。

（3）按下 F4 键或单击"转换"菜单键进行转换程序。

（4）依次选中"在线""写入 PLC"，将梯形图区域中的程序写入 PLC。

**步骤 5：上机实操。**

（1）启动 FX-TRN-BEG-C 仿真软件，进入"产品生产数量统计"仿真编程界面，如图 4-4-9 所示。

（2）在仿真编程界面，单击"梯形图编辑"按钮，进入编程状态，将程序编辑好之后进行转换和程序写入，并运行程序。"产品生产数量统计"梯形图的运行图如图 4-4-10 所示。

（3）启动模拟仿真，调试程序。

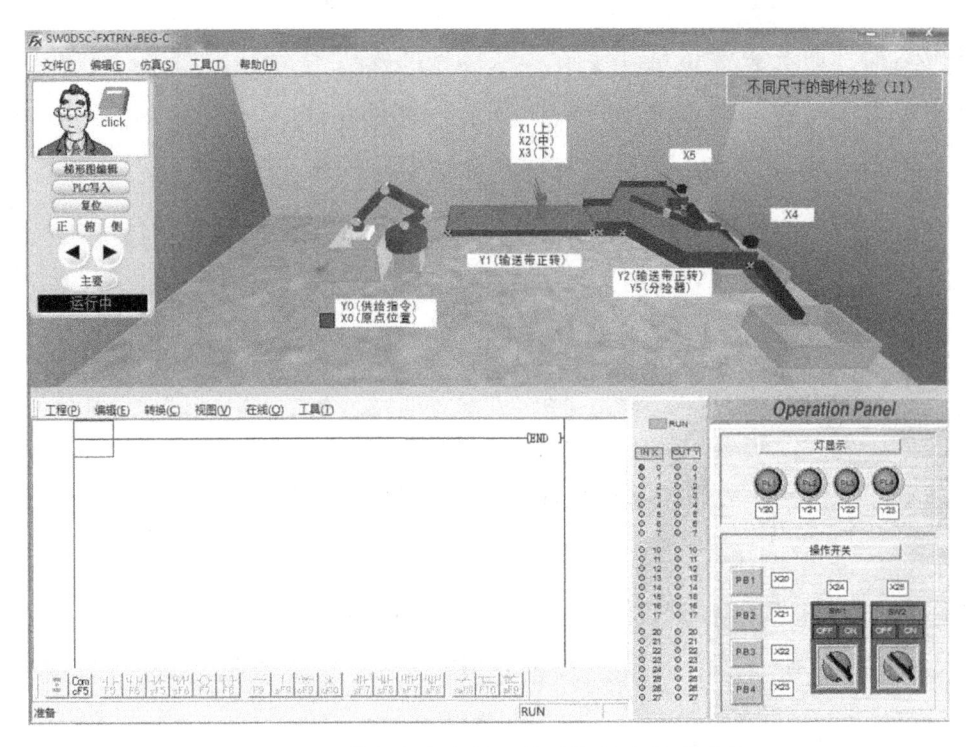

图 4-4-9 "产品生产数量统计"仿真编程界面

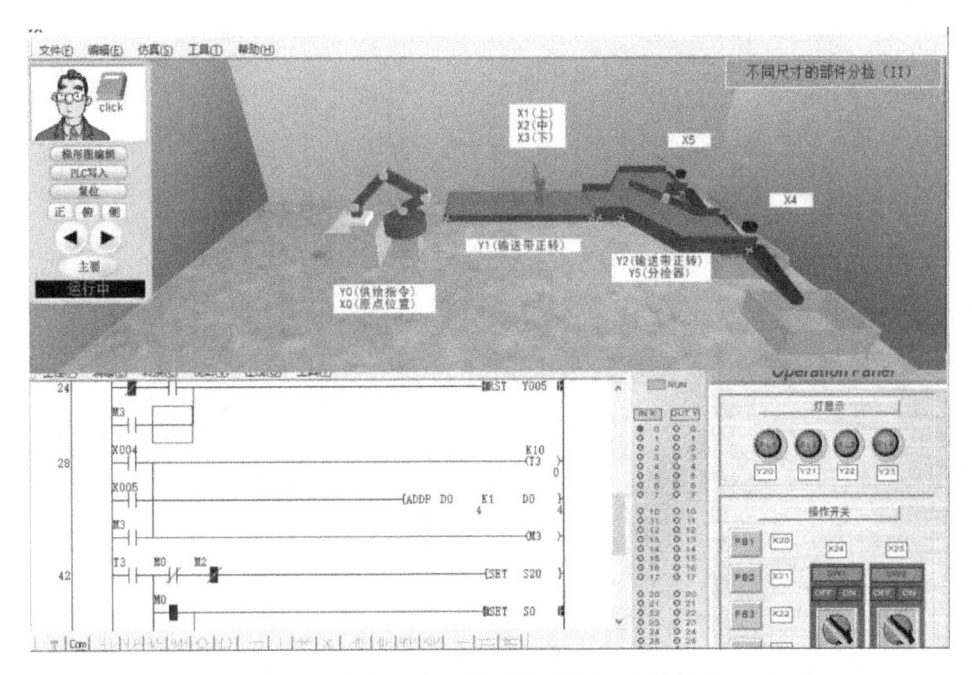

图 4-4-10 "产品生产数量统计"梯形图的运行图

## 步骤 6：运行、调试程序。

工作要点分析：

（1）机械手在原点位置时，当按下操作面板上的启动按钮时，机械手开始搬运产品，产品有大或小部件；

（2）大部件将会被放到后部的输送带上，而小部件被放到前部的输送带上；

（3）当搬运的产品总数量达到4个时，系统自动停机；

（4）再次按下启动按钮时，数据清除，可以再次启动；

（5）设备在运行中按下停止按钮，当前产品被搬运完成后设备停止。

# 项目练习

## 一、判断题

1. FX系列PLC的数据寄存器全是16位，最高位是正负符号位，1表示正数，0表示负数。（　　）

2. FX系列PLC中32位的数据传送指令是MOV。（　　）

3. FX系列PLC中16位的数据存贮区D和32位的数据存贮区D的最大数值差一倍。（　　）

## 二、选择题

1. 操作数K3Y0表示（　　）。
   A．Y0～Y11组成3个4位组　　　　B．Y0～Y11组成4个3位组
   C．Y0～Y12组成3个4位组　　　　D．Y0～Y12组成4个3位组

2. 在FX系列PLC中，16位加法指令应用（　　）。
   A．DADD　　　B．ADD　　　C．SUB　　　D．MUL

3. 在FX系列PLC中，16位左移指令应用（　　）。
   A．DADD　　　B．DDIV　　　C．SFTR　　　D．SFTL

4. 循环指令FOR、NEXT必须（　　）出现，缺一不可。
   A．成对　　　B．单独　　　C．不　　　D．多次

## 三、填空题

1. LDI、AI、ONI等指令中的"I"表示_____功能，其执行时从实际输入点得到相关的状态值。

2. FX系列PLC中，16位的数值传送指令是_____。

3. 功能指令中附有符号_____表示脉冲执行，附有符号_____表示能处理32位数据。

4. INC是_____指令，DEC是_____指令。

5. CMP是_____指令，CMP C0 K5 M0 这条指令中，有_____个辅助继电器

M，M 的编号是_____。

## 四、简答题

1. 功能指令与基本指令的区别是什么?
2. 在功能指令的使用过程中，应注意哪些问题?

## 五、编程题

1. 在编程仿真软件的 B2 界面中，通过程序计算 1+2+3+4+…+50 等于多少。

2. 在编程仿真软件的 E6 界面中，写出程序实现以下控制要求并上机运行调试。要求：操作显示画面的两位数码管，采用 8421 BCD 编码方式驱动，Y0～Y3 驱动个位数字，Y4～Y7 驱动十位数字，编码方案，数码管编码表如表 4-4-11 所示；试用 MOV 指令编制程序，由一位数码管循环显示 PB2 自 0 至 9 的点动次数。

表 4-4-11 数码管编码表（P221）

| 二进制 |   | Y3/Y7 | Y2/Y6 | Y1/Y5 | Y0/Y4 |
|---|---|---|---|---|---|
|  |   | 8 | 4 | 2 | 1 |
| 十进制 | 0 | 0 | 0 | 0 | 0 |
|  | 1 | 0 | 0 | 0 | 1 |
|  | 2 | 0 | 0 | 1 | 0 |
|  | 3 | 0 | 0 | 1 | 1 |
|  | 4 | 0 | 1 | 0 | 0 |
|  | 5 | 0 | 1 | 0 | 1 |
|  | 6 | 0 | 1 | 1 | 0 |
|  | 7 | 0 | 1 | 1 | 1 |
|  | 8 | 1 | 0 | 0 | 0 |
|  | 9 | 1 | 0 | 0 | 1 |

3. 在编程仿真软件的 A3 界面中，写出程序实现以下控制要求，并上机运行调试。要求：一台电加热箱采用四盏电灯加热：LP1 50W、LP2 100W、LP3 200W、LP4 400W。点动 PB2，选择点亮不同的电灯，得到不同的加热功率，依次为 0W、50W、100W、150W、200W、250W、300W、350W、400W、450W、500W、550W、600W、650W、700W、750W；PB1 为急停按钮；试用 MOV 指令编制程序。

职业院校教学用书（机电类专业）

# PLC 技术基础及应用

## 工作页

主　编　伦洪山　王晓明　周诚计

副主编　蒋　山　黄昌泽　甘晓霞　陈绳浩

参　编　覃承昂　卢杰全　冼　钢　陈海旋

　　　　黄善美　黄一曦　杨胜允

中国工信出版集团　电子工业出版社

# 目录 CONTENTS

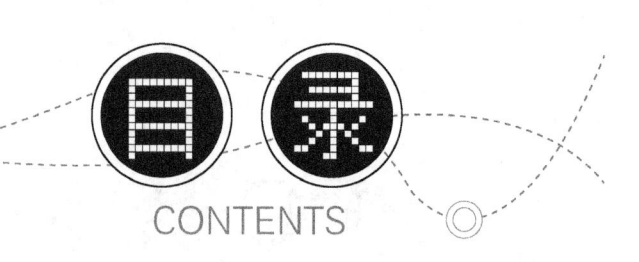

## 项目一　认识 PLC 仿真软件 .................. 1

　　任务一　可编程控制器设备安装 ............ 1
　　任务二　安装三菱 PLC 学习仿真软件 ...... 5
　　任务三　创建与保存 FX-TRN-BEG-C
　　　　　　仿真软件工程文件 .................. 7

## 项目二　学习 PLC 基本指令 .................. 9

　　任务一　设计与调试呼叫单元控制程序 .... 9
　　任务二　设计与调试电动机连续运行
　　　　　　控制程序 .............................. 12
　　任务三　设计与调试电动机正反转控制
　　　　　　程序 ..................................... 15
　　任务四　设计与调试电动机顺序启动同
　　　　　　时停止控制程序 ..................... 18
　　任务五　设计与调试电动机同时启动逆
　　　　　　序停止控制程序 ..................... 21
　　任务六　设计与调试输送带自动往返控
　　　　　　制程序 .................................. 25

## 项目三　学习 PLC 应用指令 .................. 28

　　任务一　设计与调试交通信号灯控制
　　　　　　程序 ..................................... 28
　　任务二　设计与调试车库自动门控制
　　　　　　程序 ..................................... 31
　　任务三　设计与调试计数循环控制程序 ... 34
　　任务四　设计与调试水果装箱步进控制
　　　　　　程序 ..................................... 37
　　任务五　设计与调试不同尺寸的部件
　　　　　　分拣步进控制程序 .................. 41
　　任务六　设计与调试部件分配步进程序 ... 44

## 项目四　学习 PLC 功能指令 .................. 48

　　任务一　认识功能指令 ........................ 48
　　任务二　设计与调试彩灯控制程序 .......... 51
　　任务三　设计与调试部件供给计数显示
　　　　　　控制程序 .............................. 55
　　任务四　设计与调试产品生产数量统计
　　　　　　的控制程序 ........................... 58

# 项目一

# 认识 PLC 仿真软件

## 任务一  可编程控制器设备安装

### 学习目标

1. 了解 PLC 的产生、发展。
2. 熟悉 PLC 的分类及组成。
3. 掌握 PLC 的工作原理。
4. 会正确连接 PLC 与外部设备。

### 学习任务

本次学习任务是利用三菱 FX3U-48MR 可编程控制器开展的，通过给定的 I/O 端口，PLC 控制电路连接图及指示灯安装图，结合 24V 电源和 24V 直流信号指示灯模拟十字路口交通灯信号控制设备的安装。I/O 端口定义清单如表 1-1-1 所示。交通灯安装图如图 1-1-1 所示。

表 1-1-1  I/O 端口定义清单

| I 端口 |  | O 端口 |  |
|---|---|---|---|
| SB1 | X000 | 南北红灯 | Y000 |
| SB2 | X001 | 南北黄灯 | Y001 |
|  |  | 南北绿灯 | Y002 |
|  |  | 东西红灯 | Y003 |
|  |  | 东西黄灯 | Y004 |
|  |  | 东西绿灯 | Y005 |

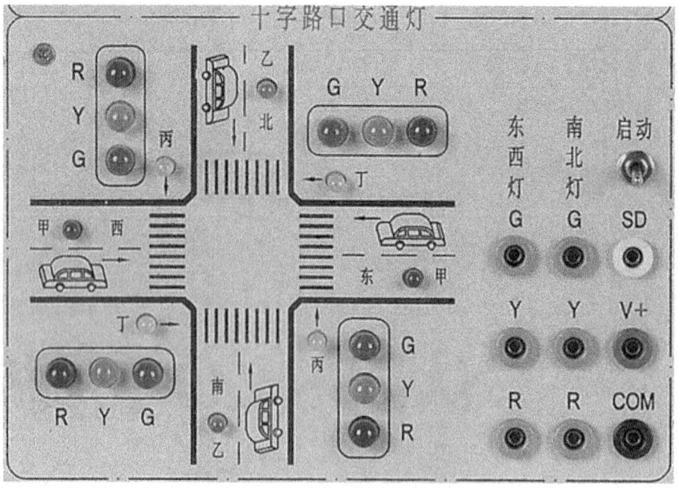

图 1-1-1　交通灯安装图

## 信息收集

1. 相关可编程控制器基本信息。

（1）国际电工委员会（IEC）对可编程控制器的定义_____
_____。

（2）举例三个 PLC 生产厂家_____
_____。

（3）小型 PLC 的 I/O 点数一般在_____，存储量在_____；中型 PLC 的 I/O 点数一般在_____，存储量在_____；大型 PLC 的 I/O 点数一般在_____，存储量在_____。

（4）PLC 最常用的两种编程语言：一是_____；二是_____。

（5）请在空白处画出 PLC 硬件结构框图

2. 根据电动机的长动 PLC 控制原理，写出图 1-1-2 所示的 PLC 程序的工作原理。

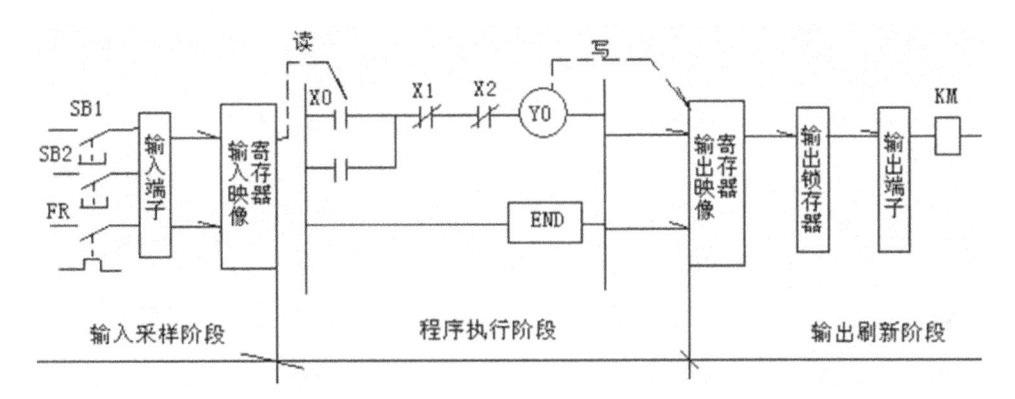

图 1-1-2　PLC 程序

## 任务准备

1. 工具。

螺钉旋具、尖嘴钳、斜口钳、剥线钳、电工刀等。

2. 仪表。

MF47 型万用表、兆欧表。

3. 器材（根据实际填写下表）。

| 序号 | 设备名称 | 型号规格 | 数量 |
| --- | --- | --- | --- |
| 1 | 已下载程序的 PLC |  | 1 |
| 2 | 开关电源 | 24V/2A | 1 |
| 3 | 断路器 |  | 1 |
| 4 | 设备电源 | 220V，50Hz | 1 |
| 5 | 熔断器 |  | 1 |
| 6 | 启动按钮 |  | 1 |
| 7 | 停止按钮 |  | 1 |
| 8 | 绿指示灯 |  | 4 |
| 9 | 红指示灯 |  | 4 |
| 10 | 黄指示灯 |  | 4 |
| 11 | 安装轨道 | 35mmDIN | 1 |
| 12 | 导线 |  | 若干 |

4. 写出操作步骤。

## 任务实施

1. 进行 PLC 及低压电器等设备检测、布局设计、安装工作，并画出它的布局设计图。

2. 十字路口交通指示灯 PLC 控制线路连接。

3. 通电前的检测，将检测结果填入下表。

| 序号 | 检测内容 | 检测结果 | 检测结论 |
| --- | --- | --- | --- |
| 1 |  |  |  |
| 2 |  |  |  |
| 3 |  |  |  |
| 4 |  |  |  |

4. 通电，检测、调试实现功能。

### 考核与评价

1. 考核要求。

在安装、调试电路过程中学生要做到以下几点。

（1）劳动用品穿戴标准，操作符合 6S 规范。

（2）正确填写表格。

（3）安装、调试和检测流程科学规范。

2. 考核标准。

| 考核项目 | 考核要求 | 评分标准 | 配分 | 得分 |
| --- | --- | --- | --- | --- |
| 系统安装 | 1. 会安装元件<br>2. 按图完整、正确及规范接线<br>3. 按照要求编号 | 1. 元件松动扣 5 分，损坏有一处扣 10 分<br>2. 错、漏线每处扣 5 分<br>3. 反圈、压皮、松动，每处扣 5 分<br>4. 错、漏编号，每处扣 3 分 | 60 | |
| 运行操作 | 操作运行系统，分析操作结果 | 1. 第一次试车不成功，扣 10 分<br>2. 第二次试车不成功，扣 20 分<br>3. 第三次试车不成功，扣 30 分 | 40 | |
| 安全文明生产 | | 违反安全文明生产规程，扣 5~40 分 | | |
| 定额时间 40 分钟 | | 按每超时 10 分钟扣 5 分 | | |
| 成绩 | | 除安全文明生产和定额时间，各项目的最高扣分不应超过配分 | | |

### 课后拓展

请解释可编程控制器 FX3U-64MR/ES-A 的型号含义。

## 任务二　安装三菱 PLC 学习仿真软件

### 学习目标

1. 了解 PLC 的软件系统组成。
2. 认识常用的三种 PLC 编程软件。
3. 会安装三菱 PLC 仿真软件（FX-TRN-BEG-C）。

## 学习任务

本次学习任务是将三菱 PLC 仿真软件（FX-TRN-BEG-C）安装在电脑中。

## 信息收集

1. 三菱 PLC 的常用的编程软件有_____、_____、_____。
2. PLC 的软件可分为_____和_____。
3. 在小型 PLC 中，用户程序有三种形式：_____、_____和_____。

## 任务准备

1. 工具材料。

计算机。

2. 写出操作步骤。

## 任务实施

1. 按操作步骤安装仿真软件。
2. 正确打开软件，如无法打开软件，应观察现象，分析原因，重新安装，直至安装成功。

## 考核与评价

| 考核项目 | 评分标准 | 分值 | 学生自评 | 教师评价 |
| --- | --- | --- | --- | --- |
| 写出操作步骤 | 步骤合理、正确 | 30 | | |
| 正确安装软件 | 把软件安装到计算机中 | 40 | | |
| 打开软件 | 能通过桌面的软件快捷图标打开软件 | 10 | | |
| 调试 | 如果软件安装或打开错误，会处理重新安装 | 15 | | |
| 职业素养 | 不损坏设备，遵守纪律，讲卫生 | 5 | | |
| 合计 | | | | |

## 课后拓展

使用三菱 PLC 仿真软件（FX-TRN-BEG-C）对于初学者来说有什么好处呢？

# 任务三　创建与保存 FX-TRN-BEG-C 仿真软件工程文件

## 学习目标

1. 熟悉 FX-TRN-BEG-C 仿真软件几个常用界面的作用。
2. 熟悉 FX-TRN-BEG-C 仿真软件一些按钮的功能作用。
3. 掌握 FX-TRN-BEG-C 仿真软件的使用方法。
4. 学会在 FX-TRN-BEG-C 仿真软件中创建与保存新建工程文件。

## 学习任务

本次学习任务是学会使用 FX-TRN-BEG-C 仿真软件，能新建及保存一个以"姓名+学号"命名的工程文件。

## 信息收集

1. 程序保存必须在编辑状态下进行，保存程序之前将程序进行＿＿＿＿＿＿操作，可用快捷键＿＿＿＿＿＿操作。

2. 元件符号下方的 F5～F9 字母数字，分别对应键盘上方的编程热键，其中大写字母前的 s 表示＿＿＿＿＿＿；c 表示＿＿＿＿＿＿；a 表示＿＿＿＿＿＿。

3. 梯形图编程采用＿＿＿＿＿、＿＿＿＿＿、＿＿＿＿＿和＿＿＿＿＿均可调用、放置元件。

## 任务准备

1. 工具材料。

安装有三菱 PLC 仿真软件（FX-TRN-BEG-C）的计算机。

2. 写出操作步骤。

## 任务实施

1. 打开软件，熟悉软件常用的界面、按钮的功能。
2. 新建一个以"姓名+学号"命名的工程文件。
3. 保存工程文件。

如无法完成工程文件的创建与保存，应观察现象、分析原因，检查后修改，直至完成任务。

## 考核与评价

| 考核项目 | 评分标准 | 分值 | 学生自评 | 教师评价 |
| --- | --- | --- | --- | --- |
| 写出操作步骤 | 步骤合理、正确 | 20 | | |
| 新建工程文件 | 新建一个以"姓名+学号"命名的工程文件 | 25 | | |
| 保存工程文件 | 能正确保存工程文件 | 25 | | |
| 熟悉软件 | 能说出软件中按钮的功能并熟练操作 | 15 | | |
| 调试 | 如果工程文件新建或保存错误，会处理 | 10 | | |
| 职业素养 | 不损坏设备，遵守纪律，讲卫生 | 5 | | |
| 合计 | | | | |

## 课后拓展

请你试安装三菱 PLC 编程软件（GX Developer），并了解该编程软件的使用规则。

# 项目二

# 学习 PLC 基本指令

## 任务一 设计与调试呼叫单元控制程序

### 学习目标

1. 认识三菱 FX 系列 PLC 输入/输出继电器。
2. 理解基本指令 LD、LDI、OUT、END 指令的用法。
3. 掌握梯形图的编程方法。
4. 会用 LD、LDI、OUT、END 指令设计呼叫单元 PLC 控制程序并进行运行调试。

### 学习任务

本次学习任务是利用三菱 FX-TRN-BEG-C 仿真软件开展的,在仿真软件初级挑战项目 D1 界面完成一间餐厅内呼叫单元控制程序的设计和调试。当餐厅内有客人按下餐桌上的呼叫服务按钮 1(X0)或按钮 2(X1)时,对应餐桌上方墙上的指示灯①(Y0)或指示灯②(Y1)点亮,服务员即可对应服务。呼叫单元仿真界面如图 2-1-1 所示。

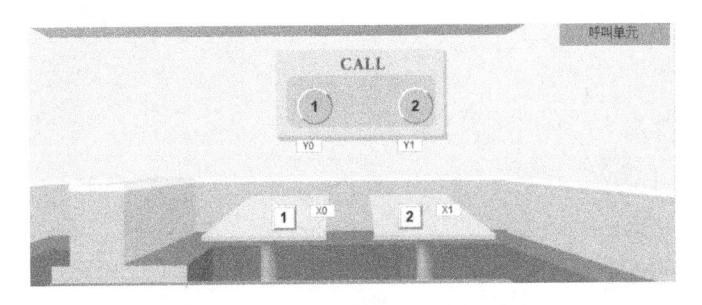

图 2-1-1 呼叫单元仿真界面

## 信息收集

1. 输入继电器、输出继电器、辅助继电器、定时器、计数器等在 PLC 中统称为_____或_____。

2. 软继电器的触点是可以_____，即软继电器的常开、常闭触点可以任意次使用。

3. 并行输出指令可_____次使用。

4. 你认为可编程控制与传统的继电器控制相比是否更优，请简述理由。

## 任务准备

1. 工具材料。

安装有三菱 PLC 仿真软件（FX-TRN-BEG-C）的计算机。

2. 补充操作步骤。

（1）分析工作任务要求，写出 I/O 分配表。

| 输入部分 || 输出部分 ||
| --- | --- | --- | --- |
| 输入元件 | PLC 编程元件 | 输出元件 | PLC 编程元件 |
|  |  |  |  |
|  |  |  |  |

（2）绘制 PLC 的外部接线图。

（3）编写控制程序（梯形图）。

（4）调试程序。

（5）运行程序、监控系统，实现功能。如控制要求达不到，应观察现象，分析原因、检查程序后修改，重新调试，直至实现功能。

## 任务实施

1. 分配 I/O 口。

2. 编写程序。

3. 输入程序、调试实现功能。

（1）按下餐桌上的按钮 1（X000），对应墙上的指示灯 1（Y000）点亮，松开按钮 1（X000）指示灯 1（Y000）熄灭。

（2）按下餐桌上的按钮 2（X001），对应墙上的指示灯 2（Y001）点亮，松开按钮 2（X001）指示灯 2（Y001）熄灭。

## 考核与评价

| 考核项目 | 评分标准 | 分值 | 学生自评 | 教师评价 |
|---|---|---|---|---|
| 写出 I/O 分配表 | 正确、合理分配 I/O 口 | 5 | | |
| 绘制 PLC 的外部接线图 | 按电气符号标准、文字符号标准绘制，并按顺序排列。会用展开法绘制 | 15 | | |
| 程序设计 | 用 FX-TRN-BEG-C 仿真软件 D1 界面设计延时接通的 PLC 控制程序 | 40 | | |
| 程序输入 | 会编辑、修改梯形图 | 10 | | |
| 程序编辑 | 掌握程序的转换、存盘、写入操作 | 10 | | |
| 仿真运行调试 | 如果设备运行错误，会调试、修改程序 | 15 | | |
| 职业素养 | 不损坏设备，遵守纪律，讲卫生 | 5 | | |
| 合计 | | | | |

## 课后拓展

请思考，如果灯需要长时间点亮，硬件接线需要有什么改进？程序该如何修改呢？

# 任务二 设计与调试电动机连续运行控制程序

## 学习目标

1. 巩固电动机连续运行控制电路的工作原理。
2. 掌握 OR、ORI、ANI、AND 指令的使用方法。
3. 会用 OR、ORI、ANI、AND 指令设计电动机连续运行控制程序，并进行运行调试。

## 学习任务

本次学习任务是利用三菱 FX-TRN-BEG-C 仿真软件开展的，在仿真软件的 B4 界面中完成电动机连续运行控制程序的设计和调试。工作现场有一段输送带由电动机拖动运行，要求电动机拖动的输送带能够进行连续运行控制。当按下按钮 PB1（X20），电动机拖动的输送带（Y1）连续正转；按下按钮 PB2（X21），电动机拖动的输送带（Y1）停止转动。电动机连续运行控制仿真界面如图 2-2-1 所示。

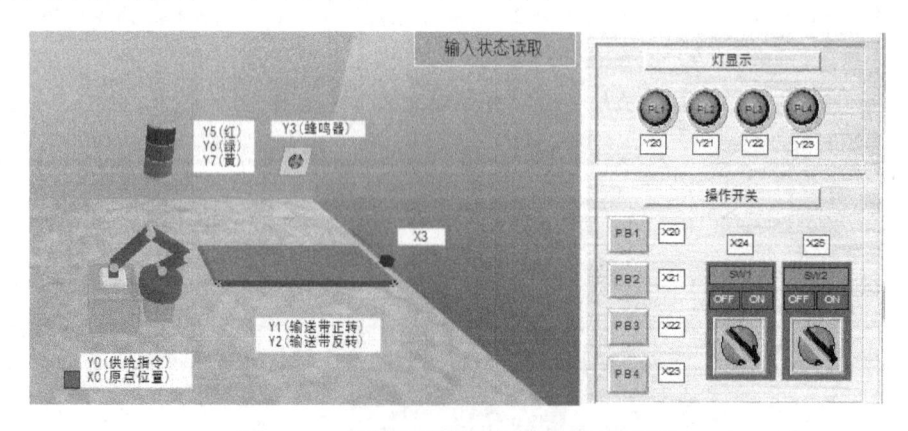

图 2-2-1 电动机连续运行控制仿真界面

### 信息收集

1. LD 指令用于_____接到左母线上。

2. LDI 指令用于_____接到左母线上。

3. OUT 指令是_____的线圈驱动指令，不能用于驱动输入继电器，因为输入继电器的状态是由输入信号决定的。

### 任务准备

1. 工具材料。

安装有三菱 PLC 仿真软件（FX-TRN-BEG-C）的计算机

2. 补充操作步骤。

（1）分析工作任务要求，写出 I/O 分配表。

| 输入部分 || 输出部分 ||
| --- | --- | --- | --- |
| 输入元件 | PLC 编程元件 | 输出元件 | PLC 编程元件 |
|  |  |  |  |
|  |  |  |  |
|  |  |  |  |
|  |  |  |  |

（2）绘制 PLC 的外部接线图。

（3）编写控制程序（梯形图）。

（4）调试程序。

（5）运行程序、监控系统，实现功能。如控制要求达不到，应观察现象、分析原因、检查程序后修改，重新调试，直至实现功能。

## 任务实施

1. 分配 I/O 口。

2. 编写程序。

3. 输入程序、调试实现功能。

（1）按下按钮 PB1（X020），使电动机拖动的输送带连续正转（Y001）。

（2）按下按钮 PB2（X021），输送带停止转动。

## 考核与评价

| 考核项目 | 评分标准 | 分值 | 学生自评 | 教师评价 |
|---|---|---|---|---|
| 写出 I/O 分配表 | 正确、合理分配 I/O 口 | 5 | | |
| 绘制 PLC 的外部接线图 | 按电气符号标准、文字符号标准绘制，并按顺序排列。会用展开法绘制 | 15 | | |
| 程序设计 | 用 FX-TRN-BEG-C 仿真软件 B4 界面设计延时接通的 PLC 控制程序 | 40 | | |
| 程序输入 | 会编辑、修改梯形图 | 10 | | |
| 程序编辑 | 掌握程序的转换、存盘、写入操作 | 10 | | |
| 仿真运行调试 | 如果设备运行错误，会调试、会修改程序 | 15 | | |
| 职业素养 | 不损坏设备，遵守纪律，讲卫生 | 5 | | |
| 合计 | | | | |

## 课后拓展

请思考，如果输送带需要反方向运行，硬件接线需要由什么改进？程序该如何修改呢？

## 任务三 设计与调试电动机正反转控制程序

### 学习目标

1. 掌握 PLC 多任务控制和设备控制中联锁措施的实现方法。
2. 掌握置位 SET 指令、复位 RST 指令的格式及用法。
3. 会用 SET 指令、RST 指令设计电动机正反转运行控制程序和运行调试。

### 学习任务

本次学习任务是利用三菱 FX-TRN-BEG-C 仿真软件开展的，在仿真软件 B4 界面完成电动机正反转运行控制程序的设计和调试。现场由一台电动机带动输送带实现正转、反转运行的控制，按下正转启动按钮 PB2（X21），输送带连续正转（Y1）；按下停机按钮 PB1（X20），输送带停止；按下反转启动按钮 PB3（X22），输送带连续反转（Y2）。在输送带已经转动的情况下，无法启动相反转向。电动机正反转运行控制仿真界面如图 2-3-1 所示。

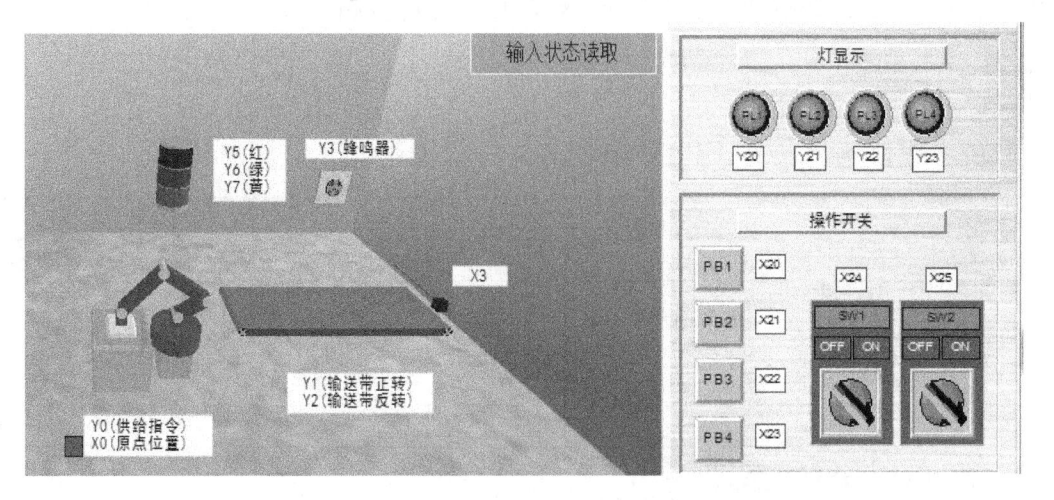

图 2-3-1　电动机正反转运行控制仿真界面

### 信息收集

（1）AND_____指令、ANI_____指令。
（2）OR_____指令、ORI_____指令。

（3）ANB＿＿＿＿＿＿指令、ORB＿＿＿＿＿＿＿＿＿＿指令。

（4）SET＿＿＿＿指令、RST＿＿＿＿指令、END＿＿＿＿指令。

（5）电动机控制电路中，什么是"自锁"？它是如何实现的？

（6）在 PLC 的梯形图编程中"自锁"触头是常闭触头还是常开触头？

## 任务准备

1. 工具材料。

安装有三菱 PLC 仿真软件（FX-TRN-BEG-C）的计算机。

2. 补充操作步骤。

（1）分析工作任务要求，写出 I/O 分配表。

| 输入部分 ||  输出部分 ||
| --- | --- | --- | --- |
| 输入元件 | PLC 编程元件 | 输出元件 | PLC 编程元件 |
|  |  |  |  |
|  |  |  |  |
|  |  |  |  |

（2）绘制 PLC 的外部接线图。

（3）编写控制程序（梯形图）。

（4）调试程序。

（5）运行程序、监控系统，实现功能。如控制要求达不到，应观察现象、分析原因、检查程序后修改，重新调试，直至实现功能。

## 任务实施

1. 分配 I/O 口。

2. 编写程序。

3. 输入程序、调试实现功能。

（1）正转启动过程。点动 PB2→X021 吸合→X020 闭合→Y001 吸合→Y001 输出触点闭合→KM1 吸合→电动机正转→Y001 闭合→自锁→Y001 分断→联锁 Y002 线圈。

（2）正转停机过程。点动 PB1→X020 分断→Y001 释放→各器件复位→电动机停止。

（3）反转启动过程。点动 PB3→X022 吸合→X020 闭合→Y002 吸合→Y002 输出触点闭合→KM2 吸合→电动机反转→Y002 闭合→自锁→Y002 分断→联锁 Y001 线圈。

（4）反转停机过程。点动 PB1→X020 分断→Y002 释放→各器件复位→电动机停止。

## 考核与评价

| 考核项目 | 评分标准 | 分值 | 学生自评 | 教师评价 |
| --- | --- | --- | --- | --- |
| 写出 I/O 分配表 | 正确、合理分配 I/O 口 | 5 | | |
| 绘制 PLC 的外部接线图 | 按电气符号标准、文字符号标准绘制，并按顺序排列。会用展开法绘制 | 15 | | |
| 程序设计 | 用 FX-TRN-BEG-C 仿真软件 B4 界面设计延时接通的 PLC 控制程序 | 40 | | |
| 程序输入 | 会编辑、修改梯形图 | 10 | | |
| 程序编辑 | 掌握程序的转换、存盘、写入操作 | 10 | | |
| 仿真运行调试 | 如果设备运行错误，会调试、修改程序 | 15 | | |
| 职业素养 | 不损坏设备，遵守纪律，讲卫生 | 5 | | |
| 合计 | | | | |

### 🍎 课后拓展

1. 请思考，输送带的控制中可以实现 Y1、Y2 线圈同时得电吗？

2. 在你所编写的梯形图中，除了添加自锁触头让输送带连续运行，还能通过什么方法或指令实现这个功能呢？

## 任务四　设计与调试电动机顺序启动同时停止控制程序

### 📖 学习目标

1. 巩固电动机顺序启动控制电路的工作原理。
2. 掌握 PLC 多重输出电路指令（MPS、MRD、MPP）。
3. 会用 MPS、MRD、MPP 指令设计电动机顺序启动，同时停止控制程序和运行调试。

### ✎ 学习任务

本次学习任务是利用三菱 FX-TRN-BEG-C 仿真软件开展的，在仿真软件 D6 界面完成电动机顺序启动同时停止控制程序的设计和调试。现场控制系统有三台电动机，分别拖动三级皮带输送机动作，其控制要求如下：按下启动按钮 X20，上段皮带机（Y0）的电动机启动；按下启动按钮 X21，中段皮带机（Y1）的电动机启动；再按下启动按钮 X22，下段皮带机（Y2）的电动机启动；按下停机按钮 X23，三台电动机拖动的皮带机全部停止。B6 输送带驱动控制仿真界面如图 2-4-1 所示。

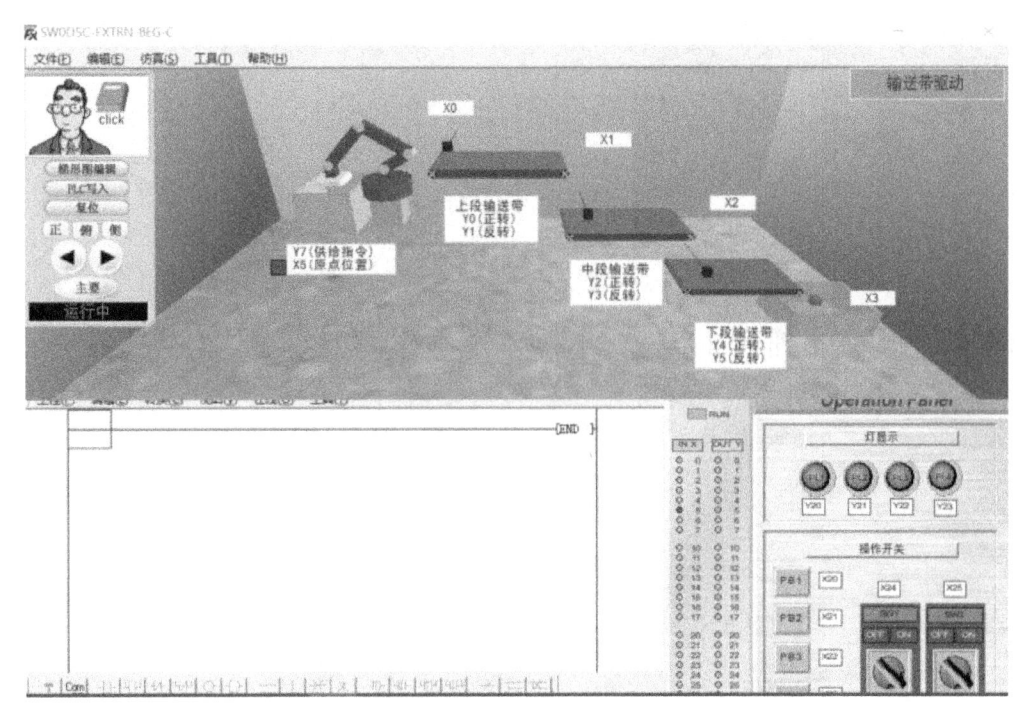

图 2-4-1　B6 输送带驱动控制仿真界面

### 信息收集

1. 多重输出指令 MPS 和 MPP 必须_____使用，但连续使用次数应少于_____次，在栈操作中_____不受次数限制。

2. 栈操作基本特点是数据的_____。

### 任务准备

1. 工具材料。

安装有三菱 PLC 仿真软件（FX-TRN-BEG-C）的计算机。

2. 补充操作步骤。

（1）分析工作任务要求，写出 I/O 分配表。

| 输入部分 || 输出部分 ||
| --- | --- | --- | --- |
| 输入元件 | PLC 编程元件 | 输出元件 | PLC 编程元件 |
|  |  |  |  |
|  |  |  |  |
|  |  |  |  |
|  |  |  |  |

（2）绘制 PLC 的外部接线图。

（3）编写控制程序（梯形图）。

（4）调试程序。

（5）运行程序、监控系统，实现功能。如控制要求达不到，应观察现象、分析原因、检查程序后修改，重新调试，直至实现功能。

## 任务实施

1. 分配 I/O 口。

2. 编写程序。

3. 输入程序、调试实现功能。

（1）按下启动按钮 X020，上段皮带机（Y000）的电动机启动。

（2）按下启动按钮 X021，中断皮带机（Y001）的电动机启动。

（3）按下启动按钮 X022，下段皮带机（Y002）的电动机启动。

（4）按下停机按钮 X023，3 台电动机全部停止。

## 考核与评价

| 考核项目 | 评分标准 | 分值 | 学生自评 | 教师评价 |
| --- | --- | --- | --- | --- |
| 写出 I/O 分配表 | 正确、合理分配 I/O 口 | 5 | | |
| 绘制 PLC 的外部接线图 | 按电气符号标准、文字符号标准绘制，并按顺序排列。会用展开法绘制 | 15 | | |
| 程序设计 | 用 FX-TRN-BEG-C 仿真软件 D6 界面设计延时接通的 PLC 控制程序 | 40 | | |
| 程序输入 | 会编辑、修改梯形图 | 10 | | |
| 程序编辑 | 掌握程序的转换、存盘、写入操作 | 10 | | |

续表

| 考核项目 | 评分标准 | 分值 | 学生自评 | 教师评价 |
|---|---|---|---|---|
| 仿真运行调试 | 如果设备运行错误，会调试、修改程序 | 15 | | |
| 职业素养 | 不损坏设备，遵守纪律，讲卫生 | 5 | | |
| 合计 | | | | |

### 🍎 课后拓展

如何实现3台皮带输送机的逐级自动启动？添加什么设备？（请根据仿真动画界面考虑。）

## 任务五　设计与调试电动机同时启动逆序停止控制程序

### 📖 学习目标

1. 掌握电动机同时启动逆序停止的控制要点。
2. 掌握 ORB 和 ANB 指令应用。
3. 会用 ORB、ANB 指令设计电动机，同时启动逆序停止控制程序和运行调试。

### ✏️ 学习任务

本次学习任务是利用三菱 FX-TRN-BEG-C 仿真软件开展的，在仿真软件 D6 界面完成 3 台电动机同时启动逆序停止控制程序的设计和调试。现场设备有 3 台电动机带动的上、中、下 3 段输送带。需要控制 3 段输送带同时启动，逆序停止。具体任务要求如下：点动按钮 PB4（X23），3 段输送带同时正向启动（Y0、Y2、Y4），点动按钮 PB3（X22）停止下段输送带，当下段输送带停止后才能点动按钮 PB2（X21）停止中段输送带，当中段输送带停止后才能点动按钮 PB1（X20）停止上段输送带。输送带驱动控制仿真界面如图 2-5-1 所示。

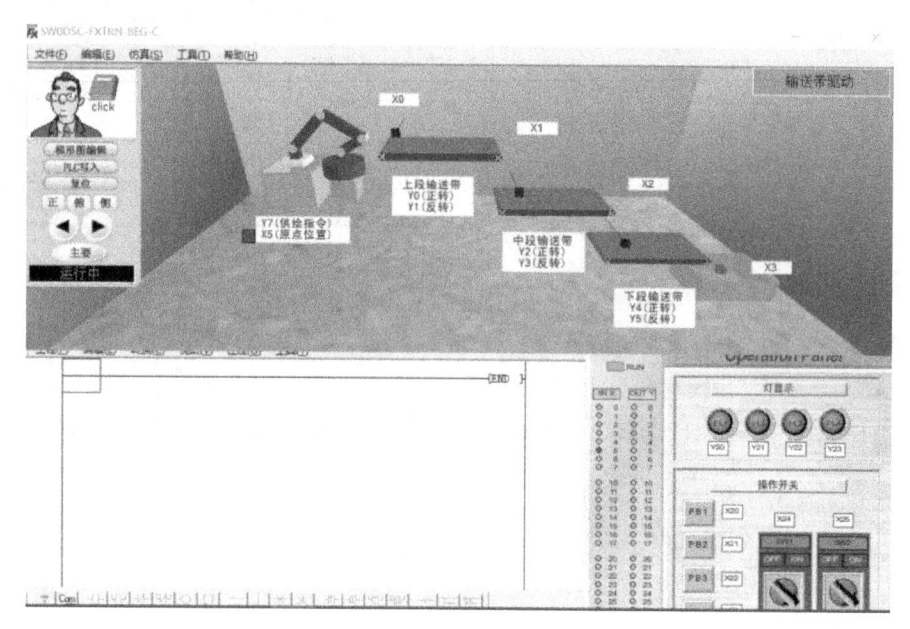

图 2-5-1 输送带驱动控制仿真界面

## 信息收集

（1）ANB、ORB 指令都_____元件，可_____使用，但是连续使用 ORB 时，应限制在_____次以下。

（2）ANB 指令是将_____与前面的电路_____，起始触点使用_____或_____指令，完成了电路块的内部连接后，用 ANB 指令将它与前面的电路_____。

（3）ORB 指令是将_____与前面的电路_____，起始触点使用 LD 或 LDI 指令，完成了电路块的内部连接后，用 ORB 指令将它与前面的电路_____。

## 任务准备

1. 工具材料。

安装有三菱 PLC 仿真软件（FX-TRN-BEG-C）的计算机。

2. 补充操作步骤。

（1）分析工作任务要求，写出 I/O 分配表。

| 输入部分 || 输出部分 ||
|---|---|---|---|
| 输入元件 | PLC 编程元件 | 输出元件 | PLC 编程元件 |
|  |  |  |  |
|  |  |  |  |
|  |  |  |  |

（2）绘制PLC的外部接线图。

（3）编写控制程序（梯形图）。

（4）调试程序。
（5）运行程序、监控系统，实现功能。如控制要求达不到，应观察现象、分析原因、检查程序后修改，重新调试，直至实现功能。

## 任务实施

1. 分配I/O口。
2. 编写程序。

3. 输入程序，调试实现功能。

（1）点动按钮 PB4（X023），三段输送带同时正向启动（Y000、Y002、Y004）。

（2）点动按钮 PB3（X022），停止下段输送带（Y004）。

（3）点动按钮 PB2（X021），停止中段输送带（Y002）。

（4）点动按钮 PB1（X020），停止上段输送带（Y000）。

## 考核与评价

| 考核项目 | 评分标准 | 分值 | 学生自评 | 教师评价 |
|---|---|---|---|---|
| 写出 I/O 分配表 | 正确、合理分配 I/O 口 | 5 | | |
| 绘制 PLC 的外部接线图 | 按电气符号标准、文字符号标准绘制，并按顺序排列。会用展开法绘制 | 15 | | |
| 程序设计 | 用 FX-TRN-BEG-C 仿真软件 D6 界面设计延时接通的 PLC 控制程序 | 40 | | |
| 程序输入 | 会编辑、修改梯形图 | 10 | | |
| 程序编辑 | 掌握程序的转换、存盘、写入操作 | 10 | | |
| 仿真运行调试 | 如果设备运行错误，会调试、修改程序 | 15 | | |
| 职业素养 | 不损坏设备，遵守纪律，讲卫生 | 5 | | |
| 合计 | | | | |

## 课后拓展

写出图 2-5-2 中梯形图的指令表。

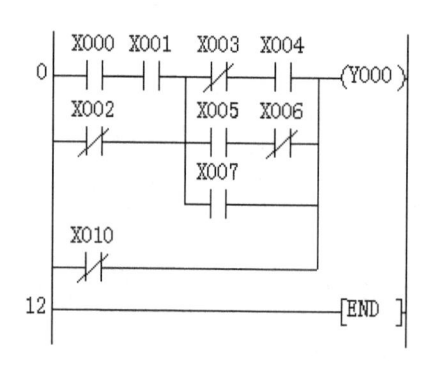

图 2-5-2 梯形图

# 任务六  设计与调试输送带自动往返控制程序

### 📖 学习目标

1. 掌握自动往返控制的要点。
2. 掌握脉冲指令的使用。
3. 会用脉冲指令设计自动往返控制程序和运行调试。

### ✏️ 学习任务

本次学习任务是利用三菱 FX-TRN-BEG-C 仿真软件开展的，在仿真软件相应界面完成输送带自动往返控制程序的设计和调试。现场具体控制要求如下：当按下操作面板上的 PB1 后，漏斗供给指令（Y10）被置为 ON；当松开 PB1 后，供给指令（Y10）被置为 OFF；当将供给指令（Y10）置为 ON，漏斗补给一个部件；当按下操作面板上的 PB2，如果松开 PB2，那么此动作将继续延续；输送带在正转（Y11）被置为 ON 时开始动作而在部件的右限位置为 ON 时停止；如果输送带反转（Y12）被置为 ON，输送带到左限（X10）被置为 ON 为止将会逆转；在左面的暂停点的部件停止 5s；5s 以后，输送带正转（Y11）被置为 ON，输送带开始移动，直到停止传感器（X12）被置为 ON 为止。输送带自动往返控制仿真界面如图 2-6-1 所示。

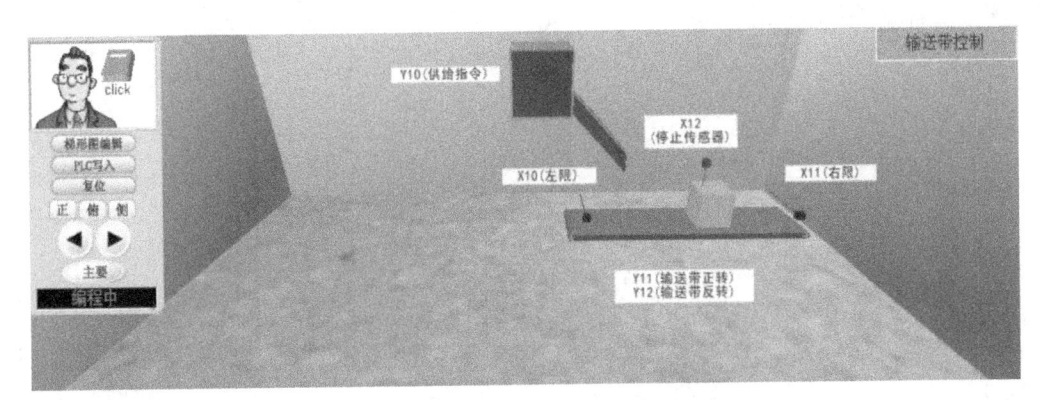

图 2-6-1  输送带自动往返控制仿真界面

### 🔬 信息收集

1. 脉冲型指令：_____。

2. 脉冲型指令的使用方法：_____。

3. LDP _____ 母线开始，_____ 沿检测。

4. LDF _____ 母线开始，_____ 沿检测。

## 任务准备

1. 工具材料。

安装有三菱 PLC 仿真软件（FX-TRN-BEG-C）的计算机。

2. 补充操作步骤。

（1）分析工作任务要求，写出 I/O 分配表。

| 输入部分 || 输出部分 ||
| --- | --- | --- | --- |
| 输入元件 | PLC 编程元件 | 输出元件 | PLC 编程元件 |
|  |  |  |  |
|  |  |  |  |
|  |  |  |  |
|  |  |  |  |

（2）绘制 PLC 的外部接线图。

（3）编写控制程序（梯形图）。

（4）调试程序。

（5）运行程序、监控系统，实现功能。如控制要求达不到，应观察现象、分析原因、检查程序后修改，重新调试，直至实现功能。

## 任务实施

1. 分配 I/O 口。

2. 编写程序。

3. 输入程序并调试实现功能。

（1）当按下操作面板上的 PB1 后，漏斗供给指令（Y010）被置为 ON。

（2）当松开 PB1 后，供给指令（Y010）被置为 OFF。

（3）当将供给指令（Y010）置为 ON 后，漏斗补给一个部件。

（4）当按下操作面板上的 PB2 之后。如果松开 PB2，那么此动作将继续延续。

（5）输送带在输送带正转（Y011）被置为 ON 起开始动作而在部件的右限位置为 ON 时停止。

（6）如果输送带反转（Y012）被置为 ON 时，输送带到左限（X010）被置为 ON 为止将会逆转。

（7）在左面的暂停点的部件停止 5s。5s 以后，输送带正转（Y011）被置为 ON，输送带开始移动，直到停止传感器（X012）被置为 ON 为止。

## 考核与评价

| 考核项目 | 评分标准 | 分值 | 学生自评 | 教师评价 |
| --- | --- | --- | --- | --- |
| 写出 I/O 分配表 | 正确、合理分配 I/O 口 | 5 | | |
| 绘制 PLC 的外部接线图 | 按电气符号标准、文字符号标准绘制，并按顺序排列。会用展开法绘制 | 15 | | |
| 程序设计 | 用 FX-TRN-BEG-C 仿真软件 E6 界面设计延时接通的 PLC 控制程序 | 40 | | |
| 程序输入 | 会编辑、修改梯形图 | 10 | | |
| 程序编辑 | 掌握程序的转换、存盘、写入操作 | 10 | | |
| 仿真运行调试 | 如果设备运行错误，会调试、修改程序 | 15 | | |
| 职业素养 | 不损坏设备，遵守纪律，讲卫生 | 5 | | |
| 合计 | | | | |

## 课后拓展

请思考如果物体要最后掉落到输送带的右侧，将如何设计程序？

# 项目三

# 学习 PLC 应用指令

## 任务一　设计与调试交通信号灯控制程序

### 📖 学习目标

1. 了解 PLC 定时器的分类及编号。
2. 掌握 PLC 定时器使用规则。
3. 会用 PLC 定时器设计与调试交通信号灯控制程序。

### ✏ 学习任务

本次学习任务是利用三菱 PLC 仿真软件（FX-TRN-BEG-C）开展的，在仿真软件"D：初级挑战"项目的"D-3.交通灯的时间控制"界面完成交通信号灯控制程序的设计和调试。交通信号灯系统有红（Y0）、黄（Y1）、绿（Y2）三个信号灯。按下启动按钮 PB2（X21），红灯亮 5s 后熄灭绿灯亮，绿灯亮 5s 后熄灭黄灯亮，黄灯亮 5s 后红灯再亮，三灯循环点亮。按下停止按钮 PB1（X20），三灯熄灭，系统停止工作。交通信号灯控制仿真界面如图 3-1-1 所示。

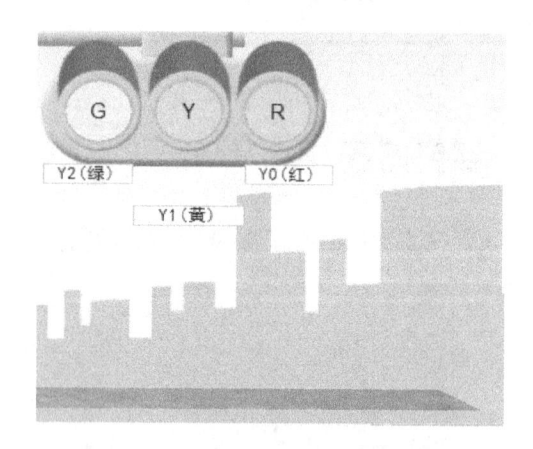

图 3-1-1　交通信号灯控制仿真界面

## 信息收集

1. 定时器分 _____ 和 _____ 两大类。

2. 积算定时器编号为 _____ ~ _____ 。

3. 通用定时器 T198 的时钟脉冲为 _____ms。

## 任务准备

1. 工具材料。

安装有三菱 PLC 仿真软件（FX-TRN-BEG-C）的计算机。

2. 补充操作步骤。

（1）分析工作任务要求，写出 I/O 分配表

| 输入部分 || 输出部分 ||
|---|---|---|---|
| 输入元件 | PLC 编程元件 | 输出元件 | PLC 编程元件 |
|  |  |  |  |
|  |  |  |  |
|  |  |  |  |

（2）绘制 PLC 的外部接线图。

（3）设计 PLC 控制程序（梯形图）。

（4）调试程序。

（5）运行程序、监控系统，实现功能。如控制要求达不到，应观察现象、分析原因、检查程序后修改，重新调试，直至实现功能。

## 任务实施

1. 分配 I/O 口。

2. 编写程序。

3. 输入程序并调试实现功能。

(1) 红灯点亮：X021 闭合，Y000 吸合并自锁，红灯点亮，T0 同步开始计时，计时到 5s 吸合。

(2) 绿灯点亮：T0 常开触点闭合，Y002 吸合并自锁，绿灯点亮，T1 同步开始计时，计时到 5s 吸合。

(3) 黄灯点亮：T1 常开触点闭合，Y001 吸合并自锁，黄灯点亮。

(4) 熄灯控制：点动 PB1，X020 分断，Y000 释放解锁，红灯熄灭，T0 同步释放，T0 常开触点分断，Y002 释放解锁，绿灯熄灭，T1 同步释放，T1 常开触点分断，Y001 释放解锁，黄灯熄灭。

## 考核与评价

| 考核项目 | 评分标准 | 分值 | 学生自评 | 教师评价 |
| --- | --- | --- | --- | --- |
| 写出 I/O 分配表 | 正确、合理分配 I/O 口 | 5 | | |
| 绘制 PLC 的外部接线图 | 按电气符号标准、按文字符号标准绘制，并按顺序排列。会用展开法绘制 | 15 | | |
| 程序设计 | 用 FX-TRN-BEG-C 仿真软件 D3 界面设计延时接通的 PLC 控制程序 | 40 | | |
| 程序输入 | 会编辑、修改梯形图 | 10 | | |
| 程序编辑 | 掌握程序的转换、存盘、写入操作 | 10 | | |
| 仿真运行调试 | 如果设备运行错误，会调试、修改程序 | 15 | | |
| 职业素养 | 不损坏设备，遵守纪律，讲卫生 | 5 | | |
| 合计 | | | | |

## 课后拓展

点动 PB2 启动程序 5s 后，红灯亮 5s 后熄灭，绿灯亮；绿灯亮 5s 后熄灭，黄灯亮；黄灯亮 2s 后红灯再亮，三灯如此循环。点动 PB1 则三灯全灭，停止工作。

# 任务二　设计与调试车库自动门控制程序

## 学习目标

1. 认识 PLC 的辅助继电器分类及编号。
2. 掌握 PLC 的辅助继电器的使用方法。
3. 会用 PLC 的辅助继电器设计与调试车库自动门控制程序。

## 学习任务

本次学习任务是利用三菱 PLC 仿真软件（FX-TRN-BEG-C）开展的，在仿真软件"F：高级挑战"项目的"F-1.自动门控制"界面完成车库自动门控制程序的设计和调试。当车库入口处检测到有车辆进入，车库大门将自动升起，大门升至最高点时自动停止。车辆驶离出口后，大门自动下降，大门降至最低点时自动停止，在大门升降过程中均有对应的指示灯点亮。如果车辆进入禁止停留区域（X2～X3 检测区域之间）10s 内未能离开，蜂鸣器则发出报警音催促车辆离开。车库自动门控制仿真界面如图 3-2-1 所示。

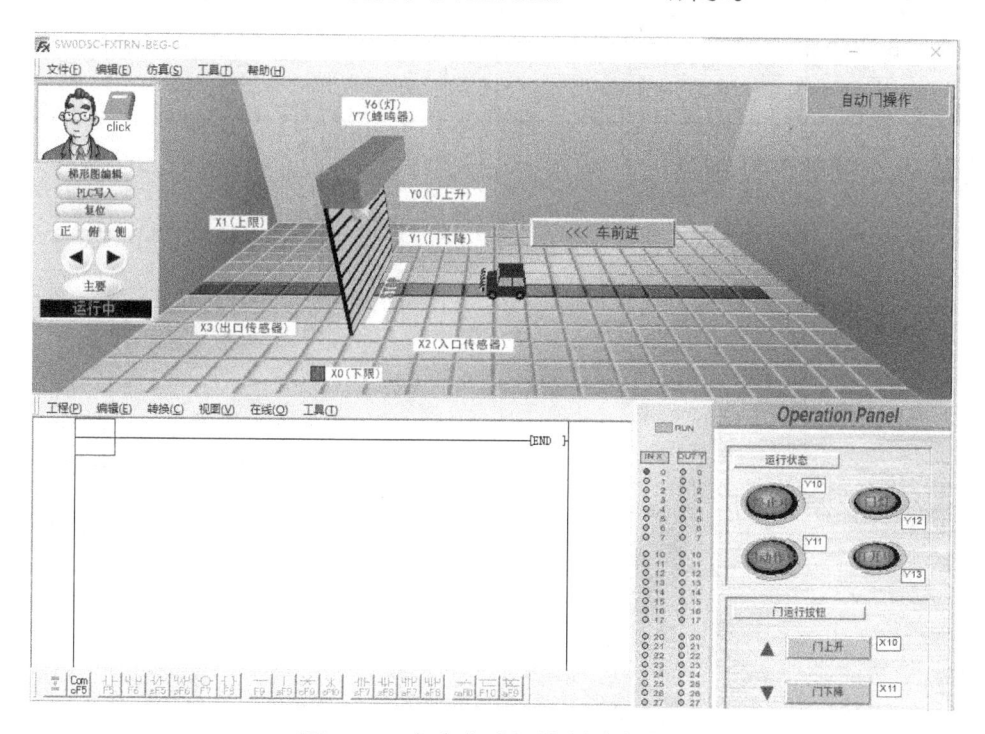

图 3-2-1　车库自动门控制仿真界面

## 信息收集

1. 辅助继电器分_____、_____和_____三大类。

2. 断电保持辅助继电器编号为_____~_____。

3. 特殊辅助继电器编号为_____~_____。

## 任务准备

1. 工具材料。

安装有三菱 PLC 仿真软件（FX-TRN-BEG-C）的计算机。

2. 补充操作步骤。

（1）分析工作任务要求，写出 I/O 分配表。

| 输入部分 ||  输出部分 ||
| --- | --- | --- | --- |
| 输入元件 | PLC 编程元件 | 输出元件 | PLC 编程元件 |
|  |  |  |  |
|  |  |  |  |
|  |  |  |  |
|  |  |  |  |
|  |  |  |  |
|  |  |  |  |
|  |  |  |  |
|  |  |  |  |

（2）绘制 PLC 的外部接线图。

（3）编写控制程序（梯形图）。

（4）调试程序。

（5）运行程序、监控系统，实现功能。如控制要求达不到，应观察现象、分析原因、检查程序后修改，重新调试，直至实现功能。

## 任务实施

1. 分配 I/O 口。

2. 编写程序。

3. 输入程序并调试实现功能。

（1）大门关闭在最低点待机时，"停止中"指示灯亮灯。

（2）车辆行驶进入入口传感器 X002 的感应范围，大门自动升起，"停止中"指示灯灭灯，"动作中"指示灯亮灯。

（3）大门升至最高点，自动停止，"动作中"指示灯灭灯，"打开中"指示灯亮灯。

（4）车辆行驶离开出口传感器 X003 的感应范围，大门自动下降，"打开中"指示灯灭灯，"动作中"指示灯亮灯。

（5）大门降至最低点，自动停止，"动作中"指示灯灭灯，"停止中"指示灯亮灯。

（6）大门升降动作中和升起后，门灯及门灯指示灯亮灯。

（7）如果车辆进入入口传感器 X002 的感应范围后 10s 内没能离开出口传感器 X003 的感应范围，则系统发出催促离开蜂鸣音。

（8）可以手动升降大门。

## 考核与评价

| 考核项目 | 评分标准 | 分值 | 学生自评 | 教师评价 |
| --- | --- | --- | --- | --- |
| 写出 I/O 分配表 | 正确、合理分配 I/O 口 | 5 | | |
| 绘制 PLC 的外部接线图 | 按电气符号标准、按文字符号标准绘制，并按顺序排列。会用展开法绘制 | 15 | | |
| 程序设计 | 用 FX-TRN-BEG-C 仿真软件 F1 界面设计延时接通的 PLC 控制程序 | 40 | | |
| 程序输入 | 会编辑、修改梯形图 | 10 | | |
| 程序编辑 | 掌握程序的转换、存盘、写入操作 | 10 | | |
| 仿真运行调试 | 如果设备运行错误，会调试、修改程序 | 15 | | |
| 职业素养 | 不损坏设备，遵守纪律，讲卫生 | 5 | | |
| 合计 | | | | |

## 课后拓展

部分常用辅助继电器简介。

特殊辅助继电器。

M8000：运行监控（a 接点接通）。

M8001：运行监控（b 接点接通）。

M8002：初始脉冲（只在 PLC 开始运行的第一个扫描周期 a 接通）。

M8003：初始脉冲（只在 PLC 开始运行的第一个扫描周期 b 接通）。

M8011：10ms 时钟脉冲。

M8012：100ms 时钟脉冲。

M8013：1s 时钟脉冲。

M8014：1min 时钟脉冲。

# 任务三  设计与调试计数循环控制程序

## 学习目标

1. 认识 PLC 的计数器分类及编号。
2. 掌握 PLC 的计数器使用方法。
3. 会用 PLC 的计数器指令设计与调试计数循环控制程序。

## 学习任务

本次学习任务是利用三菱 PLC 仿真软件（FX-TRN-BEG-C）开展的，在仿真软件"D：初级挑战"项目的"D-5.输送带启动/停止"界面完成计数循环控制程序的设计和调试。点动 PB2（X21），设备开始运行，绿灯亮，机器人供料，输送带向右送料，工件经过右端光电传感器时，黄灯亮，蜂鸣器响，自动重复供料送料，当运料数达到 5 件后，自动停机。点动 PB1（X20）停机，红灯亮。计数循环控制仿真界面如图3-3-1所示。

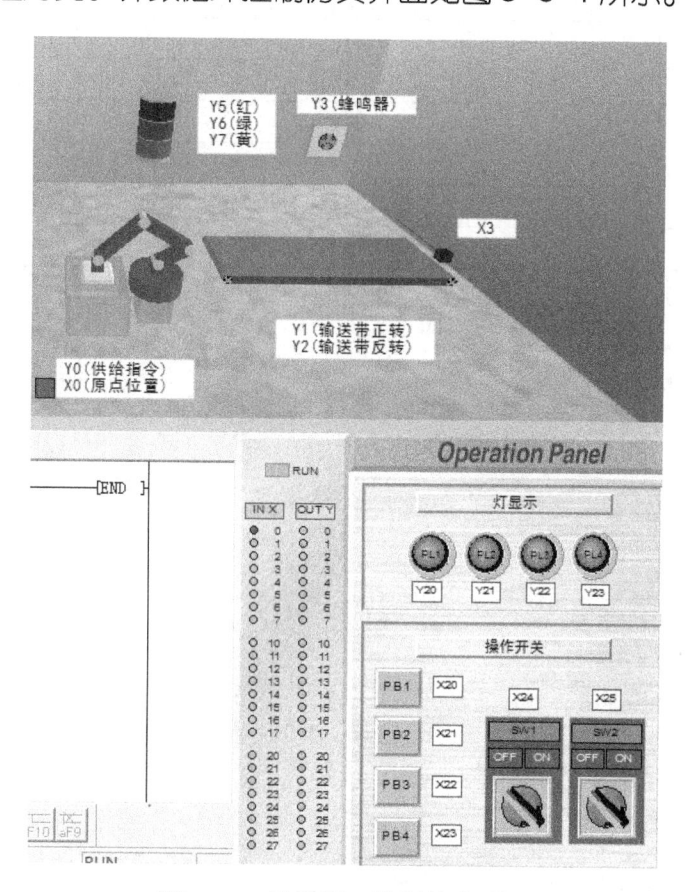

图 3-3-1　计数循环控制仿真界面

## 信息收集

1. 辅助继电器分＿＿＿＿＿＿、＿＿＿＿＿＿和＿＿＿＿＿＿三大类。
2. 断电保持辅助继电器编号为＿＿＿＿＿＿ ~ ＿＿＿＿＿＿。
3. 特殊辅助继电器编号为＿＿＿＿＿＿ ~ ＿＿＿＿＿＿。

## 任务准备

1. 工具材料。

安装有三菱 PLC 仿真软件（FX-TRN-BEG-C）的计算机。

2. 补充操作步骤。

（1）分析工作任务要求，写出 I/O 分配表

| 输入部分 ||  输出部分 ||
|---|---|---|---|
| 输入元件 | PLC 编程元件 | 输出元件 | PLC 编程元件 |
|  |  |  |  |
|  |  |  |  |
|  |  |  |  |
|  |  |  |  |
|  |  |  |  |
|  |  |  |  |
|  |  |  |  |

（2）绘制 PLC 的外部接线图。

（3）编写控制程序（梯形图）。

（4）调试程序。

（5）运行程序、监控系统，实现功能。如控制要求达不到，应观察现象、分析原因、检查程序后修改，重新调试，直至实现功能。

## 任务实施

1. 分配 I/O 口。

2. 编写程序。

3. 输入程序、调试实现功能。

（1）点动 PB2，设备开始运行。

（2）绿灯亮，机器人供料，输送带向右送料。

（3）工件经过右端光电传感器时，黄灯亮，蜂鸣器响，自动重复供料送料。

（4）运料数量达到 5 件后，自动停机或点动 PB1 也可停机，同时红灯亮。

## 考核与评价

| 考核项目 | 评分标准 | 分值 | 学生自评 | 教师评价 |
| --- | --- | --- | --- | --- |
| 写出 I/O 分配表 | 正确、合理分配 I/O 口 | 5 | | |
| 绘制 PLC 的外部接线图 | 按电气符号标准、按文字符号标准绘制,并按顺序排列。会用展开法绘制 | 15 | | |
| 程序设计 | 用 FX-TRN-BEG-C 仿真软件 D5 界面设计延时接通的 PLC 控制程序 | 40 | | |
| 程序输入 | 会编辑、修改梯形图 | 10 | | |
| 程序编辑 | 掌握程序的转换、存盘、写入操作 | 10 | | |
| 仿真运行调试 | 如果设备运行错误,会调试、修改程序 | 15 | | |
| 职业素养 | 不损坏设备,遵守纪律,讲卫生 | 5 | | |
| 合计 | | | | |

## 课后拓展

1. 用计数器实现单按钮控制电动机的运行。
2. 设计一个 30 天的定时程序。

# 任务四  设计与调试水果装箱步进控制程序

## 学习目标

1. 了解步进控制相关概念。
2. 掌握步进控制的有关知识和使用方法。
3. 掌握单流程步进控制程序的编程方法。
4. 会用单流程步进编程方法设计与调试水果装箱步进控制程序。

## 学习任务

本次学习任务是利用三菱 PLC 仿真软件（FX-TRN-BEG-C）开展的，在仿真软件"E：中级挑战"项目的"E-5.部件供给控制"界面完成水果装箱步进控制程序的设计和调试。点动 PB2，机器人把纸箱搬上输送带，输送带正转；纸箱到达装箱处停止，装满 3 个水果后，运到托盘。点动 PB1，停止工作。水果装箱步进控制仿真界面如图 3-4-1 所示。

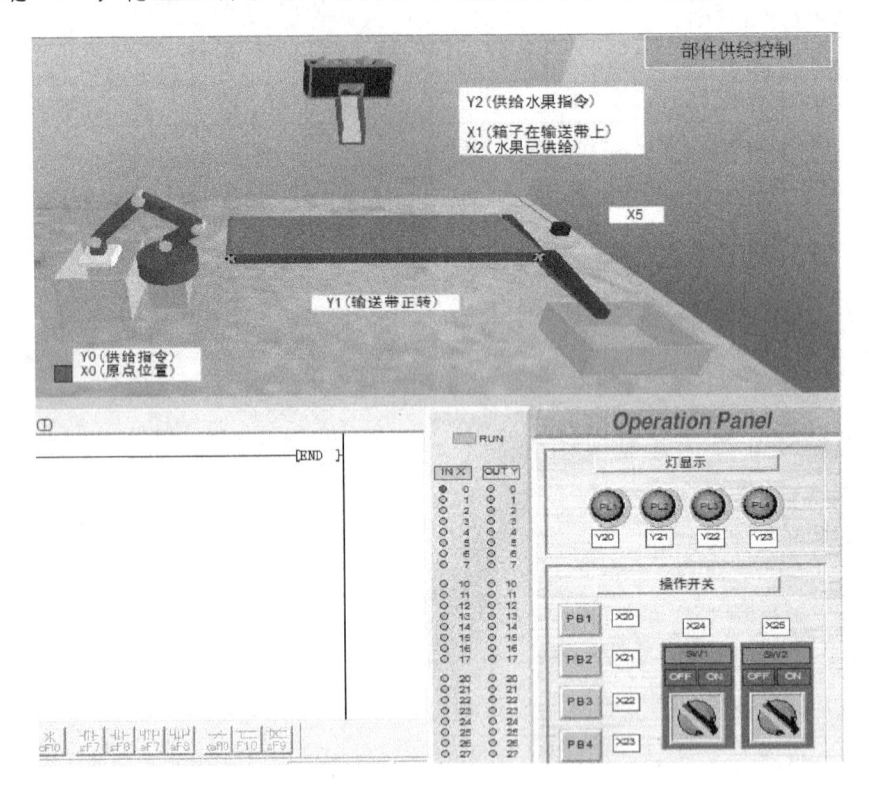

图 3-4-1 水果装箱步进控制仿真界面

## 信息收集

1. 计数器分为_____、_____和_____三大类。
2. 计数器通过_____指令实现清零。
3. C200～C234 是增计数还是减计数，分别由特殊辅助继电器_____～_____表明。

## 任务准备

1. 工具材料。

安装有三菱 PLC 仿真软件（FX-TRN-BEG-C）的计算机。

2. 补充操作步骤。

（1）分析工作任务要求，写出 I/O 分配表。

| 输入部分 || 输出部分 ||
|---|---|---|---|
| 输入元件 | PLC 编程元件 | 输出元件 | PLC 编程元件 |
|  |  |  |  |
|  |  |  |  |
|  |  |  |  |
|  |  |  |  |
|  |  |  |  |
|  |  |  |  |
|  |  |  |  |
|  |  |  |  |

（2）绘制 PLC 的外部接线图。

（3）编写控制程序（梯形图）。

（4）调试程序。

（5）运行程序、监控系统，实现功能。如控制要求达不到，应观察现象、分析原因、检查程序后修改，重新调试，直至实现功能。

## 任务实施

1. 分配 I/O 口。

2. 编写程序。

3. 输入程序并调试实现功能。

（1）点动启动按钮 PB2，机器人把纸箱搬上输送带，输送带正转。

（2）纸箱到达装箱处停止，装 3 个水果，运到托盘。

（3）自动重复装箱输送。

（4）点动 PB1，停止工作。

### 考核与评价

| 考核项目 | 评分标准 | 分值 | 学生自评 | 教师评价 |
| --- | --- | --- | --- | --- |
| 写出 I/O 分配表 | 正确、合理分配 I/O 口 | 5 | | |
| 绘制 PLC 的外部接线图 | 按电气符号标准、文字符号标准绘制，并按顺序排列。会用展开法绘制 | 15 | | |
| 程序设计 | 用 FX-TRN-BEG-C 仿真软件 E5 界面设计延时接通的 PLC 控制程序 | 40 | | |
| 程序输入 | 会编辑、修改梯形图 | 10 | | |
| 程序编辑 | 掌握程序的转换、存盘、写入操作 | 10 | | |
| 仿真运行调试 | 如果设备运行错误，会调试、修改程序 | 15 | | |
| 职业素养 | 不损坏设备，遵守纪律，讲卫生 | 5 | | |
| 合计 | | | | |

### 课后拓展

1. 上述程序控制只要求装好 5 个水果，怎么设计步进控制程序？

2. 若采用常开触点替代 X005 下降沿触发指令，观察程序运行情况。

# 任务五　设计与调试不同尺寸的部件分拣步进控制程序

## 📖 学习目标

1. 掌握多流程工序流程图的设计方法。
2. 掌握多流程控制编程的步骤及方法。
3. 会用多流程步进编程方法设计与调试不同尺寸的部件分拣步进控制程序。

## ✎ 学习任务

本次学习任务是利用三菱 PLC 仿真软件（FX-TRN-BEG-C）开展的，在仿真软件"E：中级挑战"项目的"E-2.不同尺寸的部件分拣"界面完成不同尺寸的部件分拣控制程序的设计和调试。点动 PB1，机器人随机提供大、小号部件，输送带启动运送部件，部件经过由 X1、X2、X3 三个光电传感器组成的光电检测门后，根据部件规格大小，运送至不同的托盘；当部件传送到末端时，设备重复运行，共运送 5 个部件。PB2 为系统运行过程中的急停按钮。不同尺寸的部件分拣步进编程仿真界面如图 3-5-1 所示。

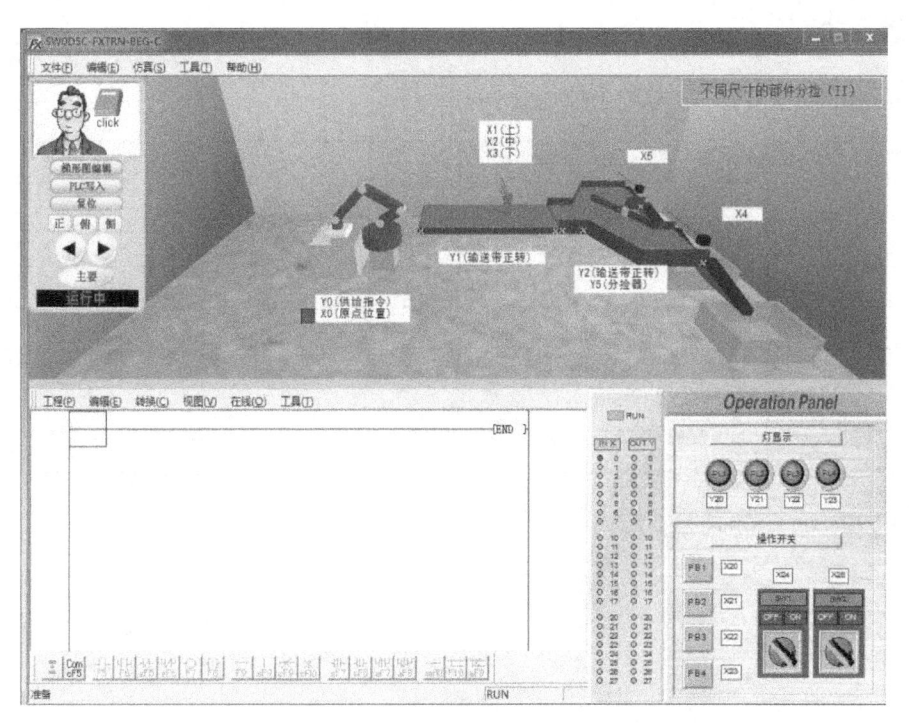

图 3-5-1　不同尺寸的部件分拣步进编程仿真界面

## 信息收集

1. 步进控制的定义_____
_____
_____
_____
_____。

2. 状态转移图的特点_____
_____
_____
_____。

3. 步进指令有两条：_____、_____。

## 任务准备

1. 工具材料。

安装有三菱 PLC 仿真软件（FX-TRN-BEG-C）的计算机。

2. 补充操作步骤。

（1）分析工作任务要求，写出 I/O 分配表

| 输入部分 || 输出部分 ||
| 输入元件 | PLC 编程元件 | 输出元件 | PLC 编程元件 |
| --- | --- | --- | --- |
|  |  |  |  |
|  |  |  |  |
|  |  |  |  |
|  |  |  |  |
|  |  |  |  |
|  |  |  |  |

（2）绘制 PLC 的外部接线图。

（3）编写控制程序（梯形图）。

（4）调试程序。

（5）运行程序、监控系统，实现功能。如控制要求达不到，应观察现象、分析原因、检查程序后修改，重新调试，直至实现功能。

## 任务实施

1. 分配 I/O 口。

2. 编写程序。

3. 输入程序并调试实现功能。

（1）点动 PB1，机器人随机提供大号和小号部件，输送带正转。

（2）将大号部件输送到后部托盘，将小号部件输送到前部托盘。

（3）设备不断地将大、小号部件输送到相应的托盘，循环工作。

（4）PB2 为急停按钮，按下全部停机。

（5）机器人随机输送 5 个部件后停机。

## 考核与评价

| 考核项目 | 评分标准 | 分值 | 学生自评 | 教师评价 |
| --- | --- | --- | --- | --- |
| 写出 I/O 分配表 | 正确、合理分配 I/O 口 | 5 | | |
| 绘制 PLC 的外部接线图 | 按电气符号标准、文字符号标准绘制，并按顺序排列。会用展开法绘制 | 15 | | |
| 程序设计 | 用 FX-TRN-BEG-C 仿真软件的 E2 界面设计延时接通的 PLC 控制程序 | 40 | | |
| 程序输入 | 会编辑、修改梯形图 | 10 | | |

续表

| 考核项目 | 评分标准 | 分值 | 学生自评 | 教师评价 |
|---|---|---|---|---|
| 程序编辑 | 掌握程序的转换、存盘、写入操作 | 10 | | |
| 仿真运行调试 | 如果设备运行错误，会调试、修改程序 | 15 | | |
| 职业素养 | 不损坏设备，遵守纪律，讲卫生 | 5 | | |
| 合计 | | | | |

## 课后拓展

若采用两个常开触点分别替代 X004H 和 X005 下降沿触发指令，观察程序运行情况。

# 任务六  设计与调试部件分配步进程序

## 学习目标

1. 掌握多流程步进控制的编程方法。
2. 熟悉 PLC 边沿脉冲指令的使用方法。
3. 会用边沿脉冲指令设计部件分配步进控制程序和运行调试。

## 学习任务

本次学习任务是利用三菱 PLC 仿真软件（FX-TRN-BEG-C）开展的，在仿真软件相应界面完成部件分配步进控制程序的设计和调试，完成程序的编写。点动 PB2，机器人随机提供大、中、小三种工件，输送带正转；根据工件大小，启动不同的输送带及推杆，将大小不同的部件，推入各自的托盘，循环工作。点动 PB1，停止工作。部件分配步进编程仿真界面如图 3-6-1 所示。

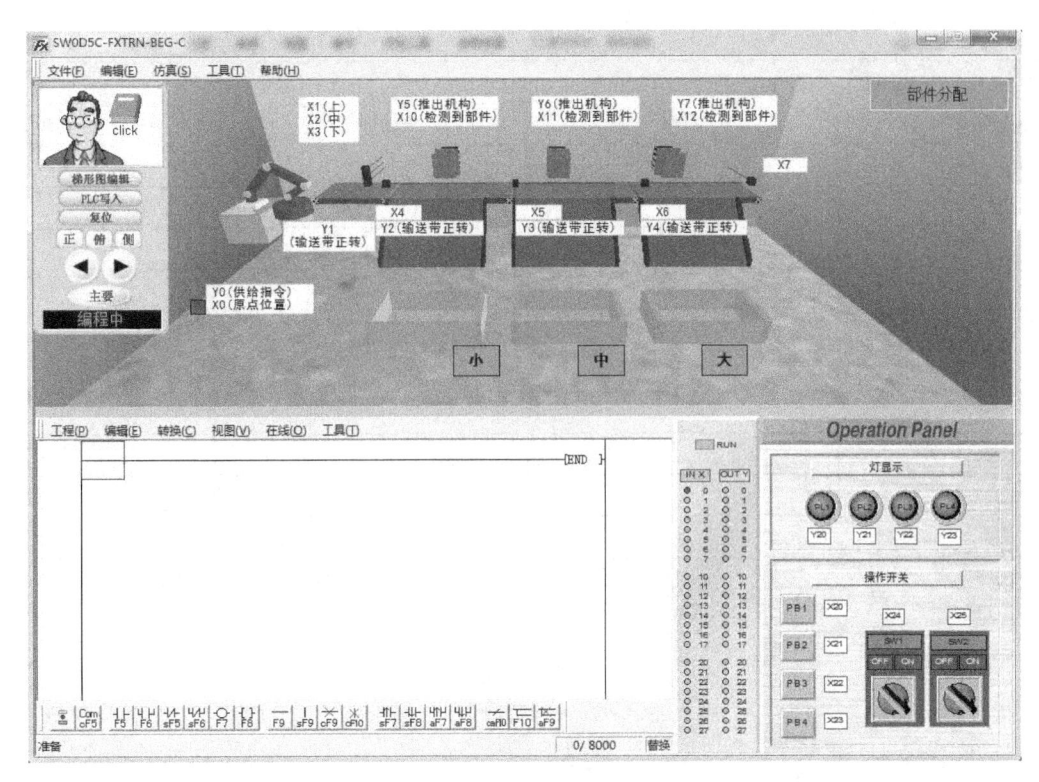

图 3-6-1　部件分配步进编程仿真界面

## 信息收集

1. 选择性流程程序由_____的分支程序组成的，但只能从中选择_____分支执行的程序。

2. 选择性流程编程原则为_____、

_____。

## 任务准备

1. 工具材料。

安装有三菱 PLC 仿真软件（FX-TRN-BEG-C）的计算机。

2. 补充操作步骤。

（1）分析工作任务要求，写出 I/O 分配表。

| 输入部分 || 输出部分 ||
|---|---|---|---|
| 输入元件 | PLC 编程元件 | 输出元件 | PLC 编程元件 |
|  |  |  |  |
|  |  |  |  |
|  |  |  |  |

续表

| 输入部分 | | 输出部分 | |
|---|---|---|---|
| 输入元件 | PLC 编程元件 | 输出元件 | PLC 编程元件 |
|  |  |  |  |
|  |  |  |  |
|  |  |  |  |
|  |  |  |  |
|  |  |  |  |
|  |  |  |  |
|  |  |  |  |
|  |  |  |  |
|  |  |  |  |
|  |  |  |  |

（2）绘制 PLC 的外部接线图。

（3）编写控制程序（梯形图）。

（4）调试程序。

（5）运行程序、监控系统，实现功能。如控制要求达不到，应观察现象、分析原因、检查程序后修改，重新调试，直至实现功能。

## 任务实施

1. 分配 I/O 口。

2. 编写程序。

3. 输入程序并调试实现功能。

（1）点动 PB2，机器人随机提供大、中、小三种部件，输送带输送。

（2）根据部件大小，启动不同的输送带及推杆，将大小不同的部件推入各自的托盘，循环工作。

（3）点动PB1，停止工作。

## 考核与评价

| 考核项目 | 评分标准 | 分值 | 学生自评 | 教师评价 |
|---|---|---|---|---|
| 写出I/O分配表 | 正确、合理分配I/O口 | 5 | | |
| 绘制PLC的外部接线图 | 按电气符号标准、文字符号标准绘制，并按顺序排列。会用展开法绘制 | 15 | | |
| 程序设计 | 用FX-TRN-BEG-C仿真软件F3界面设计延时接通的PLC控制程序 | 40 | | |
| 程序输入 | 会编辑、修改梯形图 | 10 | | |
| 程序编辑 | 掌握程序的转换、存盘、写入操作 | 10 | | |
| 仿真运行调试 | 如果设备运行错误，会调试、修改程序 | 15 | | |
| 职业素养 | 不损坏设备，遵守纪律，讲卫生 | 5 | | |
| 合计 | | | | |

## 课后拓展

上述程序控制使用了几个下降沿触点？试分析若将它们换成常开触点会出现什么问题？

# 项目四

# 学习 PLC 功能指令

## 任务一 认识功能指令

### 学习目标

1. 了解功能指令的基础知识。
2. 了解 FX3U 系列 PLC 中功能指令的格式。
3. 熟悉功能指令的操作元件和使用规则。
4. 学会功能指令的编程方法。

### 学习任务

本次学习任务是利用三菱 FX-TRN-BEG-C 仿真软件开展的,在仿真软件相关界面完成常用的功能指令输入(如 MOV 传送指令、ADD 相加指令)。功能指令编程练习仿真界面如图 4-1-1 所示。

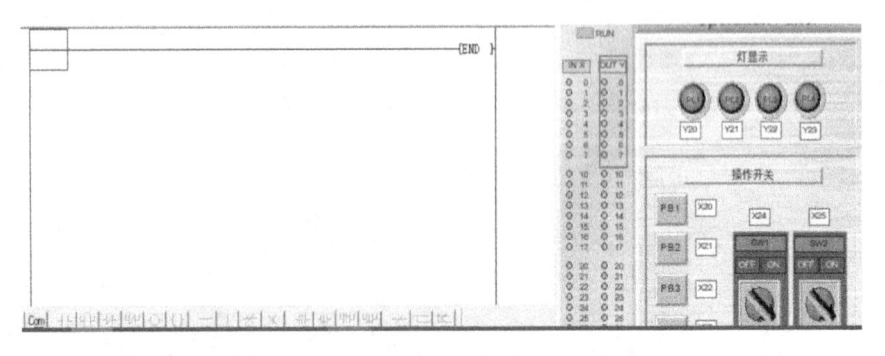

图 4-1-1 功能指令编程练习仿真界面

## 信息收集

1. FX 系列 PLC 的功能指令分为＿＿＿＿、＿＿＿＿、＿＿＿＿、＿＿＿＿、＿＿＿＿等，充分利用这些功能指令，可以使编程更加方便和快捷。

2. FX 系列 PLC 的功能指令格式采用＿＿＿＿和＿＿＿＿相结合的形式。

3. 功能指令一般由＿＿＿＿和＿＿＿＿组成。

4. 功能指令有＿＿＿＿和＿＿＿＿两种类型。

5. 功能指令可处理＿＿＿＿位数据，也可处理＿＿＿＿位数据。

## 任务准备

1. 工具材料。

安装有三菱 PLC 仿真软件（FX-TRN-BEG-C）的计算机。

2. 写出操作步骤。

## 任务实施

1. 利用仿真软件，输入常见的功能指令，如图 4-1-2 所示，并转换程序。

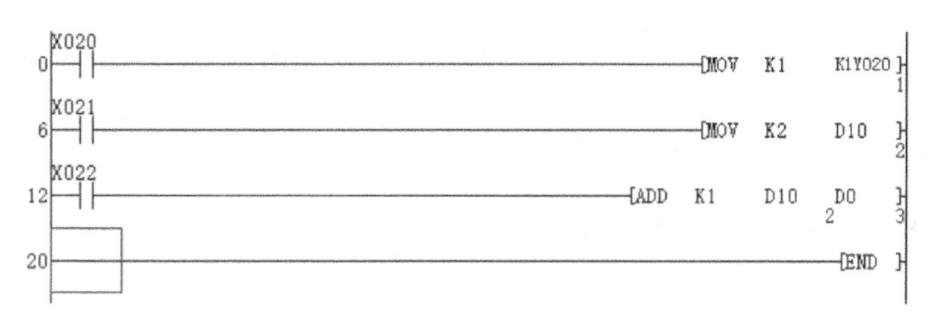

图 4-1-2 常见的功能指令

2. 如果出现功能指令输入格式错误或不能转换，请查找分析原因，并改正。

## 考核与评价

| 考核项目 | 评分标准 | 分值 | 学生自评 | 教师评价 |
| --- | --- | --- | --- | --- |
| 写出操作步骤 | 步骤合理、正确 | 30 | | |
| 指令输入 | 利用 FX-TRN-BEG-C 仿真软件输入功能指令 | 40 | | |
| 程序编辑 | 掌握程序的转换、存盘、写入操作 | 10 | | |
| 仿真运行调试 | 如果设备运行错误，会调试、修改程序 | 15 | | |
| 职业素养 | 不损坏设备，遵守纪律，讲卫生 | 5 | | |
| 合计 | | | | |

## 课后拓展

当输入驱动条件 ON 时，完成下列要求。

要求一：

（1）根据图 4-1-3 写出指令表。

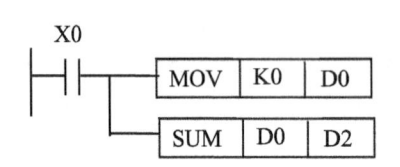

```
      X0
    ──┤├──────┬──[ MOV  K0  D0 ]
              │
              └──[ SUM  D0  D2 ]
```

图 4-1-3 程序图

（2）当 X0=ON 时（D2）等于什么？

（3）执行程序的结果谁被置位？

要求二：

（1）根据图4-1-4写出指令表。

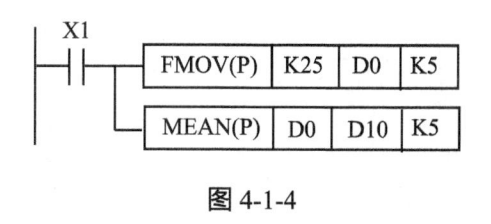

```
    X1
────┤├────┬──[ FMOV(P) | K25 | D0  | K5 ]
          │
          └──[ MEAN(P) | D0  | D10 | K5 ]
```

图4-1-4

（2）P的意义是什么？

（3）当X1=ON时，（D10）等于什么？

## 任务二　设计与调试彩灯控制程序

### 学习目标

1. 熟悉数据比较指令、传送指令、移位指令的格式。
2. 熟悉数据比较指令、传送指令、移位指令的功能。
3. 掌握数据比较指令、传送指令、移位指令的使用方法。
4. 会用功能指令完成彩灯控制的PLC控制程序和运行调试。

## 学习任务

本次学习任务是利用三菱 FX-TRN-BEG-C 仿真软件开展的，在仿真软件 D1 界面完成彩灯控制程序的设计和调试。任务内容及要求：现有 HL1～HL8 共 8 盏彩灯，要求当按下启动按钮后，系统开始工作。工作方式如下：①按下启动按钮后，彩灯 HL1～HL8 以正序（从左到右）每隔 1s 依次点亮；②当第八盏彩灯 HL8 点亮后，然后再反向逆序（从右到左）每隔 1s 依次点亮；③当第一盏彩灯 HL1 再次点亮后，重复循环上述过程；④当按下停止按钮后，彩灯控制系统停止工作。

彩灯控制仿真界面如图 4-2-1 所示。

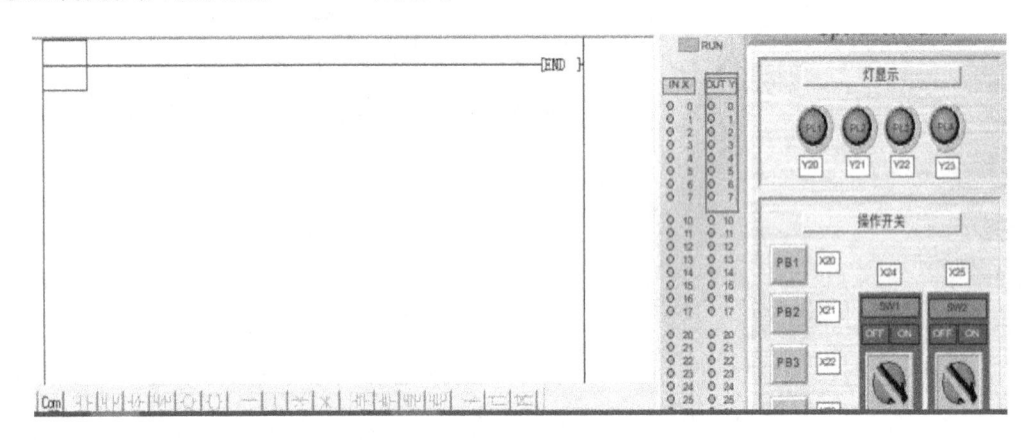

图 4-2-1 彩灯控制仿真界面

## 信息收集

1. 请简要说出传送指令（MOV）的作用及应用。

2. 什么是位组合数据？请举例说明。

## 任务准备

1. 工具材料。

安装有三菱 PLC 仿真软件（FX-TRN-BEG-C）的计算机。

2. 补充操作步骤。

（1）分析工作任务要求，写出 I/O 分配表。

| 输入部分 ||  输出部分 ||
| --- | --- | --- | --- |
| 输入元件 | PLC 编程元件 | 输出元件 | PLC 编程元件 |
|  |  |  |  |
|  |  |  |  |
|  |  |  |  |
|  |  |  |  |
|  |  |  |  |

（2）绘制 PLC 的外部接线图。

（3）编写控制程序（梯形图）。

（4）调试程序。

（5）运行程序、监控系统，实现功能。如控制要求达不到，应观察现象、分析原因、检查程序后修改，重新调试，直至实现功能。

## 任务实施

1. 分配 I/O 口。

2. 编写程序。

3. 输入程序并调试实现功能。

（1）按下启动按钮后，彩灯 HL1～HL8 以正序（从左到右）每隔 1s 依次点亮。

（2）当第八盏彩灯 HL8 点亮后，然后再反向逆序（从右到左）每隔 1s 依次点亮。

（3）当第一盏彩灯 HL1 再次点亮后，重复循环上述过程。

（4）当按下停止按钮后，彩灯控制系统停止工作。

## 考核与评价

| 考核项目 | 评分标准 | 分值 | 学生自评 | 教师评价 |
| --- | --- | --- | --- | --- |
| 写出 I/O 分配表 | 正确、合理分配 I/O 口 | 5 | | |
| 绘制 PLC 的外部接线图 | 按电气符号标准、文字符号标准绘制，并按顺序排列。会用展开法绘制 | 15 | | |
| 程序设计 | 用 FX-TRN-BEG-C 仿真软件 D1 界面设计延时接通的 PLC 控制程序 | 40 | | |
| 程序输入 | 会编辑、修改梯形图 | 10 | | |
| 程序编辑 | 掌握程序的转换、存盘、写入操作 | 10 | | |
| 仿真运行调试 | 如果设备运行错误，会调试、修改程序 | 15 | | |
| 职业素养 | 不损坏设备，遵守纪律，讲卫生 | 5 | | |
| 合计 | | | | |

## 课后拓展

1. 如图 4-2-2 所示，当 X001 为 ON 时，Y000～Y007 的值分别是（　　）。

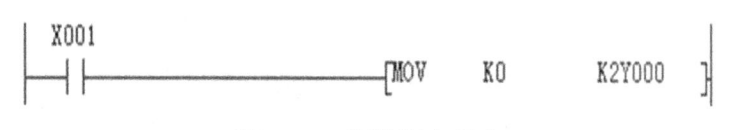

```
    X001
  ───┤├───────────────────[ MOV   K0    K2Y000 ]
```

图 4-2-2　传送指令程序

2. 以小组为单位在实训装置上完成装配流水线 PLC 控制电路的安装和调试，并进行展示，同时计入学生的考核评价中。

控制要求：①按下"启动"开关，工件经过传送工位 D 送至操作工位 A，在此工位完成加工后再由传送工位 E 送至操作工位 B……，依次传送及加工，直至工件被送至仓库操作工位 H，循环处理；②松开"启动"开关，系统加工完最后一个工件并入库后，自动停止工作；③按"复位"开关，无论此时工件位于哪个工位，系统均能复位至起始状态，即工件又重新开始从传送工位 D 处开始运送并加工；④按"移位"开关，无论此时工件位于任哪个工位，系统均能进入单步移位状态，即每按一次"移位"开关，工件前进一个工位。（装配流水线如图 4-2-3 所示。）

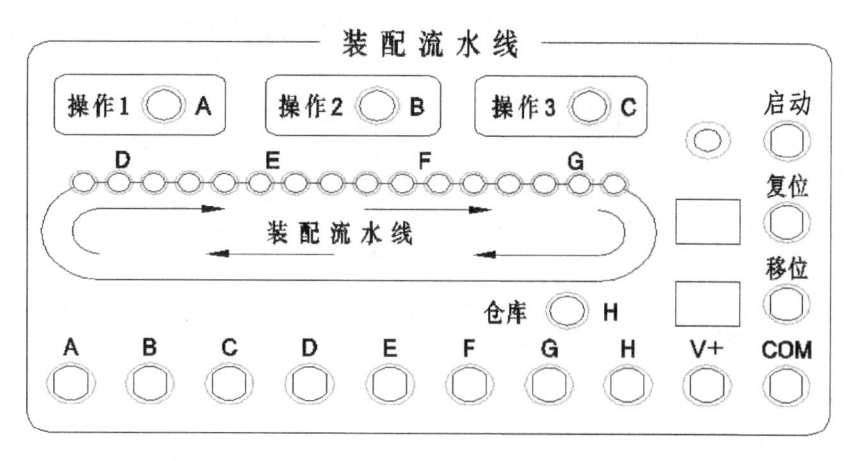

图 4-2-3 装配流水线

## 任务三 设计与调试部件供给计数显示控制程序

### 📖 学习目标

1. 了解比较指令的格式、功能。
2. 掌握比较指令的使用方法。
3. 会用比较指令完成部件供给计数显示的 PLC 控制程序和运行调试。

### ✏️ 学习任务

本次学习任务是利用三菱 FX-TRN-BEG-C 仿真软件开展的,在仿真软件 C4 界面完成部件供给计数显示控制程序的设计和调试。任务内容及要求:一条部件供给输送带将部件输送至打包箱中。控制要求:打开操作面板中的供给部件开关(X2)和运行输送带开关(X3),部件开始供给。当部件供给数量小于 3 个时黄色指示灯点亮。当部件供给数量达到 3 个时绿色指示灯点亮。当部件供给数量大于 3 个时红色指示灯点亮。3 个部件全部送至打包箱后,皮带机和部件供给机构自动停止工作,系统自动复位。

部件供给计数显示控制界面如图 4-3-1 所示。

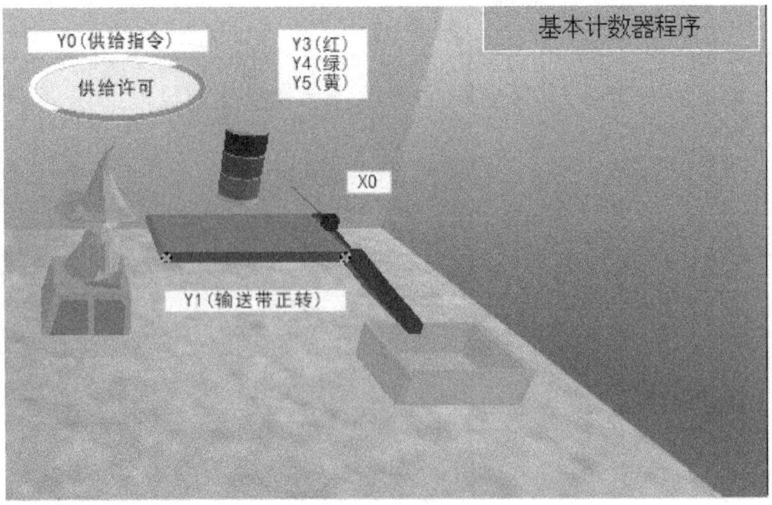

图 4-3-1 部件供给计数显示控制界面

### 信息收集

1. 请简要说出比较指令（CMP）的作用及应用。

2. 比较指令中的辅助继电器 M 有几个？什么时候接通？

### 任务准备

1. 工具材料。

安装有三菱 PLC 仿真软件（FX-TRN-BEG-C）的计算机。

2. 补充操作步骤。

（1）分析工作任务要求，写出 I/O 分配表。

| 输入部分 ||  输出部分 ||
| 输入元件 | PLC 编程元件 | 输出元件 | PLC 编程元件 |
|---|---|---|---|
|  |  |  |  |
|  |  |  |  |
|  |  |  |  |
|  |  |  |  |
|  |  |  |  |

（2）绘制 PLC 的外部接线图。

（3）编写控制程序（梯形图）。

（4）调试程序。

（5）运行程序、监控系统，实现功能。如控制要求达不到，应观察现象、分析原因、检查程序后修改，重新调试，直至实现功能。

## 任务实施

1. 分配 I/O 口。

2. 编写程序。

3. 输入程序并调试实现功能。

（1）打开操作面板中的供给部件开关（X002）和运行输送带开关（X003），部件开始供给。

（2）当部件供给数量小于 3 个时黄色指示灯点亮。

（3）当部件供给数量达到 3 个时绿色指示灯点亮。

（4）当部件供给数量大于 3 个时红色指示灯点亮。

（5）3 个部件全部送至打包箱后，皮带机和部件供给机构自动停止工作，系统自动复位。

## 考核与评价

| 考核项目 | 评分标准 | 分值 | 学生自评 | 教师评价 |
|---|---|---|---|---|
| 写出 I/O 分配表 | 正确、合理分配 I/O 口 | 5 | | |
| 绘制 PLC 的外部接线图 | 按电气符号标准、文字符号标准绘制,并按顺序排列。会用展开法绘制 | 15 | | |
| 程序设计 | 用 FX-TRN-BEG-C 仿真软件 C4 界面设计延时接通的 PLC 控制程序 | 40 | | |
| 程序输入 | 会编辑、修改梯形图 | 10 | | |
| 程序编辑 | 掌握程序的转换、存盘、写入操作 | 10 | | |
| 仿真运行调试 | 如果设备运行错误,会调试、修改程序 | 15 | | |
| 职业素养 | 不损坏设备,遵守纪律,讲卫生 | 5 | | |
| 合计 | | | | |

## 课后拓展

1. 当需要比较的对象为区间时,应该如何实现呢?你能通过查找用户手册了解吗?

2. 在梯形图编程中,比较指令还可以以什么形式写出?

# 任务四 设计与调试产品生产数量统计的控制程序

## 学习目标

1. 了解程序流程指令、加 1 指令、减 1 指令、加法指令、减法指令的功能、格式及使用方法。
2. 掌握加法指令的使用方法。
3. 会用加法指令完成产品生产数量统计的 PLC 控制程序和运行调试。

## 学习任务

本次学习任务是利用三菱 PLC 仿真软件（FX-TRN-BEG-C）开展的，在仿真软件相应界面完成产品生产数量统计的控制程序设计和调试。任务内容及要求：机械手在原点位置时，当按下操作面板上的启动按钮（X20）时，机械手开始搬运产品。产品有大部件和小部件。大部件将会被放到后部的输送带上，而小部件被放到前部的输送带上。当搬运的产品总数量达到 4 个时，系统自动停机。再次按下启动按钮时，数据清除，可以再次启动。设备在运行中按下停止按钮（X21），当前产品被搬运完成后设备停止。

产品生产数量统计控制界面如图 4-4-1 所示。

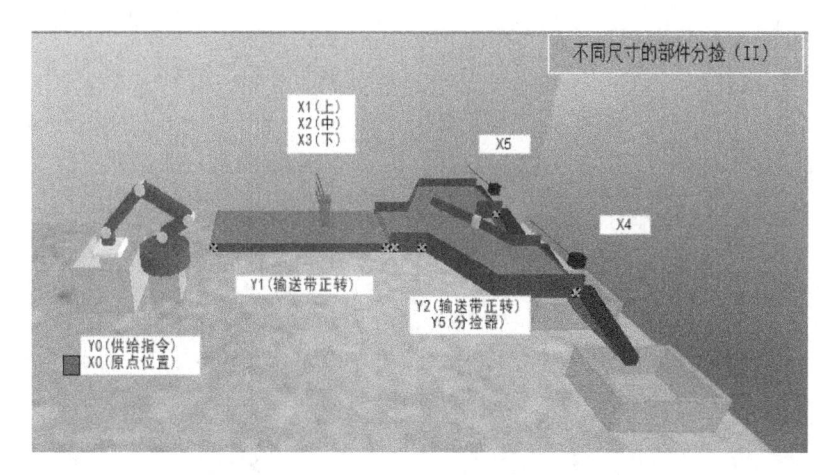

图 4-4-1　产品生产数量统计控制界面

## 信息收集

1. 加法指令_____，减法指令_____。
2. 加 1 指令_____，减 1 指令_____。
3. 试说出 CALL 指令的用法。

## 任务准备

1. 工具材料。

安装有三菱 PLC 学习仿真软件（FX-TRN-BEG-C）的计算机。

2. 补充操作步骤。

（1）分析工作任务要求，写出 I/O 分配表。

| 输入部分 || 输出部分 ||
|---|---|---|---|
| 输入元件 | PLC 编程元件 | 输出元件 | PLC 编程元件 |
|  |  |  |  |
|  |  |  |  |
|  |  |  |  |
|  |  |  |  |
|  |  |  |  |

（2）绘制 PLC 的外部接线图。

（3）编写控制程序（梯形图）。

（4）调试程序。

（5）运行程序、监控系统，实现功能。如控制要求达不到，应观察现象、分析原因、检查程序后修改，重新调试，直至实现功能。

## 🎓 任务实施

1. 分配 I/O 口。

2. 编写程序。

3. 输入程序并调试实现功能。

（1）机械手在原点位置时，当按下操作面板上的启动按钮（X020）时，机械手开始搬运产品。产品有大部件和小部件。

（2）大部件将会被放到后部的输送带上，而小部件被放到前部的输送带上。

（3）当搬运的产品总数量达到4个时，系统自动停机。

（4）再次按下启动按钮时，数据清除，可以再次启动。

（5）设备在运行中按下停止按钮（X021），当前产品被搬运完成后设备停止。

## 考核与评价

| 考核项目 | 评分标准 | 分值 | 学生自评 | 教师评价 |
| --- | --- | --- | --- | --- |
| 写出 I/O 分配表 | 正确、合理分配 I/O 口 | 5 | | |
| 绘制 PLC 的外部接线图 | 按电气符号标准、文字符号标准绘制，并按顺序排列。会用展开法绘制 | 15 | | |
| 程序设计 | 用 FX-TRN-BEG-C 仿真软件 E2 界面设计延时接通的 PLC 控制程序 | 40 | | |
| 程序输入 | 会编辑、修改梯形图 | 10 | | |
| 程序编辑 | 掌握程序的转换、存盘、写入操作 | 10 | | |
| 仿真运行调试 | 如果设备运行错误，会调试、会修改程序 | 15 | | |
| 职业素养 | 不损坏设备，遵守纪律，讲卫生 | 5 | | |
| 合计 | | | | |

## 课后拓展

根据控制要求，试完成以下工作任务。

某车间有6个工作台，送料车往返于工作台之间送料，每个工作台设有一个到位开关（SQ）和一个呼叫按钮（SB）。具体控制要求如下。

设送料车现暂停于 $m$ 号工作台（SQ$m$ 为 ON）处，这时 $n$ 号工作台呼叫（SQ$n$ 为 ON），若：

（1）$m>n$，送料车左行，直至 SQ$n$ 动作，到位停车；

（2）$m<n$，送料车右行，直至 SQ$n$ 动作，到位停车；

（3）$m=n$，送料车原位不动。

职业院校教学用书（机电类专业）

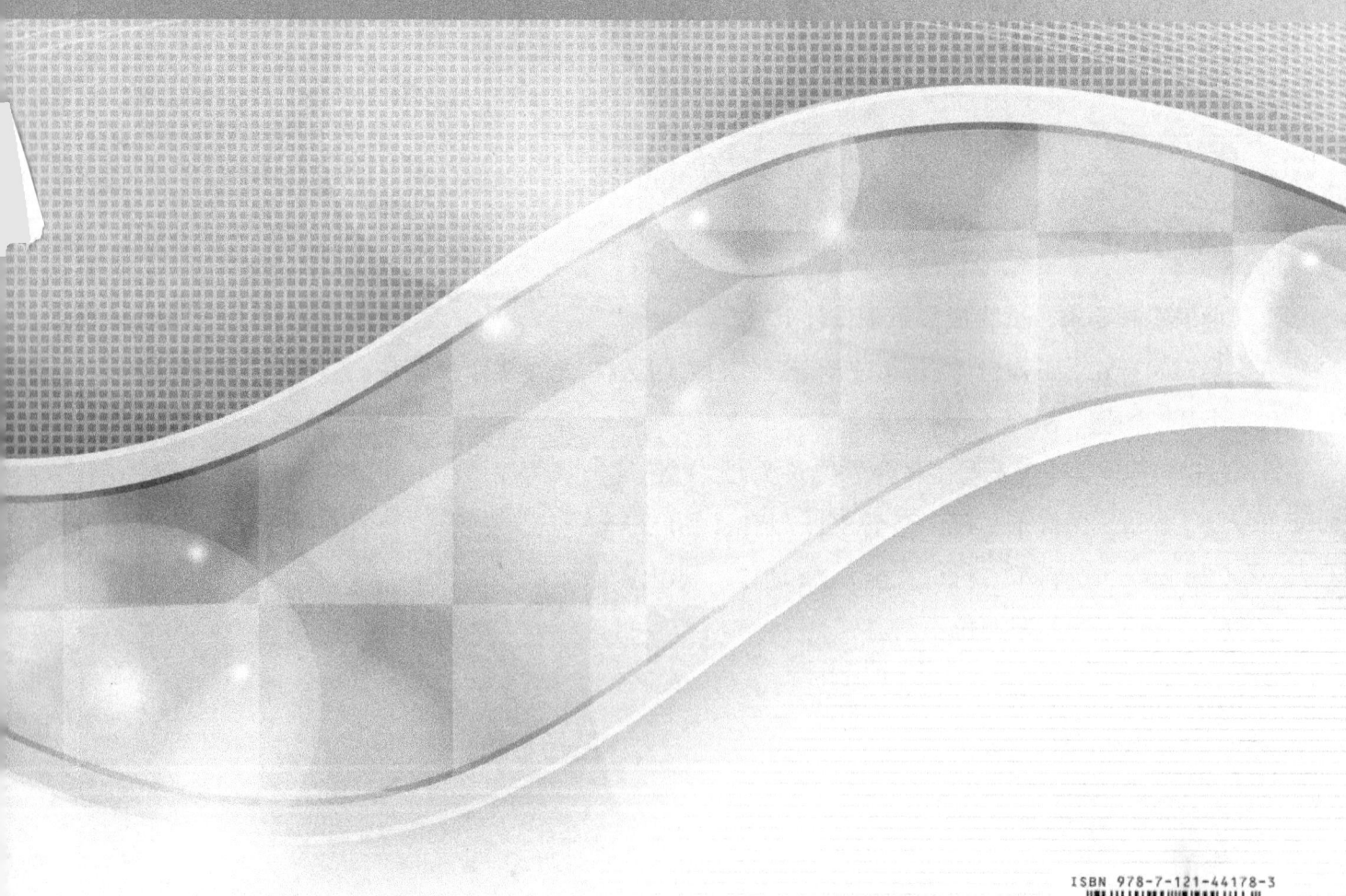

# PLC 技术基础及应用

责任编辑：蒲 玥
封面设计：创智时代

ISBN 978-7-121-44178-3

定价：39.80元